高等职业教育"十二五"规划教材

高职高专模具设计与制造专业任务驱动、项目导向系列化

液压与气动技术及应用

主　编　赵俊生　马　蕾

副主编　丁　琳　常玲娜　罗　霞　张祎娴

国防工业出版社

·北京·

内 容 简 介

本书是根据高等职业教育机电类专业"液压与气压传动技术"课程的教学要求编写的。本书借鉴 CDIO 工程教育理念，采用项目导向，任务驱动，紧密结合"液压与气压传动技术"应用实际情况，以实训项目为主线，理论联系实际，充分体现了高等职业教育的应用特色和能力本位，突出人才应用能力创新素质的培养，内容丰富，实用性强。从技术和工程应用的角度出发，为适应不同层次不同专业的需要，全书从液压与气压传动技术的认识及使用，介绍其基础知识；液压元件的识别；基本液压回路的控制、安装与调试；气压元件的认识；气动基本回路的控制、安装与调试；典型的液压与气压系统控制与运行、典型液压系统的设计、安装与调试。以实例系统地介绍了液压与气动技术基础和实训内容。突出了工程实践能力的培养，可用于学生的理论与实训、课程设计与毕业设计。

本书可作为高职高专、成人教育和机械自动化、机电应用技术、机电一体化、数控应用技术等相关专业的教材和短期培训的教材，也可供广大工程技术人员学习参考。

图书在版编目（CIP）数据

液压与气动技术及应用/赵俊生，马蕾主编 . —北京：
国防工业出版社，2014.9
高职高专模具设计与制造专业任务驱动、项目导向系列化教材
 ISBN 978-7-118-09558-6

 Ⅰ.①液… Ⅱ.①赵…②马… Ⅲ.①液压传动—高等职业教育—教材②气压传动—高等职业教育—教材
Ⅳ.①TH137②TH138

 中国版本图书馆 CIP 数据核字（2014）第 163515 号

※

国防工业出版社出版发行
（北京市海淀区紫竹院南路 23 号　邮政编码 100048）
北京奥鑫印刷厂印刷
新华书店经售

*

开本 787×1092　1/16　印张 14½　字数 350 千字
2014 年 9 月第 1 版第 1 次印刷　印数 1—3000 册　定价 29.00 元

（本书如有印装错误，我社负责调换）

国防书店：（010）88540777　　发行邮购：（010）88540776
发行传真：（010）88540755　　发行业务：（010）88540717

前言

为了适应社会经济和科学技术的迅速发展及职业教育教学改革的需要，根据"以就业为导向"的原则，注重以先进的科学发展观调整和组织教学内容，增强认知结构与能力结构的有机结合，强调培养对象对职业岗位（群）的适应程度，经过广泛调研，组织编写对机械类教材的整体优化力图有所突破、有所创新的教材，供数控技术应用、机电一体化应用技术、机械自动化、汽车制造与修理类等专业使用。

本书借鉴 CDIO 工程教育理念，按照"项目导向、任务驱动，能力拓展"的编写思路，共设置了 7 个项目、17 个训练任务，侧重了培养学生的基本技能训练。训练任务的选取围绕液压与气压传动现场的实例从简到繁、由浅入深地展开，将知识点和实训合二为一，以"必需"与"够用"为度，注重基本操作和实际应用的训练，充分体现职业教育的特点着眼于为生产一线培养技术应用型人才。

在结构的组织方面大胆打破常规，以工程项目为教学主线，通过设计不同的工程项目，将知识点和技能训练融于各个项目之中，各个项目按照知识点与技能要求循序渐进编排，努力去符合职业教育的工学结合，突出技能的提高，符合职业教育的特色。实训任务包括液压系统的基本认识、液压和气压元件的拆装、液压控制元件各种回路的组装与调试、气动元件控制回路的组装与调试、典型数控机床、动力滑台等液压系统安装与调试、加工中心气动换刀系统的控制与实施，是以实现学生操作和实际应用的训练。使学生接触这些项目可以实现零距离上岗。

本书由江苏财经职业技术学院赵俊生、马蕾担任主编，丁琳、常玲娜、罗霞、张祎娴担任副主编。江苏财经职业技术学院马蕾编写项目 1、6；丁琳编写项目 4 及各个项目的训练任务；炎黄职业技术学院常玲娜编写项目 5；罗霞编写项目 7；张祎娴参与编写部分内容；统稿与项目 2、3 由赵俊生负责。江苏财经职业技术学院唐义锋担任主审。本书编写过程中得到了江苏财经职业技术学院、炎黄职业技术学院领导的关心与帮助，亦得到国防工业出版社大力支持，在此一并表示衷心感谢。此外，还要感谢书后所附参考文献各位作者。

由于时间仓促，加上作者水平有限，书中难免有不妥之处，恳请读者批评指正。

作　者

2014 年 2 月

目录

项目 1 液压与气压传动的基础知识

学习目标

(1) 了解液压传动的发展概况和定义。
(2) 理解液压传动的工作原理及液压传动系统的组成。
(3) 理解液压传动图形符号表达液压传动的意义。
(4) 熟悉液压传动的优缺点。

技能目标

(1) 具备对简单液压与气动系统图的识读能力、会读能力。
(2) 具备对液压与气动系统接线及元器件的安装布置能力,控制系统操作运行及调试能力,资料的收集、查找及应用能力和同学之间的相互评价能力。

任务 1 液压与气压传动系统的认识

任务描述

(1) 了解液压传动与气压传动的基本概念。
(2) 掌握液压传动与气压传动的工作原理。
(3) 了解液压传动与气压传动的优缺点及应用。

任务分析

机器由原动机、传动机构和执行机构 3 部分组成。原动机有电动机、内燃机、燃气轮机和其他形式(风力、人力)等动力装置;传动机构分为机械传动、电气传动和流体传动 3 种形式。

机械传动常见形式有齿轮传动、带传动机链传动等;电气传动有多媒体、电器等形式;流体传动包括液体传动和气体传动两种形式。液体传动包括液力传动和液压传动。液力传动主要是利用非封闭液体的动能或势能传动和控制能量的;气压传动是以压缩空气为工作介质传动运动和动力的一门技术,由于气压传动具有防火、防爆、节能、高效无污染等优点,因此应用较为广泛。气压传动简称为气动。

离心泵就是一种液力传动的设备,它是利用叶片的旋转形成压力差,然后再利用叶轮旋转将液体传送出去,将机械能转换为液体动能。

1.1.1 液压与气压传动的发展与定义

1. 液压系统的发展

液压传动和机械传动相比,具有许多优点,因此在机械工程中,液压传动被广泛采用。

液压传动是以液体作为工作介质来进行能量传递的一种传动形式,它通过能量转换装置(液压泵),将原动机(电动机)的机械能转变为液体的压力能,然后通过封闭管道、控制元件等,由另一能量装置(液压缸、液压马达)将液体的压力能转变为机械能,以驱动负载和实现执行机构所需的直线或旋转运动。

第一阶段:液压传动从17世纪帕斯卡提出静压传动原理、1795年世界上第一台水压机诞生,已有200多年的历史,但由于没有成熟的液压传动技术和液压元件,且工艺制造水平低下,发展缓慢,几乎停滞。

气压传动早在公元前,埃及人就开始采用风箱产生压缩空气助燃。从18世纪产业革命开始,逐渐应用于各类行业中。

第二阶段:20世纪30年代,由于工艺制造水平提高,开始生产液压元件,并首先应用于机床。

第三阶段:20世纪50~70年代,工艺水平有了很大提高,液压与气动技术也迅速发展,渗透到国民经济的各个领域。

第四阶段:20世纪80年代初期引进美国、日本、德国的先进技术和设备,使我国的液压技术水平有了很大的提高。

总之:从蓝天到水下,军用到民用,从重工业到轻工业,到处都有流体传动与控制技术的应用。

2. 液压系统的定义

传动机构通常分为机械传动机构、电气传动机构和流体传动机构。流体传动是以流体为工作介质机械能量转换、传动和控制的传动。它包括液压传动、液体传动和气压传动。

液体传动包括液压传动和液力传动,它们均是以液体作为工作介质机械能量传动的传动方式。液压传动主要是利用液体的压力能来传动能量,而液力传动则主要是利用液体的动能来传动能量。

由于液压传动有许多突出的优点。因此,它被广泛地应用于机械制造、工程建筑、石油化工、交通运输、军事器械、矿山冶金、轻工业、农机、鱼业、林业等各方面。同时,也被应用到航空航天、海洋开发、核能工程和地震预测等各个工程技术领域。

1.1.2 液压系统的工作原理

1. 液压系统模型

在机械传动中人们利用各种机械来传动力和运动,如杠杆、凸轮、轴、齿轮和皮带等。在液压传动中,则利用没有固定形状但具有确定体积的液体来传递动力和运动。图1-1所示为一个简化的液压传动模型。图中有两个直径不同的液压缸2和4,缸内各有一个与内壁紧密配合的活塞1和5。假设活塞能在缸内自由(无摩擦力)滑动,而液体不会通过配合而产生泄漏。缸2、4下腔用一个管道3连通,其中充满液体。这些液体是密封在缸内壁、活塞和管道组成的容积中的。如果活塞5上有重力为 W 的重物,则当在活塞1上施加的力 F 达到一定大小时,就能阻止重物下降,这就是说可以利用密封容积中的液体传动力。当活塞1在力 F 作用下向下运动时,重物将随之上升,这说明密封容积中不但可传递力,还可以传递运动。所以,液体是一种传递介质,但必须强调指出,液体必须在封闭的容器中才能起到传递动力的作用。这里,我们可以回想一下中学所学过的帕斯卡定律:加在密闭液体上的压强,能够大小不变地由液体向各个方向传递。

2. 力比、速比及功率关

设图1-1中活塞1、5的面积分别为 A_1、A_2,当作用在大活塞5的负载为 W、作用在小活塞1的作用力为 F 时,根据帕斯卡原理,即"在密闭容器内,施加于静止液体上的压力降同时以等值传动到液体内各点"。设缸内压力为 p,运动摩擦力忽略不计,则有

$$p = F/A_1 = W/A_2 \tag{1-1}$$

或

$$W/F = A_2/A_1 \tag{1-2}$$

式中 A_1、A_2——分别为小活塞和大活塞的作用面积;

$\quad\quad F$——作用在小活塞上的力;

$\quad\quad W$——作用在大活塞上的负载。

如果不考虑液体的可压缩性、泄漏损失和缸体、油管的变形,设 h_1 为小活塞1的下降距离,h_2 为大活塞5的上升距离,则被小活塞压出的液体的体积必然等于大活塞上升后大缸扩大的体积,即

$$A_1 \times h_1 = A_2 \times h_2 \tag{1-3}$$

将式(1-3)两端同除以活塞移动的时间 t,得

$$A_1 h_1/t = A_2 h_2/t$$

Ah/t 的物理意义是单位时间内,液体流过截面积为 A 的体积,称为流量 q,即

$$q = A \times v \text{ 或 } v = q/A \tag{1-4}$$

因此,得 $q = A_1 \times v_1 = A_2 \times v_2$,即

$$v_1/v_2 = A_2/A_1 \tag{1-5}$$

式中 $\quad v_1$、v_2——分别为小活塞和大活塞的运动速度。

使负载 W 上升所需的功率为

$$P = W \times v_1 = p \times A_2 q/A_2 = pq \tag{1-6}$$

式中,p 的单位为 $Pa(N/m^2)$;q 的单位为 m^3/s;P 的单位为 $W(Nm/s)$。

由此可见,压力 p 和流量 q 是液压传动中最基本、最重要的两个参数,它们相当于机械传动中的力和速度,它们的乘积即为功率,可称为液压功率。

由于计算时功率 P 的常用单位为 kW,而压力 p 的常用单位为 MPa,流量的常用单位为 L/min,所以还必须机械单位换算,经换算可得

$$P = pq/60(kW)$$

从以上分析可知,液压传动是以流体的压力能来传动动力的。

液体的压力是指液体在单位面积上所受的作用力,确切地说应该是压力强度(或压强),工程上习惯叫压力,单位为 $Pa(N/m^2)$。

3. 压力与负载的关系

在图 1-1 所示的液压传动模型中,只有大活塞上有了重物 W(负载),小活塞上才能施加上作用力 F,而有了负载和作用力,才产生液体压力 p。有了负载,液体才会有压力,并且压力大小决定于负载,而与流入的流体多少无关。这是一个很重要的关系。

4. 速度与流量的关系

同样在图 1-1 所示的模型中,调节进入缸体的流量 q,即可调节活塞的运动速度 v,这就是液压传动能实现无级调速的基本原理。即活塞的运动速度(马达的转速)取决于进入液压缸(马达)的流量,而与流体压力大小无关。

压力与负载的关系及速度与流量的关系将在本门课程的学习和应用中贯穿始终,必须熟练掌握运用。

液压传动的工作原理,可以用一个液压千斤顶的工作原理来说明。

图 1-2 所示是液压千斤顶的工作原理图。大油缸 9 和大活塞 8 组成举升液压缸。杠杆手柄 1、小油缸 2、小活塞 3、单向阀 4 和 7 组成手动液压泵。如提起手柄使小活塞向上移动,小活塞下端油腔容积增大,形成局部真空,这时单向阀 4 打开,通过吸油管 5 从油箱 12 中吸油;用力压下手柄,小活塞下移,小活塞下腔压力升高,单向阀 4 关闭,单向阀 7 打开,下腔的油液经管道 6 输入举升油缸 9 的下腔,迫使大活塞 8 向上移动,顶起重物。再次提起手柄吸油时,单向阀 7 自动关闭,使油液不能倒流,从而保证了重物不会自行下落。不断地往复扳动手柄,就能不断地把油液压入举升缸下腔,使重物逐渐地升起。如果打开截止阀 11,举升缸下腔的油液通过管道 10、截止阀 11 流回油箱,重物就向下移动。这就是液压千斤顶的工作原理。

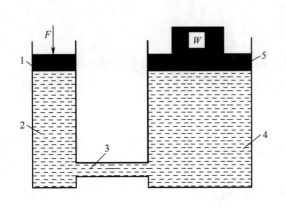

图 1-1　简化的液压传动模型
1—小活塞;2—小液压缸;3—管道;
4—大液压缸;5—大活塞。

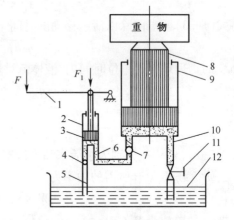

图 1-2　液压千斤顶的工作原理
1—杠杆;2—小液压缸;3—小活塞;4、7—单向阀;
5、6、10—管道;8—大活塞;9—大液压缸;
11—放油阀门;12—油箱。

从液压千斤顶的工作过程,可以归纳出液压传动工作原理如下。

(1)液压传动是以液体(液压油)作为传递运动和动力的工作介质。

(2)液压传动经过两次能量转换,先把机械能转换为便于输送的液体压力能,然后把液体压力能转换为机械能对外做功。

(3)液压传动是依靠密封容积(或密封系统)内容积的变化来传递能量的。

1.1.3 液压系统的组成及优缺点

1. 液压系统的组成

从上述液压千斤顶的例子可以看出,液压传动是以液体作为工作介质来进行工作的,一个完整的液压传动系统由以下几个部分组成。

① 动力元件。作用可将机械能转化成液压能,是一个能量转化装置。如齿轮泵、柱塞泵,实物如图1-3所示。

图1-3 齿轮泵、柱塞泵实物图

② 执行元件。作用是将液压能重新转化成机械能,克服负载,带动机器完成所需的运动。如液压缸、液压马达,实物如图1-4所示。

图1-4 液压缸、液压马达实物图

③ 控制元件。作用是控制系统所需要的压力、方向和流量,以满足机械的工作要求。如换向阀和溢流阀等,实物如图1-5所示。

图1-5 换向阀、溢流阀实物图

④ 辅助元件。作用是保证系统正常工作所需要的辅助装置。如滤油器、油管等。

⑤ 工作介质。用它进行能量和信号的传递,液压系统以液压油液作为工作介质。作用是传动、润滑、冷却、去污和防锈。

2. 液压系统的图形符号

结构式原理图如图1-6所示,它有直观性强、容易理解的优点。当液压系统发生故障时,根据原理图检查十分方便,但图形比较复杂,绘制比较麻烦。

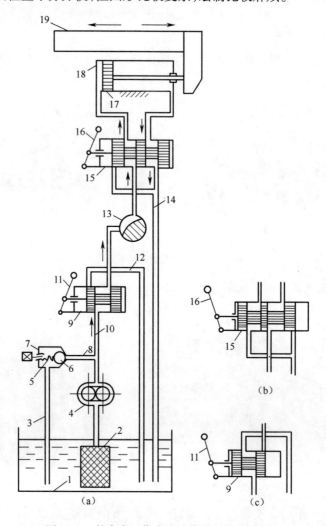

图1-6　某磨床工作台液压传动系统的系统图

1—油箱;2—过滤器;3、12、14—回油管;4—液压泵;5—弹簧;6—钢球;7—溢流阀;8、10—压力油管;
9—手动换向阀;11、16—换向手柄;13—节流阀;15—换向阀;17—活塞;18—液压缸;19—工作台。

图形符号一般采用国家标准GB/T 786.1—2009所规定的液压传动图形符号来绘制液压系统的系统图,如图1-7所示。图形符号表示元件的功能,而不表示元件的具体结构和参数;反映各元件在油路连接上的相互关系,不反映其空间安装位置;只反映静止位置或初始位置的工作状态,不反映其过渡过程。使用图形符号既便于绘制,又可使液压传动系统简单明了。

3. 液压系统的优缺点

1) 液压传动的主要优点

(1) 在同等功率情况下,液压执行元件体积小、重量轻、结构紧凑。例如同功率液压

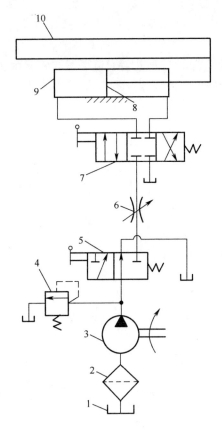

图 1-7 用图形符号表示的磨床工作台液压传动系统的系统图

1—油箱;2—过滤器;3—液压泵;4—溢流阀;5—手动换向阀;6—节流阀;

7—换向阀;8—活塞;9—液压缸;10—工作台。

马达的重量只有电动机的 1/6 左右。

(2) 液压传动的各种元件,可根据需要方便、灵活地来布置。

(3) 液压装置工作比较平稳,由于重量轻,惯性小,反应快,液压装置易于实现快速启动、制动和频繁的换向。

(4) 操纵控制方便,可实现大范围的无级调速(调速范围达 2000∶1),它还可以在运行的过程中进行调速。

(5) 一般采用矿物油为工作介质,相对运动面可自行润滑,使用寿命长。

(6) 容易实现直线运动。

(7) 既易实现机器的自动化,又易于实现过载保护,当采用电液联合控制甚至计算机控制后,可实现大负载、高精度、远程自动控制。

(8) 液压元件实现了标准化、系列化、通用化,便于设计、制造、使用。

2) 液压传动系统的主要缺点

(1) 液压传动不能保证严格的传动比,这是由于液压油的可压缩性和泄漏造成的。

(2) 工作性能易受温度变化的影响,因此不宜在很高或很低的温度条件下工作。

(3) 由于流体流动的阻力损失和泄漏较大,所以效率较低。如果处理不当,泄漏不仅污染场地,而且还可能引起火灾和爆炸事故。

（4）为了减少泄漏，液压元件在制造精度上要求较高，因此它的造价高，且对油液的污染比较敏感。

综上所述，液压传动的优点多于缺点，并且随着技术水平的提高，某些缺点已在不同程度上得到克服。因此，在设计一台机械或设备时，液压传动是一种首要考虑到的传动方案。

■任务实施

实训 1　认识液压系统

1. 实训目的要求

（1）认识液压传动系统的组成。

（2）认识液压元件。

（3）根据所学的知识组合液压传动系统。

（4）根据国家标准 GB/T 786.1—2009 所规定的液压传动图形符号绘制液压系统的系统图。

（5）启动系统观察其工作过程。

2. 实训场地和设备

（1）实训场地：液压实训室、实训基地。

（2）实训设备：液压组合实训台、模拟仿真软件、液压系统组成实验台。

液压实训台结构图如图 1-8 所示；包括液压元件和其他相关工具。

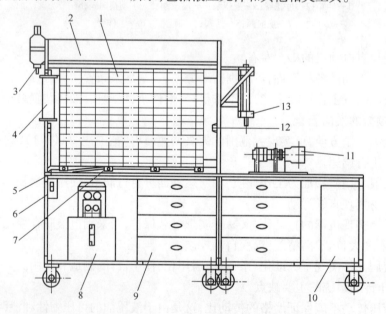

图 1-8　液压实训台结构图

1—插件板；2—电器控制面板；3—蓄能器；4—流量量筒；5—进油接口；6—电动机启动器；7—回油接口；
8—泵站；9—装件抽屉；10—油箱；11—马达—泵组；12—压力继电器；13—油缸。

3. 实训步骤

（1）教师讲解实训要求、实训设备和注意事项。

（2）学生观察实训台上一个由教师已经连接好的液压传动系统，并启动液压传动系统，观察其工作过程。

（3）学生将连接好的液压传动系统拆开，在指定位置摆放好液压元件。认识液压元件并说出其名称。

（4）学生自己组合液压传动系统，在老师检查系统没有错误后，启动系统观察其工作过程。

（5）根据国家标准 GB/T 786.1—2009 所规定的液压传动图形符号，绘制所组合的液压传动系统图。

4. 注意事项

（1）在拆装液压传动系统时，要保持场地和元件的清洁。

（2）在拆装液压传动系统时，要用专用或教师指定的工具。

（3）组装时不要将元件装反，注意元件的安装位置。

（4）在拆装液压传动系统时，如果某些液压元件出现卡死现象，不要用锤子敲打，应在教师的指导下，用铜棒轻轻敲打或采用加润滑油等方法来解除卡死现象。

（5）系统安装完毕，一定要经过教师的检查和允许才能启动。

自我测试

1-1-1 填空题

1. 液压传动是以（　　　）为传动介质，利用液体的（　　　）来实现运动和动力传递的一种传动方式。

2. 液压传动必须在（　　　）进行，依靠液体的（　　　）传动动力，依靠（　　　）传递运动。

3. 液压传动系统由（　　）、（　　）、（　　）、（　　）和（　　）5 部分组成。

4. 在液压传动中，液压泵是（　　　）元件，它将输入的（　　　）能转换成（　　　）能，向系统提供动力。

5. 液压传动中，液压缸是（　　　）元件，它将输入的（　　　）能转换成（　　　）能。

6. 各种控制阀用以控制液压系统所需要的（　　　）、（　　　）和（　　　），以保证执行元件满足各种不同的工作要求。

7. 液压元件的图形符号只表示元件的（　　　），不表示元件（　　　）和（　　　），以及连接口的实际位置和元件的（　　　）。

8. 液压元件的图形符号在系统中均以元件的（　　　）表示。

1-1-2 问答题

1. 什么是液压传动？

2. 液压传动系统由哪些部分组成？各部分的作用是什么？

3. 以液压千斤顶为例，分析液压传动的工作原理。

4. 液压传动的优缺点有哪些?

5. 液压传动图形符号的作用是什么?

6. 液压元件在系统图中是怎样表示的?

任务 2　液压流体力学基础知识

■ 任务描述

（1）能正确选择液压油的牌号,正确使用液压油。

（2）熟悉静止液体与流动液体的力学规律及相关守恒原理。

（3）掌握管路内压力损失的计算方法。

（4）了解孔口和缝隙的流动特性。

（5）能够理解液压冲击与气穴现象产生的原因及减小其危害的措施。

■ 任务分析

液压传动是以液压油作为工作介质来传动动力和信号的。因此液压油质量的优劣,尤其是力学性能对液压系统工作影响很大。了解流体力学规律以及这些规律在实际过程中的应用。它包括两个基本部分:一部分是液体静力学;另一部分是液体动力学。

1.2.1　液压油的识别与选用

液压传动中采用的工作介质有石油型液压油(简称液压油)、乳化型液压液(简称乳化液)和合成型液压液 3 类。目前 90% 以上的设备采用液压油。

1. 密度

密度是液体单位体积的质量,即

$$\rho = m / V \tag{1-7}$$

式中　m ——液体的质量;

　　　V ——液体的体积;

　　　ρ ——液体的密度。

一般条件下,由于工作介质的密度随温度和压力的变化很小,所以常把液体的密度当作常量使用。

2. 压缩性和热膨胀性

1）压缩性

液体的压缩性是指液体受压后其体积变小的性能。

压缩性的大小用体积压缩系数表示,其定义为:受压液体单位压力变化时,液体体积的相对变化值。如图 1-9 所示,假定压力为 P_0 时,液体体积为 V_0;压力增加为 $P_0 + \Delta P$ 时,液体体积为 $V_0 + \Delta V$。根据定义,液体的压缩性系数为

$$\beta = -1 / \Delta P \cdot \Delta V / V_0 (\mathrm{m^2/N}) \tag{1-8}$$

式中　β——液体的压缩系数；

　　　ΔV——液体的压力变化引起的液体体积变化值；

　　　ΔP——液体的压力变化值。

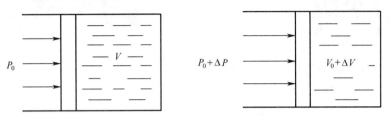

图 1-9　压力增大时液体体积的变化

压力增大时,液体体积降小;反之则增大,所以 $\Delta V / \Delta P$ 为负值。为了使 β 为正值,故在式(1-8)中的右边加了一个负号。液体在受压的体积 V_t 为

$$V_t = V_0 + \Delta V = V_0(1 - \beta \Delta P) \qquad (1-9)$$

液压油的压缩性系数 β 一般为 $(5 \sim 7) \times 10^{-10}$ (m^2/N)。液压油的压缩性系数很小,故在通常情况,可认为油是不可压缩的,这是分析区别于气体的最主要的标志。

2）热膨胀性

在压力不变的情况下液压油温度升高时,其体积增加、密度减小的性质叫热膨胀性。其大小可用热膨胀系数表示,其物理意义为:在等压条件下,当油液的温度改变 1℃ 时其体积的相对变化率,即

$$\alpha = 1 / \Delta t \cdot \Delta V / V_0 (1/℃) \qquad (1-10)$$

式中　α——液体的热膨胀系数；

　　　Δt——温度的增量；

　　　V_0——液体膨胀前的体积；

　　　ΔV——液体膨胀后的体积的增量。

当液体温度升高 Δt 后的体积为

$$V_t = V_0(1 + \alpha \Delta t) \ (m^3) \qquad (1-11)$$

常用液压油的热膨胀系数 α 为 $(8.5 \sim 9.0) \times 10^{-4}$ $(1/℃)$。

3. 黏性

液体在外力作用下流动时,由于液体分子间的内聚力而产生一种阻碍液体分子之间进行相对运动的内摩擦力,液体的这种产生内摩擦力的性质称为液体的黏性。由于液体具有黏性,当液体发生剪切变形时,液体内就产生阻滞变形的内摩擦力,由此可见,黏性表征了液体抵抗剪切变形的能力。只有当运动液体层间发生相对运动时,液体对剪切变形的抵抗,也就是黏性才能表现出来,而处于相对静止状态的液体中不存在这种剪切变形。

1）牛顿内摩擦定律

黏性的大小可用黏度来衡量,黏度是选择液压用流体的主要指标,是影响流动流体的重要物理性质。

当液体流动时,由于液体与固体壁面的附着力及流体本身的黏性使流体内各处的速度大小不等,以流体沿如图 1-10 所示的平行平板间的流动情况为例,设上平板以速度 u_0

向右运动,下平板固定不动。

紧贴于平板上液体黏附于上平板上,其速度与上平板相同。紧贴于下平板的液体黏附于下平板上,其速度为零。中间液体的速度按线性分布。我们把这种流动看成是许多薄的液体层在运动,当运动较快的液体层在较慢的液体层上滑过时,两层间由于黏性就产生了内摩擦力的作用。根据实际测定的数据所知,流体层间的内摩擦力 F 与流体层的接触面积 A 及流体层的相对流速 du 成正比,而与此二流体层间的距离 dy 成反比,即

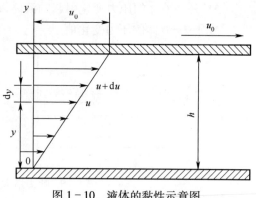

图 1 - 10 液体的黏性示意图

$$F = \mu A du / dy \qquad (1 - 12)$$

式中　μ——比例系数,也称为液体的黏性系数或黏度。

　　du/dy——相对运动速度对液层间距离的变化率,也称速度梯度或剪切率。

此公式称为牛顿黏性公式,也称牛顿内摩擦定律。

2)黏度的度量

液体黏性的大小用黏度来表示。常用的黏度有动力黏度、运动黏度和相对黏度。

(1)动力黏度 μ。式(1-12)中的比例系数 μ 就表示了液体抵抗变形的能力,即液体黏性的大小,称为液体的动力黏度,也称为绝对黏度。其单位为 $N \cdot s/m^2$,或为 $Pa \cdot s$(帕·秒)与密度的比值。

(2)运动黏度 ν。运动黏度是绝对黏度 μ 与密度 ρ 的比值,即

$$\nu = \mu / \rho \qquad (1 - 13)$$

运动黏度没有明确的物理意义。因为在单位中只有长度和时间的量纲,所以称为运动黏度。它是工程实际中经常用到的物理量。在工程中常用它来表示液体的黏度。液压油的牌号,就是采用它在40℃时运动黏度的平均值来标号。如 L - A_{32} 液压油就是指这种液压油在40℃时运动黏度的平均值为 $32m^2/s$。

(3)相对黏度。液体黏度的实际测量常用的黏度表示方法是相对黏度(又称为条件黏度)。由于测量仪器和条件不同,各国相对黏度的单位也不同。如我国、德国以及前苏联等国家采用恩氏黏度,美国采用赛氏黏度,英国常用雷氏黏度等。

恩氏黏度的测定方法为:测定 $200cm^3$ 某一温度的被测液体在自重作用下流过直径为2.8mm 小孔所需的时间 t_1,然后测出同体积的蒸馏水在20℃时流过同一孔所需时间 t_2 之比值即为液体的恩氏黏度。恩氏黏度用符号 $°E_t$ 表示。

$$°E_t = t_1 / t_2 \qquad (1 - 14)$$

一般以20℃、50℃、100℃作为测定恩氏黏度的标准温度,由此而得来的恩氏黏度分别用 $°E_{20}$、$°E_{50}$ 和 $°E_{100}$ 表示。

恩氏黏度与运动黏度的换算关系为

$$\nu = 0.0731 °E - 0.0631 / °E (cm^2/s)$$

3)温度对黏度的影响

液压油黏度对温度的变化是十分敏感的,当温度升高时,其分子之间的内聚力减小,

黏度就随之降低。对于一般常用的液压油,当运动黏度不超过 $76\text{m}^2/\text{s}$,温度在 $30℃\sim$ $150℃$ 范围内时,可用下述近似公式计算其温度为 $t℃$ 的运动黏度。

$$\nu_t = \nu_{50}(50/t)^n$$

式中 ν_t ——温度在 t ℃时油的运动黏度;

$\quad\quad\nu_{50}$ ——温度为 50℃时油的运动黏度;

$\quad\quad n$ ——为黏温指数,黏温指数随油的黏度而变化,其值如表 1.1 所列。

表 1.1　黏度指数对照表

$\nu_{50}(\text{m}^2/\text{s})$	2.5	6.5	9.5	12	21	30	38	45	52	60
n	1.39	1.59	1.72	1.79	1.99	2.13	2.24	2.32	2.42	2.49

4) 压力对黏度的影响

在一般情况下,压力对黏度的影响比较小。在工程中,当压力低于 5MPa 时,黏度的变化很小,可以不考虑。当液体所受的压力加大时,分子之间的距离缩小,内聚力增大,其黏度也随之增大。因此,在压力很高以及压力变化很大的情况下,黏度的变化就不能忽视。在工程实际应用中,当液体压力在低于 50MPa 的情况下,可用下式计算其黏度,即

$$\nu_p = \nu_0(1 + a_p)$$

式中 ν_p ——压力在 ν_p (Pa)时的运动黏度;

$\quad\quad\nu_0$ ——绝对压力为一个大气压时的运动黏度;

$\quad\quad p$ ——压力(Pa);

$\quad\quad a_p$ ——决定于油的黏度及油温的系数,一般取 $(0.002\sim0.004)\times10^{-5}(1/\text{Pa})$。

1.2.2　液压油的种类及选用

1. 液压油的要求

液压油是液压系统中借以传动能量的工作介质。液压油的主要功能是传递能量,此外兼有润滑、密封、冷却、防锈等功能,负担这样功能的液压油必须稳定,不能因使用条件而改变性质。因此油液的性能会直接影响液压传动性能,如工作的可靠性、灵活性、工况的稳定性、系统的效率及零件的寿命等。一般在选择油液时应满足下列几项要求。

(1) 黏温特性好。在使用温度范围内,油液黏度随温度的变化越小越好。

(2) 有良好的润滑性。即油液润滑时产生的油膜强度要高,以免产生干摩擦。

(3) 成分要纯净。不应含有腐蚀性物质,以免侵蚀机件和密封元件。

(4) 有良好的化学稳定性。即对热、氧化、水解、相容都具有良好的稳定性。

(5) 抗泡沫性和抗乳化性好。对金属盒密封件有良好的相容性。

(6) 体积膨胀系数低,比热容和传热系数高;流动点和凝固点低,闪点和燃点高。

(7) 无毒,价格便宜。

2. 液压油的种类

液压油的品质取决于基油及所用的添加剂。液压油可以大致分为石油基液压油和难燃液压油,如表 1.2 所列。能够同时满足各项要求的理想液压油是不存在的。权衡利弊,用得最多是易于廉价获得的石油基液压油。随着液压技术的发展,液压装置已经用于各

种领域,液压油的种类也越来越多。石油基液压油一般为了满足液压装置的特别要求而在基油中配合添加剂来改善特性。液压油的添加剂有抗氧化剂、防锈剂、增黏剂、降凝剂、消泡剂、抗磨剂等。

表 1.2　ISO 液压油分类

类别	组成和特性	代号	类别		组成和特性	代号
石油基液压油	无添加剂的石油基液压油	L－HH	难燃液压油	含水液压油	高含水液压油	L－HFA
	HH+抗氧化剂防锈剂	L－HL			油包水乳化液	L－HFB
	HL+抗磨剂	L－HM			水乙二醇	L－HFC
	HL+增黏剂	L－HR		合成液压油	磷酸酯	L－HFDR
	HM+增黏剂	L－HV			氯化氢	L－HFDS
	HM+防爬剂	L－HG			其他合成液压油	L－HFDU

3. 液压油的选用

选择液压油首先要考虑的是黏度问题。在一定条件下,选用的油液黏度太高或太低都会影响系统的正常工作。黏度高的油液流动时产生的阻力较大,克服阻力所消耗的功率较大,而此功率损耗又将转换成热量使油温上升。黏度太低,会使泄漏量加大,使系统的容积效率下降。一般液压系统的油液黏度在 $\nu_{40} = (10 \sim 60) \times 10^{-6}(\text{m}^2/\text{s})$,更高黏度的油液应用较少。

(1) 液压系统的工作压力。工作压力较高的液压系统宜选用黏度较大的液压油,以减少系统泄漏;反之,可选用黏度较小的液压油。

(2) 环境温度。环境温度较高时宜选用黏度较大的液压油。

(3) 运动速度。液压系统执行元件运动速度较高时,为减小液流的功率损失,宜选用黏度较低的液压油。

(4) 液压泵的类型。在液压系统的所有元件中,以液压泵对液压油的性能最为敏感,因为泵内零件的运动速度很高,承受的压力较大,润滑要求苛刻,温升高。因此,常根据液压泵的类型及要求来选择液压油的黏度。

1.2.3　液压流体力学基础知识

液压系统是利用液体的压力能来传递运动和动力的,了解流体力学的知识是很有必要的。流体力学是研究流体(液体或气体)处于相对平衡、运动、流体与固体相互作用时的力学规律,以及这些规律在实际工程中的应用。它包括两个基本部分:一部分是液体静力学;另一部分是液体动力学。

1. 液体的静力学规律

1) 液体静压力的概念

(1) 液体的静压力。静止液体在单位面积上所受的法向作用力称为静压力,在液压传动中简称压力。在物理学中则称为压强。

静止液体中某处微小面积 ΔA 上作用有法向力 ΔF,则该点的压力定义为

$$p = \lim_{\Delta A \to 0} \Delta F / \Delta A \qquad (1-15)$$

若法向作用力 F 均匀地作用在面积 A 上,则静压力可表示为

$$p = F/A \tag{1-16}$$

式中　p——液体的压力;

　　　F——作用在液体上的外力;

　　　A——外力垂直作用的面积。

（2）液体静压力的两个重要性质。

① 液体静压力垂直于其承受压力的作用面,其方向永远沿着作用面的内法线方向。

② 静止液体内任意点处所受到的静压力在各个方向上都相等。

2）液体静力学基本方程

图 1-11（a）所示容器中,盛有密度为 ρ 的不可压缩流体,作用于液体表面上的压力为 $p_0 = F/A + p_a$（p_a 为大气压,A 为活塞横截面积）。为求任意深度 h 处的压力 p,可以假想从液面往下切取一个垂直小液柱作为研究体,设液柱的底面积为 ΔA,高为 h,如图 1-11（b）所示。

由于液柱处于平衡状态,于是有

$$p\Delta A = p_0 \Delta A + \rho g h \Delta A$$

因此,得

$$p = p_0 + \rho g h \tag{1-17}$$

式（1-17）即为液体静压力基本方程式,由此基本方程式可知静止液体的压力分布有如下特征。

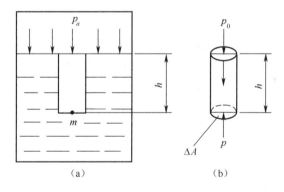

图 1-11　静止液体内的压力分布

（1）静止液体中任一点的压力是液面上的压力 p_0 和液柱重力所产生的压力 $\rho g h$ 之和。

（2）静止液体内的压力随着深度 h 的增加线性地增加。

（3）同一液体中,深度 h 相同的各点压力相等。

（4）对静止液体,如记液面外加压力 p_0,液面与基准水平面的距离为 h_0,液面内任一点的压力为 p,与基准水平面的距离为 h,则由静压力基本方程式可得

$$p_0/\rho + h_0 g = p/\rho + hg = 常量 \tag{1-18}$$

（5）在常用的液压装置中,一般外加的压力 p_0 远大于液体自重所形成的压力 $\rho g h$,因此分析计算时可忽略 $\rho g h$ 不计,即认为液压装置静止液体内部的压力是近似相等的。在以后有关项目分析计算压力时,都采用这一结论。

3）压力的测量与表示方法

压力有绝对压力和相对压力两种表示方法。绝对压力以绝对真空为基准来进行度量,相对压力以大气压力为基准来进行度量。

绝对压力 = 相对压力 + 大气压力

如果液体中某点的绝对压力小于大气压力,则称该点出现真空。此时相对压力为负值,常将这一负相对压力的绝对值称为该点的真空度。

真空度 = 大气压力 - 绝对压力

由于作用于物体的大气压力一般自成平衡,所以在分析时,往往只考虑外力而不再考虑大气压力。因此,绝大多数的压力表测得的压力均高于大气压力的那部分压力,即相对压力,又称表压力。压力表示如图 1-12 所示。

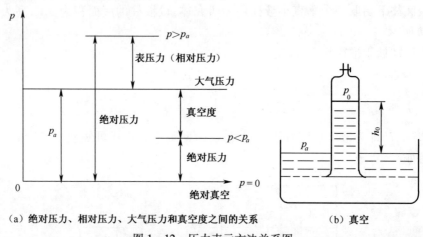

（a）绝对压力、相对压力、大气压力和真空度之间的关系　　（b）真空

图 1-12　压力表示方法关系图

压力的单位除法定计量单位 Pa(帕,N/m^2)外,还有暂时允许使用的单位 bar(巴)和以前常用的一些单位,如工程大气压、水柱高或汞柱高等。各种压力单位之间换算关系如下。

$1Pa = 1N/m^2$

$1bar = 1 \times 10^5 N/m^2 = 1 \times 10^5 Pa$

$1at(工程大气压) = 1kgf/cm^2 = 9.8 \times 10^4 N/m^2$

$1mH_2O(米水柱) = 9.8 \times 10^3 N/m^2$

$1mmHg(毫米汞柱) = 1.33 \times 10^2 N/m^2$

4）压力的形成和传递

密闭容器内的液体,当外加压力 p_0 发生变化时,只要液体仍保持原来的静止状态不变,则液体内任一点的压力将发生同样大小的变化。这就是说,在密闭容器内,施加于静止液体的压力可以等值地传动到液体各点。这就是帕斯卡原理,也称为静压传递原理。

图 1-13 所示的是应用帕斯卡原理的实例,作用在大活塞上的负载 F_1,液体所形成压力 $p =$

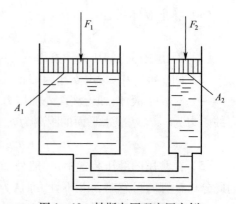

图 1-13　帕斯卡原理应用实例

F_1/A_1。为防止大活塞下降,在小活塞上应施加力 $F_2 = pA_2 = F_1A_2/A_1$。由此可得结论如下。

(1)液压传动可使力放大,可使力缩小,也可以改变力的方向。

(2)液体内的压力是由负载决定的。

5)静压力对固体壁面的作用力

静止液体与固体壁面相接触时固体壁面将受到液体静压力产生的作用力,这种压力又分为平面压力和曲面压力。

(1)平面压力。当承受压力作用的面是平面时,作用在该面上压力的方向是相互平行的。故总作用力 F 等于液体压力 p 与承压面积 A 的乘积,且作用方向垂直于承压面,即

$$F = pA \qquad (1-19)$$

(2)曲面压力。当固体壁面为一曲面时,情况就不同了。作用在曲面上各点处的压力方向不平行。因此,静压力作用在曲面某一方向 x 上的总力 F_x 等于压力与曲面在该方向投影面积 A_x 的乘积,即

$$F_x = pA_x \qquad (1-20)$$

上述结论对于任何曲面都是适用的。下面以液压缸缸筒为例加以证明。

设液压缸两端面封闭,缸筒内充满着压力为 p 的油液,缸筒半径为 r,长度为 l,如图1-14所示。这时,缸筒内壁面上各点的静压力大小相等,都为 p,但并不平行。因此,为求得油液作用于缸筒右半壁内表面在 x 方向上的总力 F_x,需在壁面上取一微小面积 $dA = lds = lrd\theta$,则油液作用在 dA 上的力 dF 的水平分量 dF 为

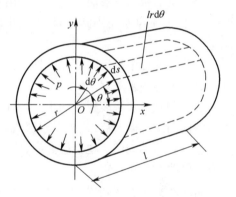

图 1-14 静压力作用在液压缸内壁面上的力

$$dF_x = dF\cos\theta = pdA\cos\theta = plr\cos\theta d\theta \qquad (1-21)$$

将式(1-21)积分,得

$$F_x = \int_{-\frac{\pi}{2}}^{\frac{\pi}{2}} dF_x = \int_{-\frac{\pi}{2}}^{\frac{\pi}{2}} plr\cos\theta d\theta = 2lp = pA_x \qquad (1-22)$$

即 F_x 等于压力 p 与缸筒在 x 方向上投影面积 A_x 的乘积。

2. 液体的动力学规律

1)基本概念

(1)理想液体与实际液体。在研究流动液体时,把假设的既无黏性又不可压缩的液体称为理想液体,而把事实上既有黏性又可压缩的液体称为实际液体。

(2)流量与平均流速。

①通流截面。液体在管道中流动时,其垂直于流动方向的截面为通流截面(或过流截面)。

②流量。单位时间内流过某通流截面的液体体积称为流量。对微小流束,通过其通流截面的流量为

$$dq = udA$$

流过整个通流截面 A 的流量为

$$q = \int_A u \mathrm{d}A \tag{1-23}$$

式中　u ——微小流束通流截面上的流速。

③ 平均流速。通流截面上的平均流速是假想的液体运动速度,认为通流截面上所有各点的流速均等于该速度,以此流速通过通流截面的流量,恰好等于以实际上不均匀的流速所通过的流量,因此有

$$q = \int_A u \mathrm{d}A = vA \tag{1-24}$$

由此得出通流截面上的平均流速为

$$v = q/A \tag{1-25}$$

实际的工程计算中,平均流速才具有应用价值。在液压缸中,液体的流速即为平均流速,它与活塞的运动速度相同,当液压缸有效面积一定时,活塞运动速度的大小由输入液压缸的流量来决定。

(3) 流动状态——层流、紊流、雷诺数。实际液体具有黏性,是产生流动阻力的根本原因。然而,流动状态不同,则阻力大小也不同。所以先研究两种不同的流动状态(也称流态)。

液体在管道中流动时存在两种不同的状态,即层流和紊流,它们的阻力性质不相同,这可以通过实验来观察。

层流和紊流实验装置如图 1-15(a)所示。实验时保持水箱中水位恒定和可能平静,然后将阀门 7 微微开启,使少量水流流经玻璃管,即玻璃管内平均流速 v 很小。这时,若将颜色水容器的阀门 3 也微微开启,使颜色水也流入玻璃管,则可以在玻璃管内看到一条细直而鲜明的颜色流束,而且不论颜色水放在玻璃管内的任何位置,它都能呈直线状。这说明管中水流都安定地沿轴向运动,液体质点没有垂直于主流方向的横向运动,所以颜色水和周围的液体没有混杂。如果将阀门 7 缓慢开大,则管中流量和它的平均流速 v 也逐渐增大,直至平均流速增大至某一数值,颜色流束开始弯曲颤动。这说明玻璃管内液体质

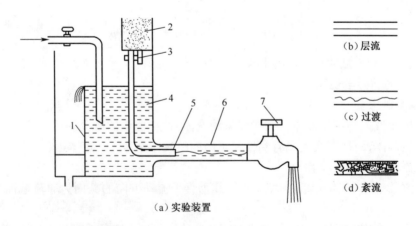

图 1-15　层流与紊流实验

1—隔板;2—颜色水容器;3—阀门;4—水箱;5—细导管;6—玻璃管;7—阀门。

点不再保持安定,开始发生脉动,不仅有横向脉动速度,而且也有纵向脉动速度。如果将阀门 7 继续开大,则脉动加剧,颜色水就完全与周围液体混杂而不再维持流束状态。

① 层流。在液体运动时,如果质点没有横向脉动,不引起液体质点混杂,而是层次分明,能够维持安定的流束状态,这种流动称为层流,如图 1-15(b)、图 1-16(a)所示。

② 紊流。如果液体流动时质点具有脉动速度,引起流层间质点相互错杂交换,这种流动称为紊流或湍流。如图 1-15(d)、图 1-16(b)所示。

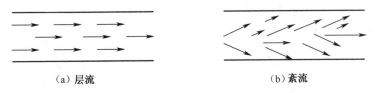

(a) 层流　　　　　　　　　　　　　(b) 紊流

图 1-16　层流与紊流实验

③ 雷诺数 R_e。液体流动时究竟是层流还是紊流,须用雷诺数来判别。

实验证明,液体在圆管中的流动状态不仅与管内的平均流速 v 和水力直径 d_H 成正比,而且与液体的运动黏度 ν 成反比。但是,真正决定液流状态的,却是这 3 个参数所组成的一个称为雷诺数 R_e 的无量纲纯数,即

$$R_e = v d_H / \nu \tag{1-26}$$

当 $R_e < R_e$ 临界时,液流为层流;$R_e > R_e$ 临界时,液流为紊流。常见液流管道的临界雷诺数由实验求得,如表 1.3 所列。

表 1.3　常见液流管道的临界雷诺数

管道的材料与形状	临界雷诺数 R_e	管道的材料与形状	临界雷诺数 R_e
光滑的金属圆管	2000~2320	带环槽的同心环状缝隙	700
橡胶软管	1600~2000	带环槽的偏心环状缝	400
光滑的同心环状缝隙	1100	圆柱形滑阀阀口	260
光滑的偏心环状缝隙	1000	锥阀阀口	20~100

(4) 迹线、流线、流管和流束。

① 迹线。迹线指液体质点在空间的运动轨迹。

② 流线。流线是指某一瞬时,在流动液体流场内作的一条空间几何曲线。液体紊流时,由于各质点速度随时间改变,所以流线形状也随时间变化。液体层流时,流线形状不随时间变化,液体质点的迹线与流线重合,即流线上质点沿着流线运动。由于空间每一点只能有一个速度,所以流线之间不能相交,也不能转折。

③ 流管和流束。在流场中作一封闭曲线,通过这样的封闭曲线上各点的流线所构成的管状表面称为流管。流管内的流线群称为流束。根据流线定义,液体是不能穿过流管流进或流出的,在定常流动情况下,流线形状不随时间而变,因此流管的形状及位置也不随时间而变。截面为无限小的流束称为微小流束,微小流束的极限为流线。无数微小流束叠加起来就是运动液体的整体,也称为总流。

2) 流动液体的连续原理

流量连续性方程是质量守恒定律在流体力学中的一种表达形式。假定液体不可压缩

且作恒定流动。如图 1－17 所示，取一流管，两端通流截面为 A_1、A_2，在流管中取一微小流束，两端截面积为 dA_1、dA_2。在微小截面上各点的速度可认为是相等的且分别为 u_1、u_2。根据质量守恒，得

$$\rho_1 u_1 dA_1 = \rho_2 u_2 dA_2$$

当忽略液体的可压缩性时，即 $\rho_1 = \rho_2$，则有

$$u_1 dA_1 = u_2 dA_2$$

对上式进行积分，便得经过两端通流截面流入、流出整个流管的流量为

$$\int_{A_1} u_1 dA_1 = \int_{A_2} u_2 dA_2$$

根据上式可知 $q_1 = q_2$

或

$$v_1 A_1 = v_2 A_2 \qquad (1-27)$$

或写成

$$q = vA = 常数 \qquad (1-28)$$

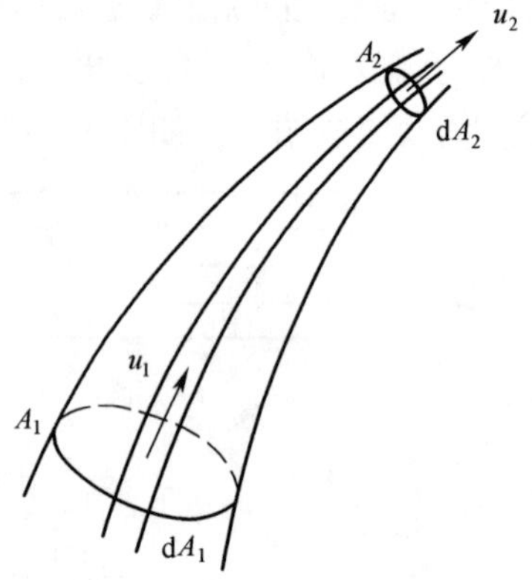

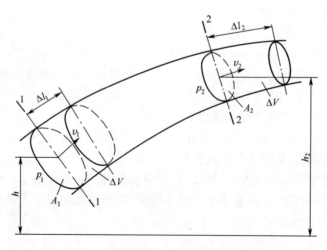

图 1－17   流量连续性方程推导简图

这就是连续性方程，它说明在恒定流动中流过各通流截面的不可压缩液体的流量是不变的。因而流速和通流截面的面积成反比。

3）流动液体的能量守恒原理

能量守恒是自然界的客观规律，流动液体也遵守能量守恒定律，这个规律是用伯努利方程的数学形式来表达的。伯努利方程是一个能量方程，掌握这一物理意义是十分重要的。

（1）理想液体的伯努利方程。假定理想液体在如图 1－18 所示的管道中做恒定流动。质量为 m、体积为 V 的液体，流经该管任意两个截而积分别为 A_1、A_2 的断面 1－1、2－2。设两断面处的平均流速分别为 v_1、v_2，压力为 p_1、p_2，中心高度为 h_1、h_2，若在很短时间内，液体通过曲断面的距离为 Δl_1、Δl_2 则液体在曲断面处时所具有的能量分析如表 1.4 所列。

图 1－18   流体伯努利方程的推导简图

表 1.4　截面能量分析

截面位置	截面 1-1	截面 2-2
动能	$1/2mv_1^2$	$1/2mv_2^2$
势能	mgh_1	mgh_2
压力能	$p_1A_1\Delta l_1 = p_1\Delta V = p_1m/\rho$	$p_2A_2\Delta l_2 = p_2\Delta V = p_2m/\rho$

流动液体具有的能量也遵守能量守恒定律,因此可写成

$$1/2mv_1^2 + mgh_1 + p_1m/\rho = 1/2mv_2^2 + mgh_2 + p_2m/\rho \qquad (1-29)$$

将式(1-29)化简,得

$$1/2v_1^2 + gh_1 + p_1/\rho = 1/2v_2^2 + gh_2 + p_2/\rho$$

$$p_1/g\rho + h_1 + v_1^2/2g = p_1/g\rho + h_2 + v_2^2/2g \qquad (1-30)$$

因两个截面是任意取的,因此上式可以改写成

$$p/g\rho + h + v^2/2g = 常量 \qquad (1-31)$$

式(1-30)和式(1-31)即为理想液体的伯努利方程,其伯努利方程的物理意义为:在密封管道内作定常流动的理想液体在任意一个通流断面上具有 3 种形成的能量,即压力能、势能和动能。3 种能量的总合是一个恒定的常量,而且 3 种能量之间是可以相互转换的,即在不同的通流断面上,同一种能量的值会是不同的,但各断面上的总能量值都是相同的,即能量守恒。

(2) 实际液体的伯努利方程。实际液体在管道内流动时,由于液体存在黏性,会产生内摩擦力,消耗能量;同时管路中管道的尺寸和局部形状骤然变化使液流产生扰动,也引起能量消耗。因此实际液体流动时存在能量损失,设单位质量液体在管道中流动时的压力损失为 ΔP_W。另外,由于实际液体在管道中流动时,管道过流断面上的流速分布是不均匀的,若用平均流速计算动能,必然会产生误差。为了修正这个误差,需要引入动能修正系数 α。因此,实际液体的伯努利方程为

$$p_1/g\rho + h_1 + \alpha_1 v_1^2/2g = p_1/g\rho + h_2 + \alpha_2 v_2^2/2g + \Delta P_W \qquad (1-32)$$

式中,对于动能修正系数 α_1、α_2 的值,当紊流时取 $\alpha=1$,当层流时取 $\alpha=2$。实际计算时常取 $\alpha=1$。

1.2.4　管路内压力损失计算

实际液体是有黏性的,所以流动时黏性阻力需要克服阻力而消耗能量,就是实际液体伯努利方程中的 ΔP_W 项,通常称为压力损失。

1. 沿程压力损失

液体在等径直管中流动时因黏性摩擦而产生的压力损失,称为沿程压力损失。

1) 层流时的沿程压力损失

管道中流动的液体为层流时,液体质点在作有规则的流动,因此可以用数学方法全面探讨其流动时各参数变化间的相互关系,并推导出沿程压力损失的计算公式。经理论推导和实验证明,沿程压力损失 ΔP_y,可以用以下公式计算,即

$$\Delta P_y = \lambda l/d\rho v^2/2 \qquad (1-33)$$

式中　λ——沿程阻力系数,对于圆管层流,其理论值 $\lambda = 64/R_e$,考虑到实际圆管截面可能有变形,以及靠近管壁处的液体可能冷却,阻力略有加大,实际计算时,对金属管应取 $\lambda = 75/R_e$,对标准管接头橡胶软管应取 $\lambda = 80/R_e$;

　　l——管道长度(m);

　　d——管道内径(m);

　　ρ——液体的密度(kg/m³);

　　v——液流的平均流速(m/s)。

2) 紊流时的沿程压力损失

紊流时计算沿程压力损失的公式与层流时相同,式中的沿程阻力系数 λ 除与雷诺数有关外,还与管壁的粗糙度有关, $\lambda = f(R_e, \Delta/d)$,这里 Δ 为管壁的绝对粗糙度, Δ/d 称为相对粗糙度。紊流时圆管的沿程阻力系数 λ 值可以根据不同的 R_e 和 Δ/d 值从表 1.5 中选择公式进行计算。

管壁表面粗糙度 Δ 的值和管道的材料有关,计算时参考下列数值:钢管 0.04mm,铜管 0.0015~0.01mm,铝管 0.0015~0.06mm,橡胶管 0.03mm。另外,紊流中的流速分布是比较均匀的,其最大流速 $u_{max} \approx (1~1.3)v$ 。

表 1.5　圆管紊流流动时的沿程阻力系数 λ 的计算公式

R_e 范围	λ 的计算公式	R_e 范围	λ 的计算公式
$4000 < R_e < 10^5$	$\lambda = 0.3164 R_e^{-0.25}$	$R_e > 900(d/\Delta)$	$\lambda = (2\lg(d/\Delta) + 1.74)^2$
$10^5 < R_e < 3 \times 10^6$	$\lambda = 0.032 + 0.221 R_e^{-0.237}$		

2. 局部压力损失

液体流经管道的弯头、接头、突变截面以及过滤网等局部装置时,会使液流的方向和大小发生剧烈的变化,形成旋涡、脱流,液体质点产生相互撞击而造成能量损失。这种能量损失表现为局部压力损失。由于液体流动状况极为复杂,影响因数较多,局部压力损失不易从理论上进行分析计算。因此,一般是先用实验来确定局部压力损失的局部阻力系数,再按公式计算局部压力损失。局部压力损失 ΔP_ξ 的计算公式为

$$\Delta P_\xi = \xi \rho v^2 / 2 \tag{1-34}$$

式中　ξ——局部阻力系数,有实验求得,各种局部结构的 ξ 值可查有关手册;

　　v——液流在该局部结构处的平均流速。

3. 阀的压力损失

液体流过各种阀类元件时产生压力损失的数值计算亦服从于式(1-34)。但因阀内通道结构复杂,往往液体要经过多个不同阻力系数的变径通道或弯曲通道,再用该公式计算比较困难。当流过阀的液体流量不等于额定流量时,液体通过阀的实际压力损失 ΔP_f 值可用以下公式计算,即

$$\Delta P_f = \Delta P_e (q_s / q_e)^2 \tag{1-35}$$

式中　ΔP_f——液体通过阀的实际压力损失;

　　q_e——阀的额定流量;

　　ΔP_e——阀在额定流量下允许的最大压力损失;

　　q_s——通过阀的实际流量。

4. 管路系统的总压力损失

液压系统中管路通常由若干段管道串联而成。其中每一段又串联一些诸如弯头、控制阀、管接头等形成局部阻力的装置,因此管路系统总的压力损失等于所有直管中的沿程压力损失及所有局部压力损失之和,即

$$\sum \Delta p = \sum \Delta p_\lambda + \sum \Delta p_\xi + \sum \Delta p_f \qquad (1-36)$$

在液压传动系统中,绝大多数压力损失转变为热能,造成系统温度升高,泄漏增大,影响系统的工作性能。从计算压力损失的公式可以看出,减小流速,缩短管道长度,减少管道截面突变,提高管道内壁的加工质量等,都可以使压力损失减小。其中,流速的影响最大,故液体在管路中的流速不应过高。但流速太低,也会使管路和阀类元件的尺寸加大,并使成本增高,因此要综合考虑,确定液体在管道中的流速。

1.2.5　孔口及缝隙流量的分析

液压传动中常利用液体流经阀的小孔或缝隙来控制流量和压力,达到调压和调速的目的;液压元件的泄漏也属于缝隙流动。因而研究小孔和缝隙的流量计算,了解其影响因素,对于合理设计液压系统,正确分析液压元件和系统的工作性能是很有必要的。

1. 薄壁小孔的流量

薄壁小孔是指小孔的长度 l 与直径 d 的比值 $l/d \leqslant 0.5$ 的孔,一般孔口边缘都作成刃口形式,如图 1-19 所示,各种结构形式的阀口就是薄壁小孔的实际例子。

现取孔前通道断面 1-1 和收缩断面 2-2 列的伯努利方程,并设动能修正系数 $\alpha=1$,则有

$$v_1^2/2g + p_1/\rho g = v_2^2/2g + p_2/\rho g + \sum h_\xi \qquad (1-37)$$

由于 $d_1 \gg d_2$,所以 $v_1 \ll v_2$,可忽略上式左边的动能项,收缩断面的流态为紊流,1-1 到 2-2 断面距离很短,忽略沿程压力损失,只计流体流经小孔的局部能量损失 $\sum h_\xi$,将各参数代入上式并整理得

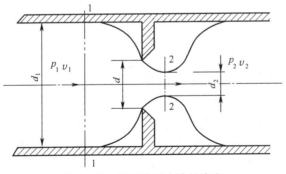

图 1-19　通过薄壁小孔的液流

$$v_2 = \frac{1}{\sqrt{1+\xi}} \sqrt{2/\rho(p_1 - p_2)} = C_V \sqrt{2\Delta p/\rho} \qquad (1-38)$$

式中　Δp ——小孔前后的压力差,$\Delta p = p_1 - p_2$;

　　　C_V ——小孔速度系数,$C_V = 1/\sqrt{1+\xi}$。

则通过小孔的流量为

$$q = A_2 v_2 = C_c C_v A \sqrt{2\Delta p / \rho} = C_q A \sqrt{2\Delta p / \rho} \qquad (1-39)$$

式中　C_q——小孔流量系数，$C_q = C_c C_v$；

　　　C_c——断面收缩系数，$C_c = A_2 / A$；

　　　A_2——液流收缩后的面积；

　　　A——小孔截面积，$A = \pi / 4 d^2$。

式(1-39)中流量系数 C_q 可由实验确定(以下 D 为管道直径)。

① 当 $D/d \geqslant 7$ 时，液流完全收缩，C_q 按下式计算，即

$$C_q = 0.964 R_e^{-0.05} \qquad (R_e = 800 \sim 5000)$$

$$C_q = 0.6 \sim 0.61 \quad (R_e > 10^5)$$

② 当 $D/d < 7$ 时，液流不完全收缩。此时管壁离小孔较近，管壁对小孔起导向作用，C_q 可以增大至 $0.7 \sim 0.8$。此时 C_q 的具体数值可以从表 1.6 查取。

表 1.6　不完全收缩时的流量系数 C_q

A_2/A	0.1	0.2	0.3	0.4	0.5	0.6	0.7
C_q	0.602	0.615	0.634	0.661	0.696	0.742	0.804

由薄壁小孔流量公式(1-39)可知，其流量与液体黏度无关，流量对油温变化不敏感，且小孔的壁很薄，沿程压力损失很小，因此常用来作为液压传动系统中的节流调节器使用。

2. 短孔和细长孔的流量压力特性

1) 细长孔

当长径比 $l/d > 4$ 时称为细长孔，流经细长小孔的液流，由于其黏性作用而流动不畅，一般都是呈层流状态，与液流在等径直管中流动相当，其各参数之间的关系可用沿程压力损失的计算公式(1-33)表达。经推导可得到液体流经细长孔流量计算公式。即

$$q = \pi d^4 / 128\mu l \Delta p = d^2 / 32\mu l \pi d^2 / 4 p = kA\Delta p \qquad (1-40)$$

由式(1-40)可知，通过细长孔的流量与细长孔的通流截面面积 A 及细长孔两端的压力差 Δp 成正比；与液体的动力黏度 μ 成反比，即当细长孔通过液体的黏度不同或黏度变化时，通过它的流量也不同或发生变化，所以流经细长孔的液体的流速受温度的影响比较大。

2) 短孔

一般指小孔的长径比 $l/d > 4$ 时称为短管型孔，短管型孔的流量压力特性和薄壁小孔之间。其流量仍按薄壁小孔的流量公式(1-39)进行计算，但流量系数 C_q 有所不同。C_q 与短管形状及安装形式有关，C_q 的具体数值可查相关图表手册。一般当 $R_e > 1 \times 10^5$ 时，可取 $C_q = 0.8 \sim 0.82$。短管型孔加工比薄壁小孔容易，因此常用做固定调节器使用。

3. 缝隙的流动特性

液压元件在装配后，各零件之间可能存在缝隙(也称间隙)。这些缝隙的大小对液压元件的性能影响极大。缝隙太小，会使运动零件卡死；缝隙过大，会造成圈套的泄漏，降低系统的效率和传动精度，还会污染环境。油液流过缝隙产生的泄漏量，称为缝隙流量。

造成液体在缝隙中流动的原因有两个：一是缝隙两端的压力差引起的流动，称为压差流动；二是由组成缝隙的两壁面相对运动而造成的流动，称为剪切流动。这两种流动经常会同时存在。

液体在缝隙中流动时,由于缝隙小,液流受壁面阻力影响较大,故缝隙内的液流几乎都是层流。

1)平行板间隙的流量

如图 1-20 所示的两平行平板之间充满着液体,设平行平板的间隙为 h,长为 l、宽为 b,两端压差为 $\Delta p = p_1 - p_2$。对平行平板缝隙流而言存在如下 3 种流动的情况。

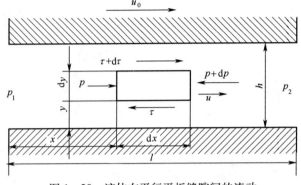

图 1-20　液体在平行平板缝隙间的流动

(1)当 $\Delta p \neq 0$ 时,两平板均固定不动时,液体在压差的作用下特产生流动。称这种流动为压差流。其流量计算公式为

$$q_0 = bh^3 / 12\mu l \Delta p \qquad (1-41)$$

(2)当 $\Delta p = 0$ 且上平行平板以一定速度 u_0 平行运动,出于黏性作用,液体在平板的拖曳作用下流动,称这种流动为剪切流。

如图 1-21 所示,油液充满平行平板之间,平板宽度为 b,间隙为 h。当一平板不动,另一平板以速度 u_0 作相对运动时,由于油液存在黏度,紧贴相对运动平板上的油液以速度 u_0 运动,紧贴于不动平板上的油液则保持静止,中间液体的速度呈线性分布,液体作剪切流动,其平均流速 $v = u_0 / 2$,则平板运动时液体通过平板间的间隙的泄漏流量为

$$q_0 = vA = u_0 / 2bh \qquad (1-42)$$

(3)当 $\Delta p \neq 0$,上平行平板以一定速度 u_0 平行运动,液体将在压差 Δp 和平板拖曳的联合作用下流动。这种流动即为一般情况,称为压差流与剪切流的联合流动。

如图 1-22 所示,剪切流动和压差流动方向相同,其泄漏流量相加;剪切流动和压差流动方向相反,其泄漏流量相减,其流量计算公式为

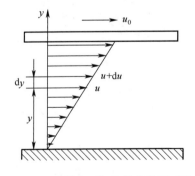

图 1-21　液体在平板的拖曳作用下流动

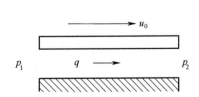

图 1-22　平行平板间隙既有压差流动又有剪切流动的液流

$$q_0 = bh^3/12\mu l \Delta p \pm u_0/2bh \qquad\qquad (1-43)$$

式(1-43)中,平板运动速度与压差作用下液体流向相同时取"+"号,反之取"-"号。

2) 环形缝隙流量

在液压元件中,如液压缸的活塞与缸体的内孔之间、液压阀的阀芯与阀孔之间,都存在环形缝隙,而且实际上由于活动圆柱体(活塞与阀芯)自重的影响或制造、装配等原因,圆柱体与孔的配合缝隙不均匀,存在一定的偏心度,这对液体流过缝隙时的流量(泄漏量)有相当大的影响。

(1) 同心环状间隙的流量。如图 1-23 所示,当缝隙 h 较小时,可将环形缝隙沿圆周方向展开,把它近似地看作为平行平板缝隙间的流动,这样只要把 $b \times \pi d$ 代入式(1-43),就可得同心环形缝隙的流量公式为

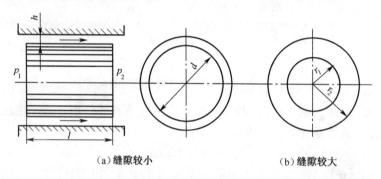

（a）缝隙较小　　　　　　　　（b）缝隙较大

图 1-23　流经同心环状间隙的流量

$$q_0 = \pi dh^3/12\mu l \Delta p + \pi dh/2u_0 \qquad\qquad (1-44)$$

当相对运动速度时,即圆柱体和内孔之间没有运动,则此时的同心环形缝隙流的流量公式为

$$q_0 = \pi dh^3/12\mu l \Delta p \qquad\qquad (1-45)$$

(2) 偏心环状间隙的流量。图 1-24 所示为液体在偏心环形缝隙间的流动。在图中,下平面与圆环均固定不动,液体在圆环中心向外辐射流去。设圆环的内、外半径分别为 r_1 和 r_2,圆环与平面缝隙量为 h,因圆环与平面缝隙量很小,忽略液体重力,这样压力仅是 r 的函数。假设 r_1 处的压力为 p_1,在圆环外半径 r_2 处,压力等于 0。推导出偏心环形缝隙流量公式为

$$q_0 = \pi dh^3/12\mu l \Delta p(1 + 1.5\varepsilon^2) \pm \pi dh/2u_0$$
$$(1-46)$$

式中　h——内、外圆同心时的间隙;

　　　ε——相对偏心率,$\varepsilon = e/h$。

由式(1-46)可见,当偏心距 $e = 0$ 时,$\varepsilon = 0$,它就是同心环形缝隙流的流量公式。当偏心 e 距增大时,偏心率 ε 增大通过缝隙的流量

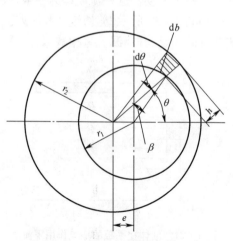

图 1-24　液体在偏心环形缝隙间的流动

q_0 也随之增大。当 $e = h$ 时，$\varepsilon = 1$，此时偏心率最大（称完全偏心），其压差流量为同心环形缝隙压差流量的 2.5 倍。可见，在制造或装配时，保证圆柱形液压配合件的同轴度是十分重要的。为此，常在阀芯和活塞的圆柱表面上加工多条环形压力平衡槽，由于槽中液体的压力相等，所以能使配合件自动对中，减小偏心率，从而减小泄漏量。

1.2.6　液压冲击和气穴现象

在液压系统中，有时会出现流体的流速在极短的瞬间发生很大变化的现象，从而导致压力的急剧变化，这就是所谓的瞬变流动。瞬变流动包括液压冲击和气穴现象，它会给系统的正常工作带来不利影响，因此需要了解这些现象产生的原因，并采取措施加以防治。

1. 液压冲击

在液压系统中由于某种原因，当管路一端的流速或压力剧变时，管内油液中产生急剧交替的压力升降阻尼波动过程称为液压冲击现象。

液压冲击压力波的峰值往往是正常工作压力的很多倍，造成强烈振动和巨大噪声。这将会造成系统温升、液压元件损坏或引起某些液压元件误动作而造成设备损坏或严重事故。因此分析液压冲击现象，寻求减小液压冲击影响的有效措施具有重要意义。

（1）液压冲击的危害。系统出现液压冲击时，液体瞬时压力峰值可以比正常工作压力大好几倍。液压冲击会损坏密封装置、管道或液压元件，还会引起设备振动，产生很大噪声。有时冲击会使某些液压元件，如压力继电器、顺序阀产生误动作，影响系统组成工作。

（2）液压冲击产生的原因。在阀门突然关闭或运动部件快速制动等情况下，液体在系统中的流动会突然受阻，这时，由于液流的惯性作用，液体就从受阻端开始，迅速将动能转换为液压能，因而产生了压力冲击波。此后，这个压力波又从该端开始反向传递，将压力能逐层转化动能，这使液体又反向流动，然后在另一端又再次将动能转化为压力能，如此反复地进行能量转换。由于这种压力波的迅速往复传播，便在系统内形成压力振荡。这一振荡过程，由于液体受到摩擦力以及液体和管壁的弹性作用不断消耗能量，才使振荡过程逐渐衰减而趋向稳定，产生液压冲击的本质是动量变化。

（3）减小液压冲击的措施。针对影响冲击压力 Δp 的因素，可以采取一些措施来减小液压冲击。

① 适当加大管径，限制管道流速 v，一般在液压系统中把 v 控制在 4.5m/s 以内，使 Δp_{rmax} 不超过 5MPa 就可以认为是安全的。

② 正确设计阀口或设置制动装置，使运动部件制动时速度变化比较均匀。

③ 延长阀门关闭和运动部件制动换向的时间，可采用换向时间可调的换向阀。

④ 尽可能缩短管长，以减小压力冲击波的传播时间，变直接冲击为间接冲击。

⑤ 在容易发生液压冲击的部位采用橡胶软管或设置蓄能器，以吸收冲击压力；也可以在这些部位安装安全阀，以限制压力升高。

2. 气穴现象

在液压系统中，当流动液体某处的压力低于空气分离压时，原先溶解在液体中的空气就会游离出来，使液体中产生大量的气泡，这种现象称为气穴现象。

（1）产生气穴现象的原因。油液中不可避免地总会含有一些空气，除混入油液中呈气泡状态存在的气体外,油液中还能溶解一部分空气。在常温下,油液中空气的溶解量约占6%~12%。

（2）气穴现象的危害。气穴现象所形成的气泡,被油液带入高压区后,在压力作用下气泡将重新混入、溶入油液或凝结为油液,气泡则会体积急剧缩小或破裂。由于这是在瞬时间发生的,因而会产生局部压力冲击,导致局部温度和压力激增,产生振荡和噪声,使油液氧化变质。如果液压元件壁面反复经受压力冲击,则高温和游离出来气体的氧化、酸化作用会使其表面因受侵蚀而发生剥落破坏,即发生气蚀现象而使元件寿命缩短。如果气泡不破裂,则会在管道最高处或狭窄流道中聚集而使液流不畅甚至堵塞,使系统不能正常工作。气穴现象将使系统的容积效率下降,使其性能特别是动态性能变坏。

（3）降低气穴现象危害的措施。根据气穴形成的原因,防范的根本方法就是在系统中容易产生气穴的场合,采取适当措施使系统压力不致下降过低。常见措施如下。

① 正确设计液压泵的结构参数,合理配置液压泵的吸油管路。

② 限制节流口前后的压差不致过大,一般要求 $p_1/p_2<3.5$。

③ 合理的系统管路布局,避免过多弯曲、急转、绕行尽量保持平直。

④ 提高液压元件的抗气蚀能力。采用抗腐蚀能力强的材料,提高零件的机械强度和零件表面加工质量。

■任务实施

实训 2　液体观察与力学参数测量

1. 实训目的

（1）观察液体流动时的层流和紊流现象。区分两种不同流态的特征,搞清两种流态产生的条件。分析圆管流态转化的规律,加深对雷诺数的理解。

（2）测定颜色水在管中不同流态下的雷诺数及沿程水头损失。绘制沿程水头损失和断面平均流速的关系曲线,验证不同流态下沿程水头损失的规律是不同的。进一步掌握层流、紊流两种流态的运动特性和动力学特性。

（3）通过对颜色水在管中不同状态下的分析,加深对管流不同流态的了解,学习古典力学中应用无量纲参数进行实验研究的方法。并了解其实用意义。

2. 实训要点

（1）掌握雷诺实验的方法与步骤。

（2）判断影响液体流态的因素。

（3）掌握雷诺实验的实验原理;掌握液压油的物理性质。

3. 实训设备准备

（1）实训设备准备。雷诺实验装置（图 1-25）一套;酒精温度计一个;秒表一只（0.1s）;玻璃量杯一个（刻度为 1000mL）。

图 1-25 所示为流态实验装置图,它由能保持恒定水位的水箱、实验管道及能注入有色液体的水管组成。

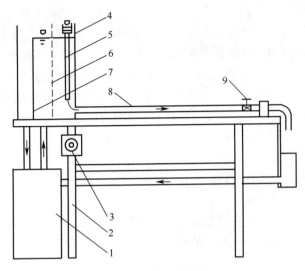

图 1－25　雷诺实验装置图

1—自循环供水器;2—实训台;3—晶闸管无级调速器开关;4—恒压水箱;5—有色水水管;

6—稳水隔板;7—溢流板;8—实训管;9—实训流量调节阀。

（2）实训步骤。

① 开启电流开关向水箱充水,使水箱保持溢流。

② 微微开启泄水阀及有色液体盒出水阀,使有色液体流入管中。调节泄水阀,使管中的有色液体呈一条直线,此时水流为层流。此时用体积法测定管中过流量。

③ 加大泄水阀开度,观察有色液体的变化,在某一开度,有色液体由直线变成波纹状。用体积法测定过流量。

④ 继续逐渐开大泄水阀开度,使有色液体由波纹状变成微小涡体扩散到整个管内,此时管中为紊流。并用体积法测定过流量。

⑤ 以相反程序,即泄水阀开度从大逐渐调小,再观察水中流态的变化现象,并用体积法测定过流量。

（3）绘图分析。在双对数纸上以 V 为横坐标,h_f 为纵坐标,绘制 $\lg V - \lg h_f$ 曲线,并在曲线上找出上临界流速 V_k 上,计算上临界雷诺数 $R_{ek} = V_k \times d / V$,并定出两段直线斜率 m_1 和 m_2 。

$$m = \lg h_{f2} - \lg h_{f1} / \lg v_2 - \lg v_1 \qquad (1-47)$$

将从图上求得的 m 值与各流区 m 值的理论值机械比较,分析不同流态下沿程水头损失的变化规律。

■ 自我测试

1－2－1　填空题

1. 液体受压力作用发生体积变化的性质称为液体的（　　　）,可用（　　）和什么表示,体积压缩率越大,液体的可压缩性越（　　　）;体积模量越大,液体的可压缩性越（　　　）。在液压传动中可以认为液体是（　　　）。

2. 油液黏性用(   )表示,有(   )、(   )和(   )3 种方法表示。计量单位 m²/s 是表示(   )黏度的单位,1m²/s = (   )cst。

3. 某一种牌号为 L-HL22 的普通液压油在 40℃时(   )黏度中心值为 22 cst(mm²/s)。

4. 选择液压油时,主要考虑油的(   )(选项:成分、密度、黏度、可压缩性)。

5. 在流动液体时,将既(   )又(   )的假想液体称为理想液体。

1-2-2　问答题

1. 何谓理想液体和稳定流动?

2. 何谓平均流速、层流和紊流?

3. 写出液体静力学基本方程。

4. 写出液体连续性方程。

5. 液压系统的能量损耗为什么只考虑压力损失?

6. 为什么要限制液体在管道内的流速?

7. 什么是液压冲击现象?

8. 什么是空穴现象?

9. 30#机油在直径 $d=20$mm,长度 $L=10$m 的节流孔中流动,液流流动速度 $v=3$m/s,重度 $\gamma=9000$N/m³,试计算压力损失。

2 项目2 液压泵与液压马达的识别

（1）重点掌握液压泵和液压马达的基本原理及效率计算。

（2）了解叶片泵、叶片式液压马达及齿轮泵的基本结构与工作原理。

（3）掌握柱塞泵及轴向柱塞式液压马达的基本结构与工作原理。

（4）掌握分析液压马达产生输出扭矩的方法；液压泵与液压马达的选用及常见故障分析。

（1）掌握各种液压元件的组成、工作原理及性能参数计算。

（2）掌握液压元件的分类、应用及性能评价方法。

任务1 液压动力元件的识别

液压泵是液压系统中的主要动力元件，它将原动机（电动机）输出的机械能转换为工作液体的压力能，给系统提供具有一定压力和流量的工作液体，是一种能量转换装置。

本任务将介绍液压泵的工作原理、性能参数以及不同类型液压泵的结构，同时介绍液压泵的识别、选择与应用知识。通过任务的实施，掌握液压泵的识别与应用的基本技能。

液压泵的类型很多，根据液压泵的结构和工作原理不同，液压泵通常可分为齿轮泵、叶片泵、柱塞泵、螺杆泵等。

本任务主要通过液压泵的拆装实训和液压泵的识别，了解其结构特点，掌握液压泵的工作原理、性能参数及特性，正确选用液压泵。

2.1.1 液压泵的工作原理及主要性能参数

1. 液压泵的工作原理

液压传动系统中采用的液压泵类型很多，但都属于容积式液压泵，它的工作原理可用

图2-1所示的单柱塞式液压泵来说明。

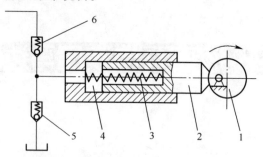

图 2-1　单柱塞式液压泵的工作原理

1—凸轮;2—柱塞;3—弹簧;4—密封工作油腔;5—吸油单向阀;6—压油单向阀。

液压泵的基本工作原理是利用油液的不可压缩性和密封容积的周期性变化来实现的,因此,这类泵又称为容积泵。

由上述容积泵工作原理可以知道,要形成一个容积泵,需要具备以下几个基本条件。

1）周期性变化的密封容积

（1）密封容积是形成容积泵的最为基本的条件,必须要有一个与外界相隔绝的密封空间,才有形成吸油和压油的可能。

（2）密封容积要能够周期性地变化,才能够利用油液的不可压缩性,形成密封腔内油液压力的变化,完成吸油和压油。

2）要有配流装置

配流装置的作用是保证在吸油行程时,密封容积要与油箱相通,与压力系统断开,而在压油行程时,密封容积必须要与油箱断开,而与系统相通。在液压动力系统中,能够完成上述功能的装置称为配流装置。

配流装置要保证吸油行程中,密封容积与系统的压力油液要断开,以防止系统的压力油倒流;并要保证与油箱相通,以便把油箱中油液吸入油泵。而在压油行程时,要保证密封容积与油箱断开,以避免将油泵中的压力油压回油箱而向系统输送。在图2-1中单向阀5和6就起到配流的作用。

3）油箱的油液要与大气相通或形成充压油箱

油箱中的油液必须与大气相通,才能在吸油行程时,利用大气的压力将油箱中的油液压入油泵的密封容积内,完成吸油。

如果要采用与外界相隔离的封闭式油箱,为保证顺利吸入油液,必须采用充压油箱。

由以上可知,液压泵的工作原理如下所述。

（1）液压泵必须有一个或若干个周期变化的密封容积。

（2）液压泵必须有配流装置,将吸油和压油的过程分开。

（3）液压泵工作必要的外部条件是油箱液面通大气或油箱充气。

2. 液压泵的主要性能参数

1）液压泵的工作压力和额度压力

（1）工作压力 p_P。液压泵的工作压力 p_P 是指泵出口处的实际压力,即油液克服阻力而建立起来的压力。如果液压系统中没有阻力,相当于泵输出的油液直接流回油箱,系统压力就建立不起来。若有负载作用,系统液体必然会产生一定的压力,这样才能推动工作台等运动。外负载增大,油压随之升高,泵的工作压力也升高。

(2)额定压力。是指泵在正常工作条件下,按试验标准规定能连续运转的最高压力,超过此值将使泵过载。泵的额定压力主要由泄漏所限制。

2)液压泵的排量和流量

(1)排量。液压泵的排量 V_p 是指在没有泄漏的情况下,泵轴转一转所排出的油液体积。

(2)流量。液压泵的流量可分为理论流量、实际流量和额定流量。

① 理论流量 q_{Pt} 是指在没有泄漏的情况下,单位时间内泵所输出的油液体积。其大小与泵轴转速 n_P 和排量 V_P 有关,即

$$q_{Pt} = n_P V_P \qquad\qquad (2-1)$$

因此液压泵的理论流量与压力无关,工作压力为零时,实际测得的流量可以近似作为其理论流量。

② 实际流量 q_P 是指单位时间内实际输出的油液体积。液压泵在运行时,泵的出口压力不等于零,因而存在部分油液泄漏,使实际流量小于理论流量。

③ 额定流量 q_{Pn} 是指在额定转速 n_{Pn} 和额定压力 p_{Pn} 下输出的流量。

3. 液压泵的功率和效率

液压泵在机械能量转换时总有功率损失,因此输出功率小于输入功率。两者之差值即为功率损失。功率损失可分为容积损失和机械损失。

1)容积损失和液压泵的容积效率

容积损失是指液压泵流量损失。液压泵实际输出流量总是小于其理论上它应该排出的流量,其主要原因往往是由于液压泵内部的内泄漏、气穴和油液在高压下受压缩而造成的流量损失,内泄漏是主要原因。因此泵的压力增高,输出的实际流量就减小。用容积效率 η_{PV} 来表征容积损失的大小,即

$$\eta_{PV} = q_p / q_{Pt} = q_{Pt} - \Delta q_p / q_{Pt} = 1 - \Delta q_p / q_{Pt} \qquad (2-2)$$

式中　Δq_P——某一工作压力下液压泵的流量损失,即泄漏量。

因此,液压泵的实际输出流量为

$$q_P = q_{Pt} \eta_{PV} = V n \eta_{PV} \qquad\qquad (2-3)$$

式中　V——液压泵的排量(mL/r);

　　　n——液压泵的转速(r/m)。

由于的内泄漏与压力有很大关系。所以,系统的工作压力越大,液压泵的容积效率越低。容积损失客观存在,液压泵的容积效率恒小于1。

2)机械损失和机械效率

机械损失是指液压泵在转矩上的损失。液压泵的实际转矩 T_p,总是大于理论上所需要的转矩 T_{pt},主要原因是由于液压泵体内相对运动部件之间因机械摩擦而引起的摩擦转矩上的损失,以及由于液体的黏性而引起内摩擦损失。设转矩损失为 ΔT_p。实际输入转矩为 $T_p = T_{pt} + \Delta T_p$,要比理论输入转矩 T_{pt} 大。用机械效率 η_{pm} 来表征机械损失的大小,即

$$\eta_{pm} = T_{pt}/T_p = T_p - \Delta T_p/T_p = 1 - \Delta T_p/T_p \qquad (2-4)$$

3）液压泵的功率

（1）液压泵的输入功率 P_{pi}。液压泵的输入功率是指作用在液压泵主轴的机械功率，当输入转矩为 T_p、角速度为 ω 时，有

$$p_{pi} = T_p\omega \qquad (2-5)$$

（2）液压泵的输出功率 P_{p0}。液压泵的输出功率是指液压泵在工作过程中的实际吸、压油口间的压差 Δp 和输出流量的乘积，即

$$P_{p0} = \Delta pq \qquad (2-6)$$

在工程实际中，若液压泵吸、压油口间的压差 Δp 的计算单位用 MPa 表示，输出流量用 L/min 表示，则液压泵的输出功率 P_{p0} 可表示为

$$P_{p0} = \Delta pq/60 \qquad (2-7)$$

在实际计算中，若油箱通大气，液压泵吸、压油口间的压差 Δp 往往用液压泵出口压力 p 代入，即

$$P = pq \qquad (2-8)$$

（3）液压泵的总效率。总效率 η_p 是指液压泵的输出功率与输入功率之比，即

$$\eta_p = P_{p0}/P_{pi} = \Delta pq/T_p\omega = \Delta pq\eta_V/(T_i\omega/\eta_{pm}) = \eta_V\eta_{pm} \qquad (2-9)$$

输入功率 P_{pi} 可用下式表示

$$P_{pi} = p_pq_p/\eta_p \qquad (2-10)$$

4. 液压泵的特性曲线

图 2-2 所示为某一液压泵的特性曲线。由液压泵的特性曲线可以看出：容积效率 η_{pV}（或实际流量 q_p）随工作压力 P_p 的增高而减小，当工作压力 P_p 为零时，泄漏量 Δq_p 为零，容效率 $\eta_{pV} = 100\%$，实际流量 q_p 等于理论流量 q_{pt}。总效率 η_p 随工作压力 P_p 增高而增大，且有一个最高值。

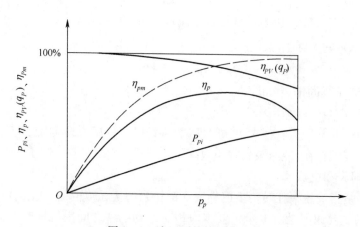

图 2-2　液压泵的特性曲线

5. 液压泵的职能符号

液压泵的职能符号如图 2-3 所示。

 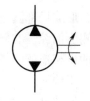 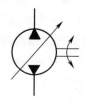

（a）单向定量液压泵　　（b）单向变量液压泵　　（c）双向定量液压泵　　（d）双向变量液压泵

图 2-3　液压泵的职能符号

2.1.2　齿轮泵的工作原理与性能参数

齿轮泵是液压系统中常用的液压泵。它的主要优点是结构简单、体积小、重量轻、价格便宜、自吸性能好、对油液的污染不敏感、工作可靠、便于维护修理。其缺点是泄漏量大、噪声大、效率低、排量不可调。

齿轮泵是利用齿轮啮合原理工作的。根据啮合形式不同分为外啮合齿轮泵和内啮合齿轮泵。其中外啮合齿轮泵由于结构简单、制造方便，所以应用广泛。

1. 外啮合齿轮泵

1）外啮合齿轮泵的工作原理

图 2-4 所示为外啮合齿轮泵的实物图和工作原理图。

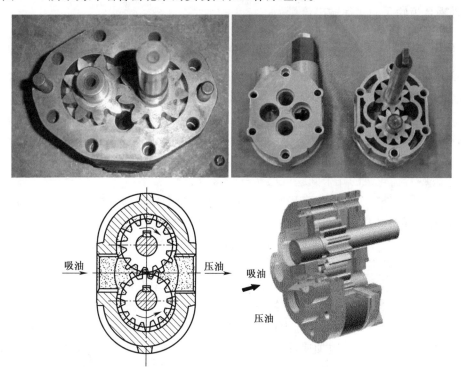

图 2-4　外啮合齿轮泵实物图和工作原理图

在泵体内有一对齿数、模数都相同的外啮合渐开线齿轮。齿轮两侧有端盖（图中未画出）。泵体、端盖和齿轮之间形成了密封容腔，并由两个齿轮的齿面接触线将左右两腔隔开,形成了吸、压油腔。当齿轮按图示方向旋转时,左侧吸油腔内相互啮合的轮齿相继脱开,使密封容积逐渐增大,形成局部真空,油箱中的油液在大气压力作用下进入吸油腔,并随着旋转的轮齿进入右侧压油腔。右侧压油腔的轮齿则不断进入啮合,使密封容积减小,油液被挤出,通过与压油口相连的管道向系统输送压力油。在齿轮的工作过程中,只要泵轴旋转方向不变,其吸、压油的位置就不变,啮合处的齿面接触线一直分隔吸、压油两腔,起着配流的作用。所以,外啮合齿轮泵中没有专门的配流机构,这是它的独特之处。

2) 外啮合齿轮泵的排量和流量

外啮合齿轮泵的排量可近似看做两个齿轮的齿槽容积之和。因齿槽容积略大于轮齿体积,故其排量等于一个齿轮的齿槽容积和轮齿体积的总和再乘以一个大于1的修正系数 c,即相当于以有效齿高($h=2m$)和齿宽构成的平面所扫过的环形体积,于是泵的排量为

$$V = c\pi dhb = 2\pi czm^2b \qquad (2-11)$$

式中　z ——齿数;

d ——节圆直径, $d = 2m$;

h ——有效齿高, $h = 2m$;

b ——齿宽;

m ——齿轮模数;

c ——修正系数, $c = 1.06$。

则有 $$V = 6.66zm^2b \qquad (2-12)$$

外啮合齿轮泵的实际输出流量为

$$q = 6.66zm^2bn\eta \qquad (2-13)$$

式(2-13)中的 q 是外啮合齿轮泵的平均流量。实际上,随着啮合点位置的改变,齿轮啮合过程中压油的容积变化率是不均匀的,因此外啮合齿轮泵的瞬时流量是脉动的。设 q_{max}、q_{min} 分别表示最大、最小瞬时流量,流量脉动率 σ 可用下式表示,即

$$\sigma = q_{max} - q_{min}/q \times 100\% \qquad (2-14)$$

齿数越少,流量脉动率 σ 就越大,其值最大可达20%以上。流量脉动引起压力脉动,随之产生振动与噪声,所以高精度机械不宜采用外啮合齿轮泵。

3) 外啮合齿轮泵的几个问题

(1) 泄漏。外啮合齿轮泵高压腔的压力油通过3个途径泄漏到低压腔:从齿轮两侧面和两端盖间的轴向间隙、泵体内孔和齿顶圆间的径向间隙和轮齿啮合处的间隙。其中,轴向间隙泄漏的途径多,封油长度短,泄漏量占总泄漏量的75%~80%,是影响外啮合齿轮泵压力提高的最主要的问题。

(2) 径向作用力不平衡。在外啮合齿轮泵中,油液作用在齿轮外圆上的压力是不相等的,从低压腔到高压腔,压力沿齿轮旋转方向逐渐上升,因此齿轮受到径向不平衡力的作用。工作压力越高,径向不平衡力也越大。径向不平衡力过大时能使泵轴弯曲,齿顶与泵体接触,产生摩擦;同时也加速轴的磨损,这是影响外啮合齿轮泵寿命的主要原因。为了减小径向不衡力的影响,常采用的最简单的办法就是缩小压油口,使压油腔的压力油仅作用在1~2个齿的范围内;也可采用如图2-5所示的在泵端盖设径向力平衡槽的结构。

(3) 困油。

① 困油现象产生原因。为使齿轮平稳转动,齿轮啮合重合度必须大于1,即使一对轮

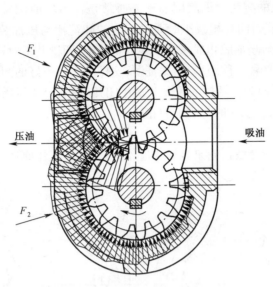

图 2-5　外啮合齿轮泵径向力平衡槽

齿退出啮合,因而在两对轮齿同时啮合的阶段,两对轮齿啮合点之间形成独立的密封容积,也就有一部分油液会被困在这个封闭腔之内,如图 2-6 所示。这个密闭容积先随齿轮转动逐渐减小(由图 2-6(a)到图 2-6(b)),以后又逐渐增大(由图 2-6(b)到图 2-6(c))。密闭容积减小会使被困油液受挤而产生高压,并从缝隙中流出,导致油液发热,轴承等部件也会受到附加的不平衡负载的作用;密闭容积增大又会造成局部真空,使溶于油中的气体分离出来,产生气穴,引起噪声、振动和气蚀,这就是外啮合齿轮泵的困油现象。

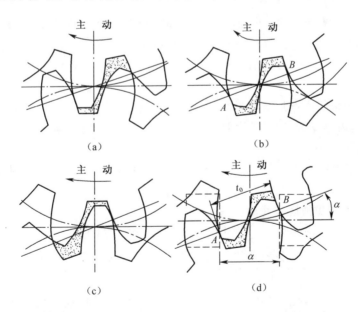

图 2-6　外啮合齿轮泵的困油现象及消除方法

　　② 困油现象的危害。闭死容积由大变小时油液受挤压,导致压力冲击和油液发热,闭死容积由小变大时,会引起气蚀和噪声。

③ 消除困油现象的方法。消除困油现象通常是在齿轮的两端盖板上开卸荷槽(图2-6(d)中的虚线),使封闭容积减小时通过右边的卸荷槽与压油腔相通,封闭容积增大时通过左边的卸荷槽与吸油腔相通。在很多齿轮泵中,两槽并不对称于齿轮中心线分布,而是整个向吸油腔侧平移一段距离,实践证明,这样能取得更好的卸荷效果。

④ 开设卸荷槽的原则。两槽间距 a 为最小闭死容积,而使闭死容积由大变小时与压油腔相通,闭死容积由小变大时与吸油腔相通。

2. 内啮合齿轮泵

内啮合齿轮泵有渐开线齿轮泵和摆线齿轮泵两种,其工作原理如图2-7所示。

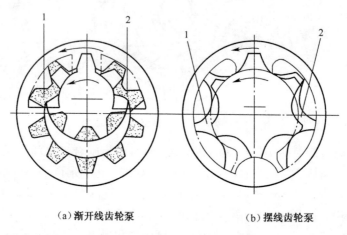

(a)渐开线齿轮泵　　　　　　　　(b)摆线齿轮泵

图2-7　内啮合齿轮泵的工作原理

1—吸油腔;2—压油腔。

渐开线内啮合齿轮泵中,小齿轮与内齿环之间有一月牙形隔板,以便把吸油腔和压油腔隔开。当小齿轮带动内齿环绕各自的中心同方向旋转时,左半部轮齿退出啮合,形成真空,进行吸油。进入齿槽的油被带到压油腔,右半部轮齿进入啮合,容积减小,从压油口排油。

内啮合齿轮泵的优点是结构紧凑、尺寸小、重量轻、使用寿命长、压力脉动和噪声都较小;它的缺点是齿形复杂、加工精度要求高、造价较贵。现在采用粉末冶金工艺压制成型,成本低,应用得到发展。

在转速不变的条件下,泵的输出流量可以改变的称为变量泵,不可改变的称为定量泵。齿轮泵的排量不能改变,所以属于定量泵。

3. 齿轮泵的常见故障及排除方法

齿轮泵的常见故障现象、产生原因及排除方法如表2.1所列。

表2.1　齿轮泵的常见故障现象、产生原因及排除方法

故障现象	产生原因	排除方法
泵噪声过大	吸油管路或过滤器堵塞	除去污物使吸油管路畅通
	吸油口连接处密封不严,有空气进入	加强密封,紧固连接件
	吸油高度太大,油箱液面低	降低吸油高度,向油箱加油
	从泵轴油封处有空气进入	更换油封

故障现象	产生原因	排除方法
泵噪声过大	端盖螺钉松动	适当拧紧螺钉
	泵与联轴器不同轴或松动	重新安装,使其同轴心,紧固连接件
	液压油黏度太大	更换黏度适当的液压油
	吸油口过滤器的通流能力小	更换通畅能力较大的过滤器
	转速太高	使其转速降至允许最高速以下
	齿形精度不高或接触不良	研磨修整或更换齿轮,更换损坏零件
	轴向间隙过小,齿轮内孔与端面垂直度超差或泵盖上两孔平行度超差	检查并修复有关零件
	溢流阀阻尼孔堵塞	拆卸、清洗溢流阀
	管路振动	采取隔离消振措施
泵输出流量不足甚至完全不排油	电动机转向不对	纠正转向
	油箱液面过低	补油至油标线
	吸油管路或过滤器堵塞	疏通吸油管路,清洗过滤器
	电动机转速过低	使转速达到液压泵的最低转速以上
	油液黏度过大	检查油质,更换液压油或抬高油温
	泵内零件间磨损,间隙过大	更换或重新配研零件
泵输出油压力低或没有压力	溢流阀失灵	调整、拆卸、清洗溢流阀
	侧板和轴套与齿轮端面严重摩擦	修理或更换侧板和轴套
	泵端盖螺钉松动	拧紧螺钉
泵温升过高	压力过高,转速过快	调整压力阀,降低转速到规定值
	油黏度过大	合理选用黏度适宜的油液
	油箱散热条件差	加大油箱容积或增加冷却装置
	侧板和轴套与齿轮端面严重摩擦	修理或更换侧板和轴套
	油箱容积小	加大油箱,扩大散热面积
外泄漏	密封圈损伤	更换密封圈
	密封表面不良	检查修理
	泵内零件间磨损,间隙过大	更换或重新配研零件
	组装螺钉松动	拧紧螺钉

2.1.3 叶片泵的工作原理与性能参数

叶片泵被广泛应用于机械制造中的专用机床、组合机床、自动线等中低压液压系统中,按照工作原理,叶片泵又分为双作用叶片泵和单作用叶片泵。双作用叶片泵因转子旋转一周,叶片在转子叶片槽内滑动两次,完成两次吸油和压油而得名;单作用叶片泵转子每转一周,吸、压油各一次,故称为单作用叶片泵。双作用叶片泵只能做定量叶片泵,单作用叶片泵可用做变量泵。

1. 单作用叶片泵

1）单作用叶片泵的工作原理

单作用叶片泵的工作原理如图 2-8 所示。它主要由定子、转子、叶片、配流盘、泵体等组成。定子内表面为圆柱形面，转子和定子不同心，其偏心距为 e。叶片装在转子的叶片槽内，可以在槽内灵活滑动。在转子转动时的离心力和通入叶片根部液压油的作用下，叶片顶部紧贴在定子的内表面，由两相邻叶片、配油盘、定子内表面和转子外表面形成了多个密封的工作容腔。当转子按图示方向旋转时，在图右半部分的叶片逐渐向外伸长，密封工作容腔增大，形成局部真空，通过吸油口和配流盘上的腰形窗口将液压油吸入；在图的左半部分叶片逐渐缩进，密封工作容积减小，液压油通过配流盘上的腰形窗口和压油口输送到系统中去。为保证吸油腔与压油腔不互通，在配流盘的上部和下部两腰形窗口之间有一段封油区，将吸油腔和压油腔隔开。这种泵转子每转一周，吸油和压油各一次，故称为单作用叶片泵。其转子体周围所受到的液压力不平衡，使轴承产生很大的负荷，故又称为非平衡式叶片泵。

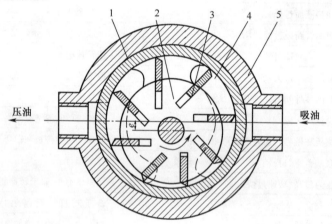

图 2-8 单作用叶片泵的工作原理

1—定子；2—转子；3—叶片；4—配流盘；5—泵体。

2）单作用叶片泵的结构组成

（1）定子。内环为圆。

（2）转子。与定子存在偏心 e，转子内有 Z 个叶片槽。

（3）叶片。在转子叶片槽内自由滑动，宽度为 B。

（4）左、右配流盘。铣有吸、压油窗口。

3）单作用叶片泵的流量计算

如图 2-9 所示，当单作用叶片泵的转子每转一周时，每两相邻叶片间的密封容积变化量为 $V_1 - V_2$。

若近似把 A_1B_1 和 A_2B_2 看做以 O 为中心的圆弧，当定子直径为 D 时，此两个圆弧的半径分别为（$D/2 + e$）和（$D/2 - e$）。设转子直径为 d，叶片宽度为 b，叶片数为 z，则有

$$V = z(V_1 - V_2)$$

$$V_1 = \pi \left[(D/2 + e)^2 - (d/2)^2 \right] \frac{b}{z}$$

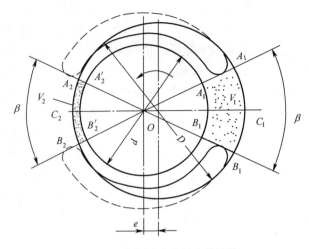

图 2-9 单作用叶片泵流量计算

$$V_2 = \left[\left(D/2 - e \right)^2 - \left(d/2 \right)^2 \right] \frac{b}{z}$$

因排量 $V = z\left(V_1 - V_2 \right)$，故将以上而式代入，并加以整理及得泵的排量近似表达式为

$$V = z\left(V_1 - V_2 \right) = 2\pi beD \qquad (2-15)$$

泵的实际流量为

$$q = 2\pi beDn\eta_V \qquad (2-16)$$

注：在推导中没有考虑叶片厚度 s 对泵流量的影响。

式(2-16)表明，只要改变偏心距，即可改变流量，故单作用叶片泵常做成变量泵。单作用叶片泵的定子内缘和转子外缘都是圆柱面，由于偏心安置，其容积变化是不均匀的，故有流量脉动。理论分析表明，叶片数为奇数时脉动率较小，故一般叶片数为 13 或 15。

4）单作用叶片泵的结构特点

（1）泵流量可以调节。改变定子和转子之间的偏心距大小便可以改变各个密封容积的变化幅度，从而达到改变泵的排量和流量。

（2）转子的径向力不平衡。由于定子与转子的偏心安置结构，油泵的转子受到不平衡的径向力的作用，所以这种泵一般只用于低压变量的应用场合（不超过 7MPa）。

（3）吸、压油路可以反向。当转子与定子的偏心方向反向时，外部油路的吸油压油方向也相反，所以可以实现吸、压油路的方向改变。

（4）叶片数。因叶片矢径是转角的函数，瞬时理论流量是脉动的。叶片数取为奇数，以减小流量的脉动。

（5）叶片后倾。为了减小叶片与定子间的磨损，叶片底部油槽采取在压油区通压力油、吸油区与吸油腔相通的结构形式。因而，叶片的底部和顶部所受的液压力是平衡的。这样，叶片向外运动仅靠离心力的作用。根据力学分析，叶片后倾一个角度更有利于叶片在离心力的作用下向外伸出。通常后倾角为 24°。

2. 双作用叶片泵

1）双作用叶片泵的工作原理

图 2-10 所示为双作用叶片泵的工作原理。与单作用叶片泵不同的是，定子内表面

形似椭圆,由两段半径为 R 的大圆弧、两段半径为 r 的小圆弧和 4 段过渡曲线所组成,定子和转子的中心重合。在转子上沿圆周均布的若干个槽内分别安放有叶片,这些叶片可沿槽作径向滑动。在配流盘上对应于定子 4 段过渡曲线的位置开有 4 个腰形配流窗口。其中两个窗口与泵的吸油口相通,为吸油窗口;另外两个窗口与压油口相通,为压油窗口。当转子由轴带动按图示方向旋转时,叶片在自身离心力和压油腔引至叶片根部的高压油作用下,贴紧定子内表面,并在转子槽内往复滑动。当叶片由定子小半径 r 处向定子大半径 R 处运动时,相邻两叶片间的密封腔容积就逐渐增大,形成局部真空而经过窗口 a 吸油;当叶片由定子大半径 R 处向定子小半径 r 处运动时,相邻两叶片间的密封腔容积就逐渐减小,便通过窗口 b 压油。转子每转一周,每一叶片往复滑动两次,因而吸、压油作用发生两次,故这种泵称为双作用叶片泵。又因为其吸、压油口对称分布,作用在转子和轴承上的径向液压力相平衡,所以这种泵又称为平衡式叶片泵。

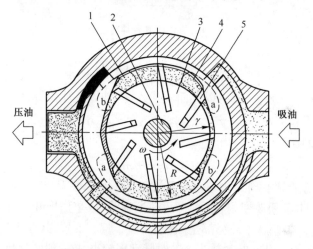

图 2 - 10　双作用叶片泵的工作原理
1—配流盘;2—轴;3—转子;4—定子;5—叶片。

2) 双作用叶片泵的结构组成

双作用叶片泵的结构组成如图 2 - 11 所示。

(1) 定子。其内环由 2 段大半径圆弧,2 段小半径圆弧和 4 段过渡曲线组成。

(2) 转子。转子内有 Z 个叶片槽,且与定子同心,宽度为 B。

(3) 叶片。在叶片槽内能自由滑动。

(4) 左、右配流盘。开有对称布置的吸、压油窗口。

(5) 传动轴。带有花键槽,由轴承支撑。

3) 双作用叶片泵的流量计算

由图 2 - 11 可知,当叶片每伸缩一次时,每相邻两叶片间油液的排出量等于大半径圆弧段的容积与小半径 r 圆弧段的容积之差。若叶片数为 z,则双作用叶片泵每转排油量等于上述容积差的 $2z$ 倍。当忽略叶片本身所占的体积时,双作用叶片泵的排量即为环形体容积的 2 倍,表达式为

$$V = 2\pi(R^2 - r^2)b \qquad\qquad (2 - 17)$$

由式(2 - 17)可知,双作用叶片泵为定量泵。泵输出的实际流量则为

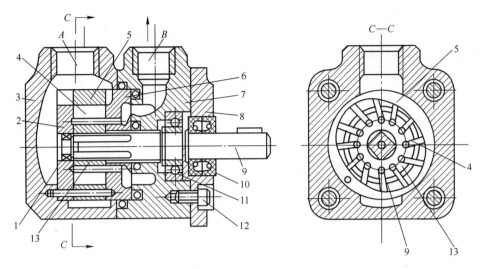

图 2 - 11　双作用叶片泵的结构

1、11—轴承;2、6—左右配流盘;3、7—前、后盖体;4—叶片;5—定子;8—端盖;9—传动轴;10—防尘圈;12—螺钉;13—转子。

$$q = Vn\eta_V = 2\pi(R^2 - r^2)bn\eta_V \qquad (2-18)$$

式中　b——叶片宽度。

若不考虑叶片对泵排量的影响,则理论上双作用叶片泵无流量脉动。实际上,叶片有一定的厚度,根部又连通压油腔,而且泵的生产过程中存在各种误差,如两圆弧的形状误差、不同心等,这些原因造成输出流量出现微小脉动,但其脉动率是除螺杆泵外最小。通过理论分析还可知,流量脉动率在叶片数为 4 的整数倍、且大于 8 时最小,故双作用叶片泵的叶片数通常取 12 或 16。

4) 双作用叶片泵的结构特点

(1) 定子曲线:由 8 段弧线组成:两段半径为 r 的圆弧,两段长半径为 R 的圆弧,4 段夹角为 α 的过渡曲线,等加(减)速曲线,阿基米德螺旋线。

(2) 叶片倾角:为保证叶片所受合力与运动方向一致,减少叶片受弯的力,叶片前倾 θ 角。

(3) 径向力:转轴所受径向力平衡,无径向不平衡力。

(4) 根部通油:为保证叶片自由滑动且始终紧贴定子内表面,叶片槽根部全部通压力油。

(5) 叶片数:合理设计叶片数($z \geq 8$,偶数),可使理论流量均匀,噪声低。

(6) 定量泵:双作用叶片泵转子转一转,吸、压油各两次,为定量泵。

5) 叶片泵的优缺点

(1) 可制成变量泵,特别是结构简单的压力补偿型变量泵。

(2) 单位体积的排量较大。

(3) 定量叶片泵可制成双作用或多作用的,轴承受力平衡,寿命长。

(4) 多作用叶片泵的流量脉动较小,噪声较低。

(5) 吸油能力较差。

(6) 受叶片与滑道间接触应力和许用滑摩功的限制,变量叶片泵的压力和转速均难以提高,而根据叶片外伸所需离心力的要求,其转速又不能低,故实用范围较窄。

（7）对污染物比较敏感。

6）叶片泵的使用要点

（1）为了使叶片泵可靠地吸油,其转速必须按照产品规定。

（2）叶片泵对油中的污物很敏感,油液不清洁会使叶片卡死,因此必须注意油液良好过滤和环境清洁。

（3）因泵的叶片有安装倾角,故转子只允许单向旋转,不应反向使用,否则会使叶片折断。

（4）叶片泵广泛应用于完成各种中等负荷的工作。

3. 叶片泵常见故障及排除方法

叶片泵的常见故障现象、产生原因及排除方法如表 2.2 所列。

表 2.2　叶片泵的常见故障现象、产生原因及排除方法

故障现象	产　生　原　因	排　除　方　法
泵噪声过大	吸油管路或过滤器堵塞	除去污物使吸油管路畅通
	吸油口连接处密封不严,有空气进入	加强密封,紧固连接件
	吸油高度太大,油箱液面低	降低吸油高度,向油箱加油
	端盖螺钉松动	适当拧紧螺钉
	泵与联轴器不同轴或松动	重新安装,使其同轴,紧固连接件
	液压油黏度太大,吸油口过滤器的通流能力小	更换液压油及过滤器
	定子内表面拉毛	抛光定子内表面
	定子吸油区内表面磨损	将定子反转装入
	个别叶片运动不灵活或装反	逐个检查,重新并研配不灵活叶片
泵输出流量不足甚至完全不排油	电动机转向不对	纠正转向
	油箱液面过低	补油至油标线
	吸油管路或过滤器堵塞	疏通吸油管路,清洗过滤器
	电动机转速过低	使转速达到液压泵的最低转速以上
	油液黏度过大	检查油质,更换液压油或抬高油温
	泵内零件间磨损,间隙过大	更换或重新配研零件
泵温升过高	压力过高,转速过快	调整压力阀,降低转速到规定值
	油黏度过大	合理选用黏度适宜的油液
	油箱散热条件差	加大油箱容积或增加冷却装置
	侧板和轴套与齿轮端面严重摩擦	修理或更换侧板和轴套
	油箱容积小	加大油箱,扩大散热面积
外泄漏	密封圈损伤	更换密封圈
	密封表面不良	检查修理
	泵内零件间磨损,间隙过大	更换或重新配研零件
	组装螺钉松动	拧紧螺钉

2.1.4　柱塞泵的工作原理与主要性能

柱塞泵是靠柱塞在缸体柱塞孔中往复运动时造成密封工作容积的变化,实现吸油和

排油的。根据的布置和运动方向与传动轴相对位置的不同,柱塞泵可分为径向柱塞泵和轴向柱塞泵两大类,径向柱塞泵柱塞与缸体中心线垂直,轴向柱塞泵柱塞都平行于缸体中心线。轴向柱塞泵又分为斜盘式轴向柱塞泵和斜轴式轴向柱塞泵两类。

1. 径向柱塞泵

1) 径向柱塞泵工作原理

图 2-12 所示为配流轴式径向柱塞泵的工作原理。它由柱塞、转子、衬套、定子和配流轴等主要零件构成。沿转子半径方向均匀分布有若干柱塞缸,柱塞可在其中灵活滑动。衬套与转子内孔是紧配合,随转子一起转动。配流轴固定不动,其结构如图 2-13(b) 所示。当转子转动时,由于定子 4 内圆中心和转子 2 中心之间有偏心距 e,于是柱塞在定子内表面的作用下,在转子的柱塞缸中作往复运动,实现密封容积变化。为了配流,在配流轴 5 与衬套 3 接触处加工出上下两个缺口,形成吸、压油口 a 和 b,留下的部分形成封油区。转子每转一转,每个柱塞往复一次,完成一次吸油和压油。沿水平方向移动定子,改变偏心距 e 的大小,便可以改变柱塞移动的行程长度,从而改变密封容积变化的大小,达到改变其输出流量的目的。若改变偏心距 e 的移动方向,则泵的输油方向亦随之改变,即成为双向的变量径向柱塞泵。

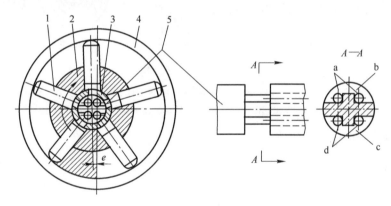

图 2-12 径向柱塞泵工作原理

1—柱塞;2—转子;3—衬套;4—定子;5—配流轴。

2) 径向柱塞泵的流量

当转子和定子间的偏心距为 e 时,转子转一整转,柱塞在缸孔内的行程就为 $2e$,柱塞数为 z,则泵的排量为

$$V = 1/4\pi d^2 2ez \qquad (2-19)$$

式中 d——柱塞直径。

设泵的转速为 n,容积效率为 η_V,则泵的实际流量为

$$q = \pi/2 d^2 ezn\eta_V \qquad (2-20)$$

径向柱塞泵由于柱塞缸按径向排列,造成径向尺寸大,结构较复杂。柱塞和定子间不用机械连接装置时,自吸能力差。配流轴受到很大的径向载荷、易变形、磨损快、且配流轴上封油区尺寸小,易漏油。因此限制了泵的工作压力和转速的提高。

2. 轴向柱塞泵

轴向柱塞泵的柱塞缸是轴向排列的,因此它除了具有径向柱塞泵良好的密封性和较

高的容积效率等优点外,它的结构紧凑、尺寸小、惯性小,在机床上应用较多。

1）斜盘式轴向柱塞泵的工作原理

图 2 - 13 所示为斜盘式轴向柱塞泵的工作原理。它由柱塞、斜盘、缸体、配流盘、传动轴等零件组成。斜盘和配流盘是不动的,传动轴带动缸体、柱塞一起转动,柱塞靠机械装置或低压油作用压紧在斜盘上。当传动轴按图示方向旋转时,柱塞 2 在其沿斜盘自下而上回转的半周内逐渐向缸体外伸出,使缸体孔内密封工作腔容积不断增加,产生局部真空,从而将油液经配油盘 4 上的吸油窗口 a 吸入;柱塞在其自上而下回转的半周内又逐渐向里推入,使密封工作腔容积不断减小,将油液从压油窗口 b 向外排出,缸体每转一转,每个柱塞往复运动一次,完成一次吸油动作。改变斜盘的倾角,就可以改变密封工作容积的有效变化量,实现泵的变量。

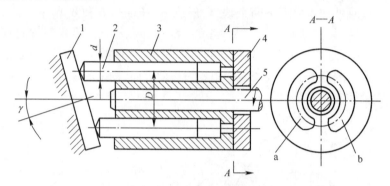

图 2 - 13　斜盘式轴向柱塞泵的工作原理图

1—斜盘;2—柱塞;3—缸体;4—配流盘;5—传动轴;a—吸油窗口;b—压油窗口。

2）斜盘式轴向柱塞泵的流量

如图 2 - 13 所示,若柱塞数目为 z,柱塞直径为 d,柱塞孔分布圆直径为 D,斜盘倾角为 γ ,则泵的排量为

$$V = \pi/4 d^2 z D \tan\gamma \qquad (2-21)$$

则泵的输出流量为

$$q = \pi/4 d^2 z D n \eta_V \tan\gamma \qquad (2-22)$$

实际上,柱塞泵的排量是转角的函数,其输出流量是脉动的,就柱塞数而言,柱塞数为奇数时的脉动率比偶数柱塞小,且柱塞数越多,脉动越小,故柱塞泵的柱塞数一般都为奇数。试验证明当柱塞数为奇数时,输出流量脉动较小,且柱塞数多脉动也较小,因而一般常取的柱塞泵的柱塞个数为 7、9 或 11。

3. 轴向柱塞泵的优缺点及使用

1）柱塞泵的优点

柱塞泵与其他泵相比,有以下优点。

（1）工作压力、容积效率及总效率均最高因柱塞与缸孔加工容易,尺寸精度及表面质量可以达到很高要求,所以配合精度高,油液泄漏小,能达到的工作压力,一般是 20 ~ 40MPa,最高可达 100MPa。

（2）可传输的功率最大因为只要适当地加大柱塞直径或增加柱塞数目,流量便增大。高压和大流量,便可传输大功率。

（3）较宽的转速范围。

（4）较长的使用寿命及功率密度高柱塞泵主要零件均受压，使材料强度得以充分利用，所以使用寿命较长，且单位功率质量小。

（5）良好的双向变量能力改变柱塞的行程就能改变流量，容易制成各种变量型。

2）柱塞泵的缺点

（1）对介质洁净度要求较苛刻（座阀配流型较好）。

（2）流量脉动较大，噪声较高。

（3）结构较复杂，造价高，维修困难。

3）柱塞泵的使用

柱塞泵在高压、大流量、大功率的液压系统中和流量需要调节的场合，得到广泛应用。但柱塞泵的结构复杂，材料及加工精度要求较高，加工量大，价格昂贵。

4. 柱塞泵的常见故障及排除方法

柱塞泵的常见故障现象、产生原因及排除方法如表2.3所列。

表2.3 柱塞泵的常见故障现象、产生原因及排除方法

故障现象	产生原因	排除方法
泵噪声过大	吸油管路或过滤器堵塞	除去污物使吸油管路畅通
	吸油口连接处密封不严，有空气进入	加强密封，紧固连接件
	吸油高度太大，油箱液面低	降低吸油高度，向油箱加油
	从泵轴油封处有空气进入	更换油封
	泵与联轴器不同轴或松动	重新安装，使其同轴心，紧固连接件
	油箱上的通气孔堵塞	清洗油箱上的通气孔
	液压油黏度太大	更换黏度适当的液压油
	吸油口过滤器的通流能力小	更换通畅能力较大的过滤器
	转速太高	使其转速降至允许最高速以下
	溢流阀阻尼孔堵塞	拆卸、清洗溢流阀
	管路振动	采取隔离消振措施
泵输出流量不足甚至完全不排油	电动机转向不对	纠正转向
	油箱液面过低	补油至油标线
	吸油管路或过滤器堵塞	疏通吸油管路，清洗过滤器
	电动机转速过低	是转速达到液压泵的最低转速以上
	油液黏度过大	检查油质，更换液压或抬高油温
	柱塞泵与缸体或配流盘间摩擦，引起缸体与配流盘间失去密封	更换柱塞，修磨配油盘与缸体的接触面，标准接触良好
	中心弹簧折断，柱塞回程不够不能回	检查或更换弹簧
泵输出油压力低或没有压力	溢流阀失灵	调整、拆卸、清洗溢流阀
	侧板和轴套与齿轮端面严重摩擦	修理或更换侧板和轴套
	泵端盖螺钉松动	拧紧螺钉

故障现象	产 生 原 因	排 除 方 法
泵温升过高	压力过高,转速过快	调整压力阀,降低转速到规定值
	油黏度过大	合理选用黏度适宜的油液
	油箱散热条件差	加大油箱容积或增加冷却装置
	柱塞泵运动不灵活,甚至卡死,柱塞球头折断,滑靴脱落磨损严重	修磨柱塞与缸体的接触面,保证检查良好,更换磨损零件
	油箱容积小	加大油箱,扩大散热面积
外泄漏	密封圈损伤	更换密封圈
	密封表面不良	检查修理
	组装螺钉松动	拧紧螺钉

▌任务实施

实训 3　液压泵的结构认识和拆装

1. 实训目的要求

（1）了解液压泵的种类及分类方法。

（2）通过对液压泵的实际拆装操作,掌握各种液压泵的工作原理和结构。

（3）掌握典型液压泵的结构特点、应用范围及设计选型。

2. 实训场地和设备

（1）实训场地:液压实训室、实训基地。

（2）实训设备:拆装实训台(包括拆装工具一套);CB 型(低压)、CY 型(中压)、YB 型双作用定量叶片泵等。液压组合实训台、模拟仿真软件、液压系统组成实验台。

3. 原理与步骤

本实训包括 3 类液压泵的拆装和结构分析,即齿轮泵、叶片泵和轴向柱塞泵。

由实训老师对以上各种液压泵的结构、工作原理及性能,结合,剖开的实物、泵透明模型及示教板等进行讲解。要求学生能自己动手拆卸各种泵,在充分理解掌握课堂内容和如下内容的基础上,将拆开的液压泵正确组装。

1）轴向柱塞泵

型号:CY14-1 型轴向柱塞泵(手动变量),结构如图 2-14 所示。

（1）实训原理。当油泵的输入轴 9 通过电机带动旋转时,缸体 5 随之旋转,由于装在缸体中的柱塞 10 的球头部分上的滑靴 13 被回程盘压向斜盘,因此柱塞 10 将随着斜盘的斜面在缸体 5 中作往复运动。从而实现油泵的吸油和排油。油泵的配油是由配油盘 6 实现的。改变斜盘的倾斜角度就可以改变油泵的流量输出。

（2）实训报告要求。

① 根据实物,画出柱塞泵的工作原理简图。

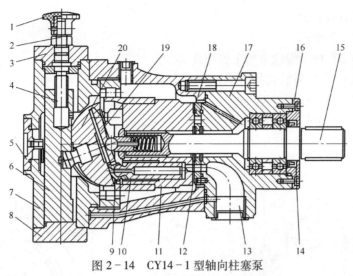

图 2 - 14　CY14 - 1 型轴向柱塞泵

1—调节手轮;2—锁紧螺母;3—上法兰;4—调节螺杆;5—刻度盘;6—变量活塞;7—变量壳体;

8—下法兰;9—柱塞滑靴;10—柱塞;11—缸体;12—配油盘;13—进出油口;14—骨架油封;

15—传动轴;16—法兰盘;17—泵体;18 泵壳;19—回程盘;20—斜盘。

② 简要说明轴向柱塞泵的结构组成。

2）齿轮泵

型号:CB - B 型齿轮泵,结构如图 2 - 15 所示。

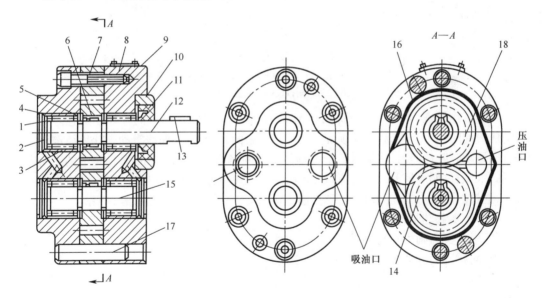

图 2 - 15　CB 齿轮泵的基本结构

1—弹簧挡圈;2—轴承端盖;3—滚针轴承;4—后端盖;5、13—键;6—主动齿轮;7—泵体;

8—前端盖;9—螺钉;10—油封端盖;11—密封圈;12—传动轴;14—从动齿轮;

15—从动轴;16—卸荷槽;17—定位销;18—困油卸荷槽。

（1）实训工作原理。在吸油腔,轮齿在啮合点相互从对方齿谷中退出,密封工作空间的有效容积不断增大,完成吸油过程。在排油腔,轮齿在啮合点相互进入对方齿谷中,密封工作空间的有效容积不断减小,实现排油过程。

(2)实训报告要求。

① 根据实物,画出齿轮泵的工作原理简图。

② 简要说明齿轮泵的结构组成。

3)双作用叶片泵

型号:YB-6型叶片泵,结构如图2-16所示。

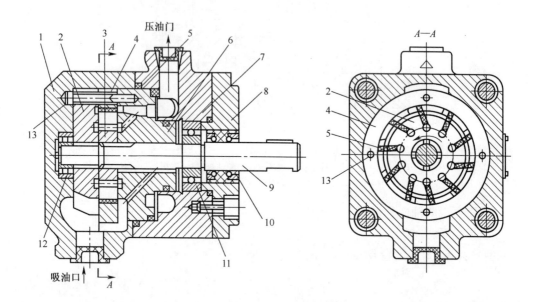

图2-16　YB-6型叶片泵结构

1—后泵体;2、6—左右配流盘;3—转子;4—定子;5—叶片;7—前泵体;8—前端盖;
9—传动轴;10—密封圈;11、12—滚动轴承;13—固定螺钉。

(1)工作原理。当轴3带动转子4转动时,装于转子叶片槽中的叶片在离心力和叶片底部压力油的作用下伸出,叶片顶部紧贴与定子表面,沿着定子曲线滑动。叶片往定子的长轴方向运动时叶片伸出,使得由定子4的内表面,配流盘2、6,转子和叶片所形成的密闭容腔不断扩大,通过配流盘上的配流窗口实现吸油。往短轴方向运动时叶片缩进,密闭容腔不断缩小,通过配流盘上的配流窗口实现排油。转子旋转一周,叶片伸出和缩进两次。

(2)试验报告要求。

① 根据实物画出双作用叶片泵的工作原理简图。

② 简要说明叶片泵的结构组成。

■ 自我测试

2-1-1 填空题

1.液压泵是液压系统的(　　)装置,其作用是将原动机的(　　)转换为油液的(　　),其输出功率用公式(　　)表示。

2.容积式液压泵的工作原理是:容积增大时实现(　　),容积减小时实现(　　)。

3.液压泵或液压马达的功率损失有(　　)损失和(　　)损失两种,其中(　　)损失是指液压泵或液压马达在转矩上的损失,其大小用(　　　)表示;(　　　)损失是指液压泵或液压马达在流量上的损失,其大小用(　　　)表示。

4. 液压泵按结构不同分为(　　　)、(　　　)和(　　　)3种,叶片泵的转子每转一周,每个密封容积吸、压次数不同,分为(　　　)式和(　　　)两种;液压泵按排量是否可调分为(　　　)和(　　　)两种。其中(　　　)和(　　　)能做成变量泵,(　　　)和(　　　)只能做成定量泵。

5. 轴向柱塞泵是通过改变(　　　)实现变量的,单作用式叶片泵是通过改变(　　　)实现变量的。

2-1-2　问答题

1. 液压泵完成吸油和压油必须具备的条件是什么?

2. 液压泵的排量和流量各取决于哪些参数? 理论流量和实际流量的区别是什么? 写出反映理论流量和实际流量关系的两种表达式。

3. 齿轮泵的泄漏方式有哪些? 主要解决方法是什么?

4. 齿轮泵的困油现象如何解决? 径向不平衡力问题如何解决?

2-1-3　计算题

1. 某液压泵的输出压力为5MPa,排量为10mL/r,径向效率为0.95,容积效率为0.9,当转速为1200r/min时,泵的输出功率和驱动泵的电动机功率各为多少?

2. 某液压泵的额定压力为20MPa,额定流量为20L/min,泵的容积效率为0.95,试计算泵的理论流量和泄漏量。

3. 某液压泵的转速为950r/min,排量为$V=168$mL/r,在额定压力为29.5MPa和同样转速下,测得的实际流量为150L/min,额定工况下的总效率为0.87,求:

(1) 泵的理论流量q_t。

(2) 泵的容积效率η_V和机械效率η_m。

(3) 在额定工况下,泵所需电动机的驱动功率P_i。

(4) 驱动泵的转矩T_i。

4. 某变量叶片泵转子外径$d=83$mm,定子内径$D=89$mm,叶片宽度$B=30$mm,试求:

(1) 叶片泵排量为16mL/r时的偏心距e。

(2) 叶片泵最大可能排量V_{max}。

5. 一轴向柱塞泵,共9个柱塞,其柱塞分布圆直径$D=125$mm,柱塞直径$d=16$mm,若液压泵以300r/min转速旋转,则其输出流量为$q=50$L/min,试问斜盘式角度为多少? (忽略泄漏的影响)

任务 2　液压执行元件的识别

▌任务描述

液压马达和液压缸总称为液压执行元件,它将液压泵供给的液压能转变为机械能输出,驱动工作机构做功,是一种能量转换装置。液压马达实现旋转运动,而液压缸是将液压能转变为直线运动(或回转摆动)的机械能。

■任务分析

本任务重点介绍容积式液压马达的工作原理及性能参数,单活杆液压缸的工作特点、速度推力计算及其典型结构。难点是差动液压缸的工作特点及其速度、推力计算。

2.2.1 液压马达的特点与工作原理

1. 液压马达的特点及分类

液压马达是将液体的压力能转变为连续旋转运动的机械能的液压执行元件。从原理上讲液压泵和液压马达具有可逆性,其结构也基本相似。从能量转换的角度看,向任何一种液压泵输入工作液体,都可使其变成液压马达工况;反之,当液压马达的主轴由外力矩驱动旋转时,也可变为液压泵工况。因为它们具有同样的基本结构要素——密闭而又可以周期性变化的容积和相应的配油机构。

但是,由于液压马达和液压泵的功能和工作状况不同,对其性能要求也不一样,所以同类型的液压马达和液压泵之间,仍存在许多差别。首先,液压马达应能够正、反转,因而要求其内部结构对称;液压马达的转速分为需要足够大,尤其是对最低稳定转速有一定的要求。因此,它通常都采用滚动轴承或静压滑动轴承。其次,液压马达由于在输入压力油条件下工作,因而不具备自吸能力,但需要一定的初始密封性,才能提供必要的启动转矩。由于存在着这些差别,使得液压马达和液压泵在结构上有所区别,不能互逆使用。

液压马达按其结构可以分为齿轮式、叶片式、柱塞式和其他类型,也可以按液压马达转速分为高速和低速两大类,额度转速高于 500r/min 的属于高速液压马达,额度转速低于 500r/min 的属于低速液压马达。高速液压马达的基本形式有齿轮式、螺杆式、叶片式和轴向柱塞式等,高速液压马达其主要特点是转速较高、转动惯量小,便于启动和制动,调节灵敏度高。通常高速液压马达输出转矩不大(仅几十牛米到几百牛米),因此可直接与工作机构连接,不需要减速装置,使传动机构大为简化。通常低速液压马达输出转矩较大(可达几千牛米到几万牛米),所以又称为低速大转矩液压马达。

2. 液压马达的工作原理

常用液压马达的结构与同类型的液压泵很相似。下面以叶片式和轴向柱塞式液压马达为例对其工作原理进行介绍。

1)叶片式液压马达

图 2-17 所示为叶片式液压马达工作原理图和图形符号。当压力油进入压油腔后,在叶片 1、3 上一面作用有压力油,一面为低压回油。由于叶片 3 伸出的面积大于叶片 1 伸出的面积,所以液体作用于叶片 3 上的作用力大于作用在叶片 1 上的作用力,从而使叶片带动转子作逆时针方向旋转。

叶片式液压马达体积小、转动惯量小、动作灵敏,适用于换向频率较高的场合;但其泄漏量较大,低速工作时不稳定。

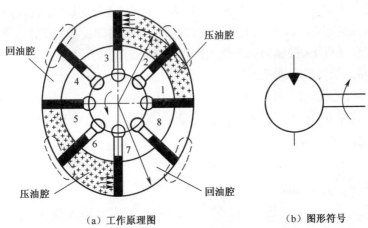

（a）工作原理图　　　　　　　　（b）图形符号

图 2-17　叶片式液压马达工作原理图和图形符号

2）轴向柱塞式液压马达

图 2-18 所示为轴向柱塞式液压马达的工作原理。斜盘和配流盘固定不动,柱塞即缸体可绕缸体的水平轴线转动。当压力油经配油盘进入柱塞底部时,柱塞受油压作用向外顶出,紧压在斜盘上。此时,斜盘对柱塞的反作用力为 F。F 力的轴向分力 F_x 平行于柱塞轴线,与柱塞底部油压力平衡;径向分力 F_y 垂直于柱塞轴线,使处于高压腔中的每个柱塞都对转子中心产生一个转矩,使缸体和马达轴旋转。如果改变液压马达压力油的输入方向,马达轴则反转。

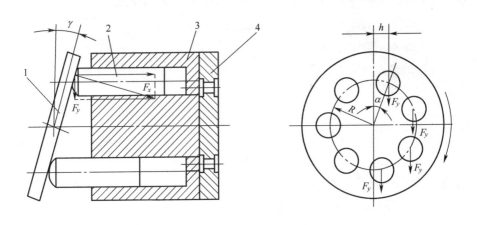

图 2-18　轴向柱塞式液压马达的工作原理
1—斜盘;2—柱塞;3—缸体;4—配流盘。

轴向柱塞式液压马达具有单位功率重量轻、工作压力高、效率高和容易实现变量等优点。其缺点是结构比较复杂、对油液污染敏感、过滤精度要求较高、价格昂贵。

3. 液压马达的主要性能参数

1）液压马达的工作压力和额定压力

（1）工作压力 P_M。液压马达的工作压力 P_M 是指其输入油液的实际压力,其大小取决于液压马达的负载。

（2）额定压力 P_{Mn}。液压马达的工作压力过高，则泄漏增加，导致转速下降，效率降低，寿命缩短，因此也有一个高压力的限制，即液压马达的额度压力 P_{Mn}。额度压力是指马达在正常工作条件下，按试验标准规定能连续运转的最高压力。

2）液压马达的排量和理论流量

（1）排量 V_M。是指在没有泄漏的情况下，马达轴一转所输入的油液体积。

（2）理论流量 q_{Mt}。液压马达的理论流量 q_{Mt} 是指在没有泄漏的情况下，达到要求转速 n_M 所输入油液的流量。

$$q_{Mt} = V_M n_M \qquad (2-23)$$

3）液压马达的功率和效率

（1）容积效率。液压马达也有泄漏 Δq_M 存在，其实际输入流量 q_M 大于理论流量 q_{Mt}，即

$$q_M = q_{Mt} + \Delta q_M$$

液压马达的理论流量与实际流量之比称为液压马达的容积效率 η_{MV}，即

$$\eta_{MV} = q_{Mt}/q_M = (q_M - \Delta q_M)/q_M = 1 - (\Delta q_M/q_M) \qquad (2-24)$$

（2）机械效率。液压马达也有摩擦损失，所以也有转矩损失 ΔT_M，其实际输出转矩为 $T_M = T_{Mt} - \Delta T_M$，小于理论转矩 T_{Mt}。因此，液压马达的机械效率 η_{Mm} 为

$$\eta_{Mm} = T_M/T_{Mt} = (T_{Mt} - \Delta T_M)/T_{Mt} = 1 - (\Delta T_M/T_{Mt}) \qquad (2-25)$$

（3）总效率。总效率是指液压马达的输出功率与输入功率之比，即

$$\eta_M = P_{M0}/P_{Mi} = T_M \omega_M / \Delta P_M q_M = \eta_{MV} \eta_{Mm} \qquad (2-26)$$

（4）输入功率和输出功率。

液压马达的输入功率 P_{Mi} 为

$$P_{Mi} = \Delta P_M q_M \qquad (2-27)$$

液压马达的输出功率 P_{M0} 为

$$P_{M0} = T_M \omega_M = 2\pi n_M T_M \qquad (2-28)$$

4）液压马达的转矩和转速

（1）转矩。液压马达能产生的理论转矩 T_{Mt} 为

$$T_{Mt} = 1/2\pi \Delta p_M V_M \qquad (2-29)$$

液压马达的实际转矩 T_M 为

$$T_M = 1/2\pi \Delta p_M V_M \eta_{Mm} \qquad (2-30)$$

（2）转速。液压马达的实际输入流量 q_M 时，其转速 n_M 为

$$n_M = q_M \eta_{MV}/V_M \qquad (2-31)$$

5）液压马达的职能符号

液压马达的职能符号如图 2-19 所示。

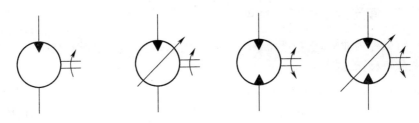

（a）单向定量液压马达　　（b）单向变量液压马达　（c）双向定量液压马达（d）双向变量液压马达

图 2-19　液压马达职能符号

4. 液压马达的常见故障现象、产生原因及排除方法

液压马达的常见故障现象、产生原因及排除方法如表 2.4 所列。

表 2.4　液压马达的常见故障现象、产生原因及排除方法

故障现象	产 生 原 因		消 除 方 法
转速低或输出功率不足	液压泵输出流量或压力不足		查明原因，采取相应措施
	液压马达内部泄漏严重		查明泄漏部位和原因，采取密封措施
	液压马达外部泄漏严重		加强密封
	液压马达磨损严重		更换磨损零件
	液压油黏度小		更换黏度适合的液压油
	进油口堵塞		排除污物
	回油阻力大		疏通回油路
	液压油不清洁		加强过滤
	密封不严，空气进入		排除气体，紧固密封
噪声过大	进油口堵塞		排除污物
	进油口漏油		拧紧接头
	液压油不清洁，气泡混入		加强过滤，排除气体
	液压马达安装不良		重新调整，安装
	液压马达零件磨损		更换磨损零件
泄漏	内部泄漏	配流盘磨损严重	检查配流盘接触面，并加以修复
		轴向间隙过大	检查，将轴向间隙调至规定范围内
		配流盘与缸体端面磨损，间隙大	修磨缸体及配流盘端面
		弹簧疲劳	更换弹簧
		柱塞与缸体磨损严重	研磨缸体孔，重配柱塞
	外部泄漏	油端密封圈磨损	更换密封圈并查明磨损原因
		盖板出密封圈损坏	更换密封圈
		结合面有污物或螺栓未拧紧	检查、清除污物并拧紧螺栓
		管接头密封不严	拧紧管接头

2.2.2 液压缸的类型和特点

液压缸又称为油缸,它是液压系统中的一种执行元件,其功能就是将液压能转变成直线往复式的机械运动。

液压缸有多种类型。按照其结构特点可分为活塞式、柱塞式、摆动式液压缸 3 大类,按进出油方式可分为单作用液压缸和双作用液压缸两大类。液压缸工具结构形式和安装位置的不同应用有很多,此处不一一叙述,下面分别介绍几种常用的液压缸。

1. 活塞式液压缸

活塞式液压缸根据其使用要求的不同可分为双活塞杆活塞缸和单活塞杆活塞缸两种。

1)双活塞杆活塞缸

活塞两端都有一根直径相等的活塞杆伸出的液压缸称为双杆式活塞缸,它一般由缸体、缸盖、活塞、活塞杆和密封件等零件构成。根据安装方式不同可分为缸筒固定式和活塞杆固定式两种。

图 2-20(a)所示为缸筒固定式的双活塞杆活塞缸。它的进、出口布置在缸筒两端,活塞通过活塞杆带动工作台移动,当活塞的有效行程为 l 时,整个工作台的运动范围为 $3l$,所以机床占地面积大,一般适用于小型机床。图 2-20(b)所示为活塞杆固定式的双活塞杆活塞缸,这时,缸体与工作台相连,活塞杆通过支架固定在机床上,动力由缸体传出。这种安装形式中工作台的移动范围只等于液压缸有效行程的 $2l$,因此占地面积小,进、出油口可以设置在固定不动的空心活塞杆的两端,使油液从活塞杆中进出,也可以设置在缸体两端,但必须使用软管连接。图 2-20(c)所示为双活塞杆液压缸的图形符号。

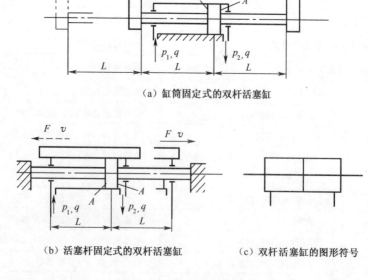

(a)缸筒固定式的双杆活塞缸

(b)活塞杆固定式的双杆活塞缸　　　(c)双杆活塞缸的图形符号

图 2-20　双活塞杆液压缸

由于双杆活塞缸两端的活塞杆直径通常是相等的,因此它左、右两腔的有效面积也相等,当分别向左、右腔输入相同压力和相同流量的油液时,液压缸左、右两个方向的推力 F 和速度 v 相等。当活塞的直径为 D ,活塞杆的直径为 d ,液压缸进、出油腔的压力为 p_1 和 p_2 ,输入流量为 q 时,双活塞杆活塞缸的推力 F 和速度 v 为

$$F = A(p_1 - p_2) = \pi/4(D^2 - d^2)(p_1 - p_2) \tag{2-32}$$

$$v = q/A = 4q/\pi(D^2 - d^2) \tag{2-33}$$

式中　A——活塞的有效工作面积。

双活塞杆活塞缸在工作时,一般设计成一个活塞杆是受拉的,而另一个活塞杆不受力,因此这种活塞缸的活塞杆可以做得细些。

2) 单活塞杆活塞缸

单活塞杆活塞缸如图 2-21 所示,活塞只有一端带活塞杆。单杆活塞缸也有缸体固定和活塞杆固定两种形式,但它们的工作台移动范围都是活塞有效行程的 2 倍。

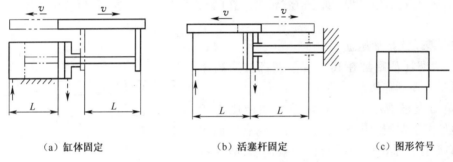

（a）缸体固定　　　　　（b）活塞杆固定　　　　（c）图形符号

图 2-21　单活塞杆活塞缸

单活塞杆液压缸由于活塞两端有效面积不等,如果以相同流量的压力油分别进入液压缸的左、右两腔,活塞移动的速度及活塞上产生的推力不等。具体计算方法如下。

当无杆腔进油,有杆腔回油时,如图 2-22(a)所示,活塞上产生的推力 F_1 和速度 v_1 分别为

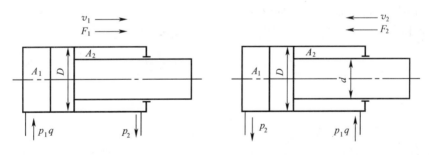

（a）无杆腔进油、有杆腔回油　　　　（b）有杆腔进油、无杆腔回油

图 2-22　单活塞杆活塞缸

$$F_1 = p_1A_1 - p_2A_2 = \frac{\pi}{4}\left[(p_1 - p_2)D^2 + p_2d^2\right] \tag{2-34}$$

$$v_1 = q/A_1 = 4q/\pi D^2 \tag{2-35}$$

当有杆腔进油,无杆腔回油时,如图 2-22(b)所示,活塞上产生的推力 F_2 和速度 v_2

分别为

$$F_2 = p_1 A_2 - p_2 A_1 = \pi/4 \left[(p_1 - p_2) D^2 + p_1 d^2 \right] \qquad (2-36)$$

$$v_2 = q/A_2 = 4q/\pi (D^2 - d^2) \qquad (2-37)$$

式中　A_1——无杆腔有效工作面积；

　　　A_2——有杆腔有效工作面积；

　　　D——活塞直径；

　　　d——活塞杆直径；

　　　p_1、p_2——液压缸进、出油口压力；

　　　q——输入液压缸的油液流量。

由式(2-34)~式(2-37)可知，由于 $A_1 > A_2$，所以有 $F_1 > F_2$，$v_1 < v_2$。若把两个方向的输出速度 v_1 和 v_2 的比值称为速比，记为 λ_v，则 $\lambda_v = v_2/v_1 = D^2/(D^2 - d^2)$。因此，活塞杆直径 d 越小，λ_v 越接近于1，活塞两个方向的速度差值也就越小；如果活塞杆较粗，那么活塞两个方向运动的速度差值就较大。在已知 D 和 λ_v 的情况下，也就可以较方便地确定 d。

3）差动连接液压缸

单活塞杆活塞缸在其左右两腔都接通高压油时称为"差动连接"，如图2-23所示。

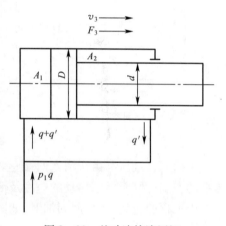

差动连接液压缸左、右两腔的油液压力相同，但是由于左腔排出油液（无杆腔）的有效面积大于右腔排出油液（有杆腔）的有效面积，故向右的作用力大于向左的作用力，活塞向右运动，同时使右腔中排出的油液（流量为 q'）也进入左腔，加大了流入左腔的流量（$q + q'$），从而也加快活塞移动速度。实际上活塞在运动时，由于差动连接时两腔间的管路中有压力损失，所以右腔中油液的压力稍大于左腔油液压力，而这个差值一般

图2-23　差动连接液压缸

都较小，可以忽略不计，则差动连接时活塞推力 F_3 和运动速度 v_3 为

$$F_3 = p_1 (A_1 - A_2) = p_1 \frac{\pi}{4} d^2 \qquad (2-38)$$

$$v_3 = \frac{4q}{\pi d^2} \qquad (2-39)$$

由式(2-38)、式(2-39)可知，差动连接时液压缸的推力比非差动连接时小，速度比非差动连接时大，正好利用这一点，可使在不加大油源流量的情况下得到较快的运动速度，这种连接方式被广泛应用于组合机床的液压动力系统和其他机械设备的快速运动中。

如果要求快速运动和快速退回速度相等，即使 $v_3 = v_2$，则由式(2-37)、式(2-39)得 $D = \sqrt{2} d$。可以看出，当 $D > \sqrt{2} d$，$v_3 > v_2$；当 $D < \sqrt{2} d$，$v_3 < v_2$。

2. 柱塞式液压缸

图2-24(a)所示为单柱塞缸，他只能实现一个方向的液压传动，反向运动要靠外力。若需要实现双向运动，则必须成对使用，成为双柱塞缸，如图2-24(b)所示。这种液压缸

中的柱塞和缸筒不接触,运动时有缸盖上的导向套来导向,因此缸筒的内壁不需要精加工,它特别适用于行程较长且无往返要求的场合。为减轻柱塞重量通常做成空心柱塞并可设置不同的辅助支承。

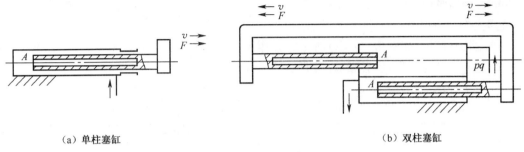

(a) 单柱塞缸   (b) 双柱塞缸

图 2-24　柱塞式液压缸

当柱塞的直径为 d ,输入液压油的流量为 q ,压力为 p 时,柱塞上所产生的推力 F 和速度 v 为

$$F = pA = p\pi/4d^2 \tag{2-40}$$

$$v = q/A_1 = 4q/\pi D^2 \tag{2-41}$$

3. 其他液压缸

1) 增压液压缸

增压液压缸又称增压器,它利用活塞和柱塞有效面积的不同,使液压系统中的局部区域获得高压。它有单作用和双作用两种形式。

单作用增压液压缸的工作原理如图 2-25(a)所示。输入活塞缸的液体压力为 p_1 ,活塞直径为 D ,柱塞直径为 d ,柱塞缸中输出的液体压力为高压,其值为

$$p_2 = p_1 (D/d)^2 = Kp_1 \tag{2-42}$$

式中　　K——增压比, $K = D^2/d^2$,代表增压程度。

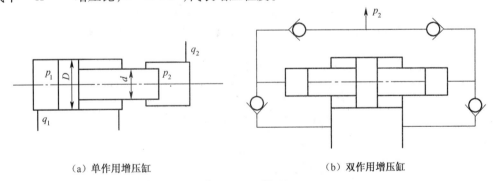

(a) 单作用增压缸   (b) 双作用增压缸

图 2-25　增压缸

显然增压能力是在降低有效能量的基础上得到的,也就是说增压缸仅仅是增大输出的压力,并不能增大输出的能量。

单作用增压缸在柱塞运动到终点时,不能再输出高压液体,需要将活塞退回到左端位置,再向右行时才又输出高压液体,为了克服这一缺点,可采用双作用增压缸,如图 2-25(b)所示,由两个高压端连续向系统供油。

在液压系统中,若整个系统需要低压,而局部需要高压,为节省一个高压泵,则可使用

增压缸。

2）伸缩缸

伸缩缸由两个或多个活塞缸套装而成,前一级活塞缸的活塞杆内孔是后一级活塞缸的缸筒,伸出时可获得很长的工作行程,缩回时可保持很小的结构尺寸。伸缩缸被广泛用于起重运输车辆上。

伸缩缸可以是如图2-26(a)所示的单作用式,也可以是如图2-26(b)所示的双作用式,前者靠外力回程,后者靠液压回程。

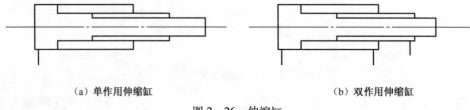

（a）单作用伸缩缸　　　　　　　　　　　　（b）双作用伸缩缸

图2-26　伸缩缸

伸缩缸的外伸动作是逐级进行的。先是最大直径的缸筒以最低的油液压力开始外伸,当到达行程终点后,稍小直径的缸筒开始外伸,直径最小的末级最后伸出。随着工作级数变大,外伸缸筒直径越来越小,伸出推力逐渐减小,工作速度逐渐加大,其值为

$$F_i = p_1 \pi D_i^2 / 4 \tag{2-43}$$

$$v_i = 4q / \pi D_i^2 \tag{2-44}$$

式中　i —— i 级活塞缸;

F ——液压缸推力;

D ——活塞直径;

q ——输入液压缸总流量。

3）齿轮缸

齿轮缸由两个柱塞和一套齿轮齿条传动装置组成,如图2-27所示。当液压油推动活塞左右往复运动时,齿条就推动齿轮往复转动,从而由齿轮驱动工作部件作往复旋转运动。

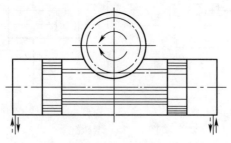

图2-27　齿轮缸

4. 液压缸的典型结构组成

图2-28所示为单活塞杆液压缸的实物、结构和图形符号图,它由活塞杆、活塞、拉杆、衬套、前后端盖、排气、缸筒、缓冲头、缓冲节流阀与各种密封圈组成。

从上述的液压缸典型结构中可以看到,液压缸的结构基本上可以分为缸体和缸盖、活塞和活塞杆、密封装置、缓冲装置和排气装置5个部分。

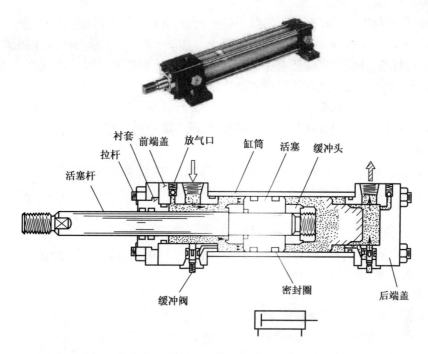

图 2-28　单活塞杆液压缸实物、结构与图形符号图

1）缸筒和缸盖

一般来说,缸筒和缸盖的结构形式和其使用的材料有关。工作压力 $p<10\mathrm{MPa}$ 时,使用铸铁;$p<20\mathrm{MPa}$ 时,使用无缝钢管;$p>20\mathrm{MPa}$ 时,使用铸钢或锻钢。图 2-29 所示为缸筒和缸盖的常见结构形式。图 2-29(a)所示为法兰连接式,结构简单,容易加工,也容易拆装。但外形尺寸和重量都比较大,常用铸铁制的缸筒上。图 2-29(b)所示为半环连接

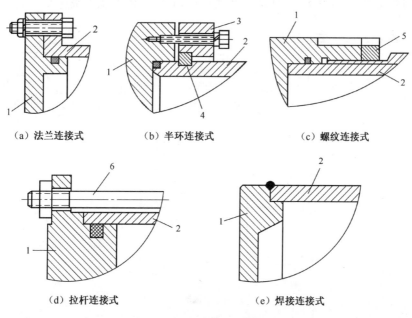

图 2-29　缸筒和缸盖的常见结构形式

1—缸盖;2—缸筒;3—压板;4—半环;5—放松螺帽;6—拉杆。

式,它的缸筒壁部因开了环形槽而削弱了强度,为此有时要加厚缸壁,它容易加工和拆装,重量较轻,常用于无缝钢管或锻钢制的缸筒上。图 2-29(c)所示为螺纹连接式,它的缸筒端部结构复杂,外径加工时要求保证内、外径同心,拆装使用专用工具,它的外形尺寸和重量都较小,常用于无缝钢管或锻钢制的缸筒上。图 2-29(d)所示为拉杆连接式,结构的通用性大,容易加工和拆装,但外形尺寸较大,且较重。图 2-29(e)所示为焊接连接式,结构简单,尺寸小,但缸底处内径不易加工,且可能引起变形。

2）活塞和活塞杆

可以把短行程的液压缸的活塞杆与活塞做成一体,这是最简单的形式。但当行程较长时,这种整体式活塞组件的加工较费事,所以常把活塞与活塞杆分开制造,然后再连接成一体。

3）密封装置

常采用的是 O 形密封圈和唇形密封圈,用于密封端盖与缸筒之间的配合,静密封时采用 O 形密封圈,动密封采用唇形密封圈。

4）缓冲装置

液压缸一般都设置缓冲装置,特别是对大型、高速或要求高的液压缸,为了防止活塞在行程终点时和缸盖相互撞击,引起噪声、冲击,则必须设置缓冲装置。

缓冲装置的工作原理是利用活塞或缸筒在其走向行程终端时,封住活塞和缸盖之间的部分油液,强迫它从小孔或细缝挤出,以产生很大的阻力,使工作部件受到制动,逐渐减慢运动速度,达到避免活塞和缸盖相互撞击的目的。

如图 2-30(a)所示,当缓冲柱塞进入与其相配的缸盖上的内孔时,孔中的液压油只能通过间隙 δ 排出,使活塞速度降低。由于配合间隙不变,故随着活塞运动速度的降低,起缓冲作用。当缓冲柱塞进入配合孔之后,油腔中的只能经节流阀排出,如图 2-30(b)所示。由于节流阀是可调的,因此缓冲作用也可调节,但仍不能克服速度降低后缓冲作用

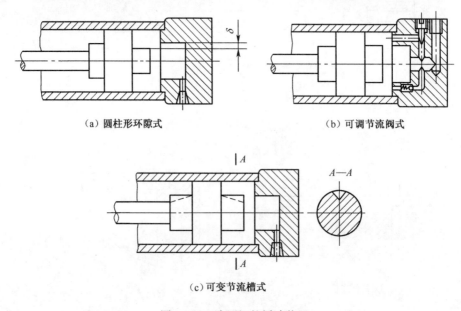

（a）圆柱形环隙式　　　　　　　　　（b）可调节流阀式

（c）可变节流槽式

图 2-30　液压缸的缓冲装置

减弱的缺点。如图 2-30(c)所示,在缓冲柱塞上开有三角槽,随着柱塞逐渐进入配合孔,其节流面积越来越小,解决了在行程最后阶段缓冲作用过弱的问题。

5)排气装置

液压缸在安装过程中或长时间停放重新工作时,液压缸里和管道系统中会渗入空气,为了防止执行元件出现爬行、噪声和发热等不正常现象,须把缸中和系统中的空气排出。

一般可在液压缸的最高处设置进出油口把气带走,也可在最高处设置如图 2-31(a)所示的放气孔或如图 2-31(b)、(c)所示的专门的放气阀。

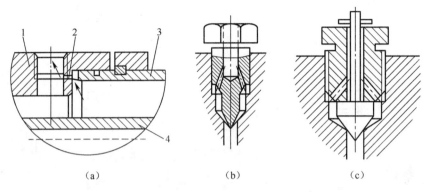

图 2-31 放气装置
1—缸盖;2—放气小孔;3—缸体;4—活塞杆。

■ 任务实施

实训 4 液压缸的识别和拆装

1. 实训要求

(1)认识单杆活塞式双作用液压缸的组成。

(2)搞清所拆卸液压缸的工作原理及各部分的结构关系。

(3)根据技术要求,正确拆卸液压缸。

(4)根据技术要求,正确组装液压缸。

(5)掌握拆装液压缸的方法和修理要点。

2. 实训场地和设备

(1)实训场地:液压实训室、实训基地。

(2)实训设备:单杆活塞式双作用液压缸;专用扳手、活动扳手、螺丝刀、铜棒等相关工具。液压组合实训台、模拟仿真软件、液压系统组成实验台。

3. 实训原理与步骤

(1)观察所拆卸的液压缸,掌握它的工作原理及各部分的结构关系。液压缸实物半剖图和结构图分别如图 2-32、图 2-33 所示。

(2)分组拆卸液压缸,在拆卸液压缸时,要注意拆卸顺序,最好按零件的拆卸顺序编号,在指定位置摆放好零件,不要乱扔乱放,弄清主要零件的结构和计算要求。

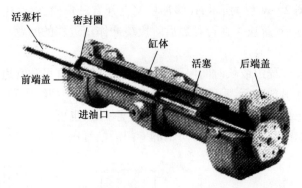

图 2 - 32　液压缸实物半剖图

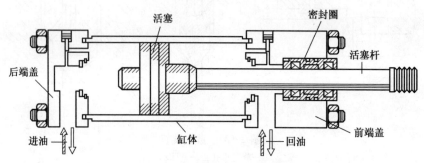

图 2 - 33　液压缸的结构图

（3）对于防尘圈、密封圈、半环和卡圈等标准件,要检查是否损坏。若损坏则必须更换。

（4）使用清洗剂把零件表面的油污、锈迹和黏附的机械杂质等清洗掉,干燥后用不起毛的布擦干净,保持零件的清洁。

（5）按计算要求组装液压缸,注意一般组装的顺序和拆卸的顺序相反。

（6）组装好后,请教师检查是否合格,如果不合格,分析其原因,并重新组装。

（7）组装好后,向液压缸内注入机油。

4. 注意事项

（1）在拆装液压缸时,要保持场地和元件的清洁。

（2）在拆装液压缸时,要用专用工具或教师指定的工具。

（3）对拆卸下来的零件,尤其缸筒内的零件,要做到不落地、不碰伤。

（4）组装时不要将元件装反（尤其是密封元件）,注意元件的安装位置、配合表面及密封元件、不要拉伤配合表面和损坏密封元件及防尘圈。

（5）在拆装液压缸时,如果某些液压元件出现卡死现象,不要用锤子敲打,要在教师的指导下,用铜棒轻轻敲打或加润滑油等方法来解除卡死现象。

（6）组装完毕要检查现场有无漏装元件。

5. 复习思考

（1）液压缸的组成是怎样的? 其工作原理是什么?

（2）液压缸的活塞和活塞杆、缸筒与缸盖是怎样连接的?

（3）说明你实训所用液压缸的拆卸和组装顺序。

（4）为避免活塞在行程端撞击缸盖,应采取什么措施? 结构是怎样的?

（5）液压缸中的 Y 形密封圈装反会发生什么现象? 防尘圈的作用是什么?

▌自我测试

2-2-1　填空题

1. 液压马达和液压缸是液压系统的(　　)装置,作用是将(　　)能转换为(　　)能。

2. 对于差动液压缸,若是其往返速度相等,则活塞面积应为活塞杆面积的(　　)。

3. 当工作行程较长时采用(　　)缸较合适。

4. 排气装置应设在液压缸的(　　)位置。

5. 在液压缸中,为了减少活塞在终端的冲击,应采用(　　)措施。

2-2-2　问答题

1. 如果要使机床工作往复运动速度相同,那么硬采用什么类型的液压缸?

2. 用理论流量和实际流量(q_t 和 q)如何表示液压泵和液压马达的容积效率? 用理论转矩和实际转矩(T_t 和 T)如何表示液压泵和液压马达的机械效率? 请分布写出表达式。

2-2-3　计算题

1. 已知某液压马达的排量 $V = 250\text{mL/r}$,液压马达入口压力 $P_1 = 10.5\text{MPa}$,出口压力 $P_2 = 1.0\text{MPa}$,其机械效率 $\eta_m = 0.9$,容积效率 $\eta_V = 0.92$,当输入流量时 $q = 22\text{L/min}$,试求液压马达的实际转速 n 和液压马达的输出转矩 T 。

2. 某泵的输出流量为 100L/min, 容积效率 $\eta_V = 0.9$ 。该泵向液压马达供油时,测量液压马达输出转矩 400r/min,其容积效率为 0.8。试求此液压马达的排量。

▌任务 3　液压控制元件的识别

▌任务描述

液压控制阀是液压传动系统中的控制元件。它用来控制液压系统中油液的压力、流量和流动方向,从而满足液压执行元件对压力、速度和换向的要求。对液压控制阀的基本要求是动作灵敏、使用可靠、密封性能好、结构紧凑、通用性强等。

▌任务分析

本任务将介绍液压控制阀的工作原理、性能参数以及不同类型液压控制阀的结构,同时介绍液压阀的识别、选择与应用知识。通过任务的实施,掌握液压控制元件的识别与应用的基本技能。

2.3.1 液压控制阀的作用和分类

1. 液压控制阀的作用

液压控制阀(简称液压阀)在液压系统中被用来控制执行元件按照负载的要求进行工作。液压阀的品种繁多,即使同一种阀,因应用场合不同,用途也有差异。因此,掌握液压阀工作原理和应用是本章的关键。

液压阀的基本机构主要包括阀芯、阀体和驱动阀芯。阀芯的主要形式有滑阀、锥阀和球阀;阀体上除有与阀芯配合的阀体孔外,还有外界油管的进出油口;驱动装置可以是手调机构,也可以是弹簧或电磁铁,有时还作用有液压力。液压阀正是利用阀芯在阀体内的相对运动来控制阀口的通断及开口大小,来实现压力、流量和方向控制的。

阀的进出油口一般用符号 A、B、P、T、O 表示。P 是与动力元件相通的油口,T 和 O 是与油箱相通的回油口。A、B 表示与执行元件相通的进出油口。

2. 液压控制阀的分类

液压控制阀根据外部特征、内在联系、结构和用途不同,可将液压控制阀按不同方式进行分类,如表 2.5 所列。

表 2.5　液压控制阀的分类

分类方法	种　类	具　体　分　类
按用途分	压力控制阀	溢流阀、减压阀、顺序阀、压力继电器盒比例压力阀等
	流量控制阀	节流阀、调速阀、分流阀、比例流量控制阀等
	方向控制阀	单向阀、液控单向阀、换向阀和比例方向控制阀等
按操作方式分	人力操作阀	手柄及手轮、杠杆和踏板
	机械操作阀	挡块、弹簧、液压和气动
	电动操作阀	电磁铁控制和电液联合控制
按连接方式分	管式连接	螺纹式连接、法兰式连接
	板式或叠加式连接	单层连接板式、双层连接板式、集成块连接叠加式
	插装式连接	螺纹式插装、法兰式插装

3. 液压控制阀的使用要求

(1)动作灵敏,工作可靠,使用时冲击和振动要小,噪声要低。

(2)油液通过阀时,压力损失要小,阀心工作的稳定性要好。

(3)密封性能好,内泄漏少,无外泄漏。

(4)所控制的参数稳定,抗干扰能力强。

(5)结构紧凑,安装、维护和调整方便,通用性好。

2.3.2 方向控制阀

方向控制阀简称方向阀,主要用来通断油路或切换油流的方向,以满足对执行元件的启、停和运动方向的要求。它分为单向阀和换向阀两大类。

1. 单向阀

单向阀的作用是只允许液流朝一个方向流动,不能反向流动。常用的有普通单向阀和液控单向阀。单向阀在性能上有以下要求。

（1）正向开启压力小。国产阀的开启压力一般有两种:0.04MPa和0.4MPa。

（2）反向泄漏小。尤其是用在保压系统时要求高。

（3）通时压力损失小。液控单向阀在反向流通时压力损失也要小。

1）普通单向阀

普通单向阀简称为单向阀,它是控制流体只能正向流动,不允许反向流动的阀,因此又可称是为逆止阀或止回阀。按进出流体流动方向的不同,可分为直角式和直通式两种结构。图2-34所示为普通单向阀的两种结构和图形符号。图2-34(a)所示为直角式单向阀,其阀芯为锥阀形式。图2-34(b)所示为直通式单向阀,液体以P_1流入时,克服弹簧力推动球阀,使通道接通,液体以P_2流出;当液体从反向流入时,液体的压力和弹簧力将球阀压紧在阀座上,液体不能通过。

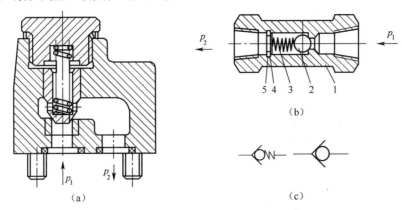

图2-34 普通单向阀的两种结构和图形符号

1—阀体;2—球阀;3—弹簧;4—阀座;5—阀口。

在单向阀中,通流阻力应尽可能小,而反向应有良好的密封性。此外,单向阀的动作应灵敏,工作时不应有冲击和噪声。单向阀的主要性能是正向最小开启力、正向流动时的压力损失和反向泄漏量。单向阀中的弹簧仅用于使阀芯在阀座上就位。因此,弹簧的刚度一般都选的较小,使阀的开启压力小,一般仅有0.03~0.05MPa。若作背压阀用,则可换上刚度较大的弹簧,其压力可达0.2~0.6MPa。

单向阀可装在泵的出口处,防止系统中的流体冲击而影响泵的工作;还可用来分隔通道,防止管路间的压力相互干扰等。

2）液控单向阀

图2-35所示为液控单向阀。由图可知,液控单向阀在结构上比普通单向阀多一个控制油口K、控制活塞1和顶杆2。

当控制油口K处无压力油作用时,液控单向阀与普通单向阀工作相同,即压力油从口流入时,可以从P_2口流出。反之,压力油从P_2口流入时不能从P_1口流出。当控制口K处通入压力油时,控制活塞1的左侧受压力作用,右侧a腔和泄油口(图中未画出)相通,活塞右移,通过顶杆2将阀芯3顶开,使油口P_2与P_1相通,油液流动方向可以自由改变。由此可见,液控单向阀比普通单向阀多了一种功能,即反向可控开启。液控单向阀的图形符号如图2-35(b)所示。

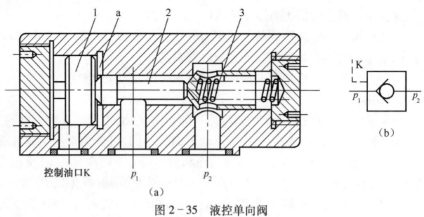

图 2-35　液控单向阀
1—活塞；2—顶杆；3—阀芯。

2. 换向阀

1）换向阀的作用、性能要求及分类

（1）作用。换向阀是利用阀芯和阀体间相对位置的改变，来控制油液的流动方向，接通或关闭油路，从而控制执行元件的启动、停止及换向。

（2）性能要求。

① 油液流经换向阀时的压力损失小。

② 各关闭阀口的泄漏量小。

② 换向可靠，换向时平稳迅速。

（3）换向阀的分类。根据换向阀阀芯的运动形式、结构特点和控制方式不同，换向阀可分成不同的类型，如表2.6所列。

表 2.6　换向阀的分类

分类方法	形　式
按阀芯运动方式	滑阀式、转阀式
按阀工作位置和通路数	二位二通、二位三通、二位四通和三位五通
按阀的操纵方式	手动、机动(亦称行程)、电动、液动、电液动等
按阀的安装方式	管式、板式、法兰式等
按阀的机能	O形、H形、Y形、M形等

2）换向阀的工作原理及图形符号

滑阀式换向阀是靠阀芯在阀体内作轴向运动，而使相应的油路接通或断开的换向阀。它具有易于实现径向力平衡、工作可靠、制造简单等优点。

图2-36所示为换向阀的工作原理图，在图示状态下液压缸两腔均不通压力油，活塞处于停止状态。若使换向阀的阀芯左移，则阀体上的油口P和A相通，B与O相通，压力油经P、A进入液压缸左腔，活塞向右运动，液压缸右腔油液经B回油箱。反之，若使阀芯右移，则P和B相通，A与O相通，压力油经P、B进入液压缸右腔，液压缸左腔油液回油箱，活塞向左运动。

3）换向阀的工作位数、通数及机能

"通"和"位"是换向阀的重要概念。不同的"通"和"位"构成了不同类型的换向阀。

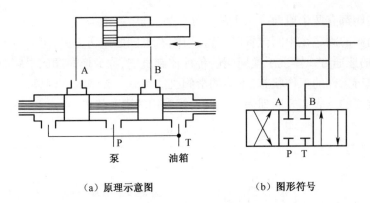

（a）原理示意图　　　　　　　　（b）图形符号

图 2-36　滑阀式换向阀的工作原理

表 2.7 中图形符号的含义如下。

表 2.7　"通"和"位"构成了不同类型的换向阀图形符号的含义

名称	结构原理图	图形符号
二位二通		
二位三通		
二位四通		
三位四通		

（1）用方框表示阀的工作位置，有几个方框就表示有几"位"。

（2）方框内的箭头表示油路处于接通状态，但箭头方向不一定表示液流的实际方向。

（3）方框内符号"⊥"或"⊤"表示该通路不通。

（4）方框外部连接的接口数有几个，就表示几"通"。

（5）一般情况下，阀与系统供油路连接的进油口用字母 P 表示；阀与系统回油路连通的回油口用 T(有时用 O)表示；而阀与执行元件连接的油口用 A、B 等表示。有时在图形符号上用 L 表示泄漏油口。

（6）换向阀都有两个或两个以上的工作位置,其中一个为常态位。

三位换向阀的阀芯在中间位置时,各接口间有不同的连通方式,可满足不同的使用要求,这种不同的连通方式体现了换向阀的各种控制机能,称为换向阀的滑阀机能。滑阀机能直接影响执行元件的工作状态,不同的滑阀机能可满足系统的不同要求,正确选择滑阀机能是十分重要的。表2.8所列为三位四通阀常用的滑阀机能、特点及应用。

表 2.8　三位四通阀常用的滑阀机能

形式	符号	中位油口状况、特点及应用
O 形		P、A、B、T 四口全封闭,液压缸闭锁,可用于多个换向阀并联工作
H 形		P、A、B、T 口全通,活塞浮动,在外力作用下可移动,泵卸荷
Y 形		P 封闭,A、B、T 口相通;活塞浮动,在外力作用下可移动,泵不卸荷
K 形		P、A、T 口相通,B 口封闭;活塞处于闭锁状态,泵卸荷
M 形		P、T 口相通,A 与 B 口均封闭;活塞闭锁不动,泵卸荷,也可用多个 M 型换向阀并联工作
X 形		四油口处于半开启状态,泵工本上卸荷,但仍保持一定压力
P 形		P、A、B 口相通,T 封闭;泵与缸两腔相通,可组成差动回路
J 形		P 与 A 封闭,B 与 T 相通;活塞停止,但在外力作用下可向一边移动,泵不卸荷
C 形		P 与 A 相通;B 与 T 封闭;活塞处于停止位置
U 形		P 与 T 封闭,A 与 B 相通;活塞浮动,在外力作用下可移动,泵不卸荷

在分析和选择滑阀机能时,通常考虑以下因素。

① 系统保压。当 P 口被堵塞,系统保压,液压泵能用于多缸系统。当 P 口不太通畅地与 T 口接通时(如 X 形),系统能保持一定的压力供控制油路使用。

② 系统卸荷。P 口通畅地与 T 口接通,系统卸荷,既节约能量,又防止油液发热。

③ 换向平稳性和精度。当液压缸的 A、B 两口都封闭时,换向过程不平稳,易产生液压冲击,但换向精度高。反之,A、B 两口都通 T 口时,换向过程中工作部件不易制动,换向精度低,但液压冲击小。

④ 起动平稳性。阀在中位时,液压缸某腔若通油箱,则起动时该腔因无油液起缓冲作用,起动不太平稳。

⑤ 液压缸"浮动"和在任意位置上的停止。阀在中位,当 A、B 两口互通时,卧式液压缸呈"浮动"状态,可利用其他机构移动,调整位置。当 A、B 两口封闭或与 P 口连接(非差动情况),则可使液压缸在任意位置停下来。

4)换向阀的结构

在液压传动系统中,广泛采用滑阀式换向阀,因为滑阀方便采用各种控制方式,且在高压和低压情况下皆可使用。下面介绍滑阀换向阀的几种典型结构。

(1)手动换向阀。手动换向阀是用手动杠杆操纵阀芯换位的换向阀。

手动换向阀阀芯的定位方式有钢球定位式和弹簧复位式两种。图 2-37(a)为自动复位式三位四通手动换向阀,放开手柄 1,阀芯 2 在弹簧 3 的作用下自动回复到中位。该阀适用于动作频繁、工作持续时间短的场合,操作比较安全,常用于工程机械的液压传动系统中。

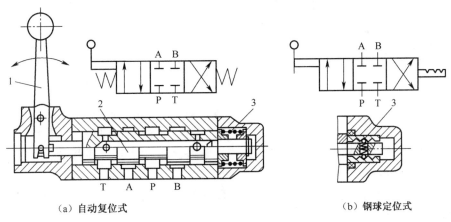

(a)自动复位式　　　　　　　　　　　(b)钢球定位式

图 2-37　手动换向阀
1—手柄;2—阀芯;3—弹簧。

如果将该阀阀芯右端弹簧 3 的部位改为图 2-37(b)所示的形式,即成为可在 3 个位置定位的手动换向阀。

手动换向阀有一个特点,可通过操纵手柄控制阀芯和行程在一定范围内(中间位置到换向终止位置之间)变动,即各油口的开度可以根据需要进行调节,使其在换向的过程中兼有节流的功能。

(2)机动换向阀。机动换向阀又称行程阀。它一般是利用安装在运动部件上的行程挡块压下顶杆或滚轮,使阀芯移动,来实现油路切换。机动换向阀常为二位阀,用弹簧复位,有二通、三通、四通等几种,二位二通又分常开(常态位置两油口连通)和常闭(常态位置两油口不通)两种形式。

图2-38(a)所示是二位二通机动换向阀的结构原理图,在图示位置上,阀芯2在弹簧4的推力作用下处在最上端位置,把进油口P与出油口切断。当行程挡块将滚轮压下时,P、A口接通;当行程挡块脱开滚轮时,阀芯在其底部弹簧的作用下又回复到初始位置。该阀为常闭式,图2-38(b)所示是该阀的图形符号。

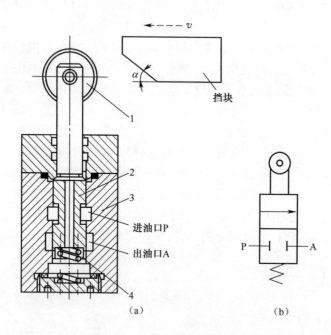

图2-38 二位二通机动换向阀
1—滚轮;2—阀芯;3—阀体;4—弹簧。

机动换向阀结构简单、动作可靠、换向精度高,改变挡块斜面的角度 α(或凸轮外廓的形状),便可改变阀芯移动的速度,因而可以调节换向过程的时间。但这种阀要安放在它的操纵件旁,不能安装在液压站上,因此连接管路较长,并使整个液压装置不够紧凑,常用于要求换向性能好、布置方便的场合。

(3)电磁换向阀。电磁换向阀是利用电磁铁的通电吸合与断电释放直接推动阀芯移动来控制液流方向的。

图2-39(a)所示为三位四通电磁换向阀的结构原理图。阀的两端各有一个电磁铁和一个对中弹簧。阀芯在常态时处于中位。当右端电磁铁通电时,右衔铁6通过推杆将阀芯4推至左端,阀右位工作,油口P通B、A通T;当左端电磁铁通电时,阀芯移至右端,阀左位工作,油口P通A、B通T。图2-39(b)所示为三位四通电磁换向阀的图形符号。

电磁阀借助于电磁铁吸力推动阀芯动作。其操纵方便,布置灵活,易于实现动作转换的自动化。它不仅在汽车固定实验设备上被广泛应用,而且在汽车上也广泛应用。

(4)液动换向阀。电磁换向阀布置灵活,易实现程序控制,但受电磁铁尺寸限制,难以用于切换大流量(63L/min以上)的油路。当阀的通径大于10mm时常用压力油操纵阀

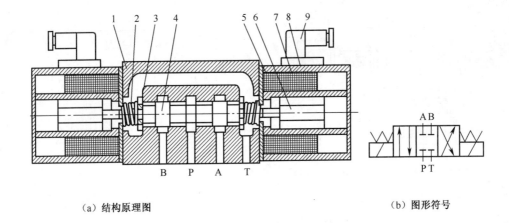

（a）结构原理图　　　　　　　　　　　　　　　　（b）图形符号

图 2-39　三位四通电磁换向阀

1—阀体；2—弹簧；3—弹簧座；4—阀芯；5—线圈；6—衔铁；7—隔套；8—壳体；9—插头组件。

芯换位。这种利用控制油路的压力油推动阀芯改变位置的阀，称为液动换向阀。

图 2-40 所示为三位四通液动换向阀的结构原理。当其两端控制口 K_1 和 K_2 均不通入压力油时，阀芯在两端弹簧的作用下处于中位（图示位置）；当 K_1 进压力油、K_2 接油箱时，阀芯移至右端，阀左位工作，其通油状态为 P 通 A、B 通 T；反之当 K_2 进压力油、K_1 接油箱时，阀芯移至左端，阀右位工作，其通油状态为 P 通 B、A 通 T。

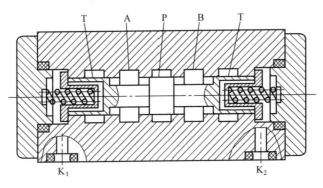

图 2-40　三位四通液动换向阀

（5）电液换向阀。电液换向阀由电磁换向阀和液动换向阀组合而成。电磁阀是先导阀，液动阀是主阀，电磁换向阀起先导作用，它可以改变控制液流的方向，从而改变液动滑阀阀芯的位置。

图 2-41（a）所示为三位四通电液换向阀的结构原理。上面是电磁换向阀（先导阀），下面是液动换向阀（主阀）。其工作原理可用详细图形符号加以说明，如图 2-41（b）所示常态时，先导阀和主阀皆处于中位，在主油路中，油口 A、B、P、T 均不通。当左电磁铁通电时，先导阀左位工作，控制油由 K 经先导阀到主阀芯左端油腔，操纵主阀芯右移，使主阀也切换至左位工作，主阀芯右端油腔回油经先导阀及泄油口 L 流回油箱，此时主油路油口 P 与 A 相通、B 与 T 相通。同理，当先导阀右电磁铁通电，主油路油口换接，P 与 B 相通，A 与 T 相通，实现了油液换向。

若在液动换向阀的两端盖处加调节螺钉，则可调节液动换向阀芯移动的行程和各主

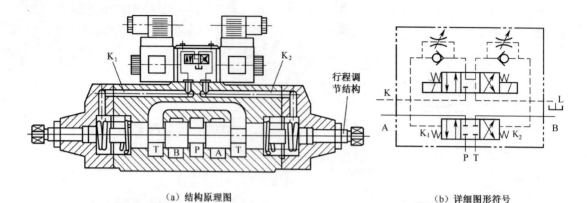

(a) 结构原理图　　　　　　　　　　　　　(b) 详细图形符号

图 2-41　三位四通电液换向阀的结构原理

阀口的开度,从而改变通过主阀的流量,对执行元件起粗略的速度调节作用。

（6）转阀换向阀。通过手动或机动使阀芯旋转换位,实现改变油路状态的换向阀。

图 2-42(a)所示是三位四通 O 形转阀的结构及符号。在图示位置时,P 通过环槽 c 和阀芯上的轴向槽 b 与 A 相通,B 通过阀芯上的轴向槽 e 与环槽 a 与 O 相通。若将手柄

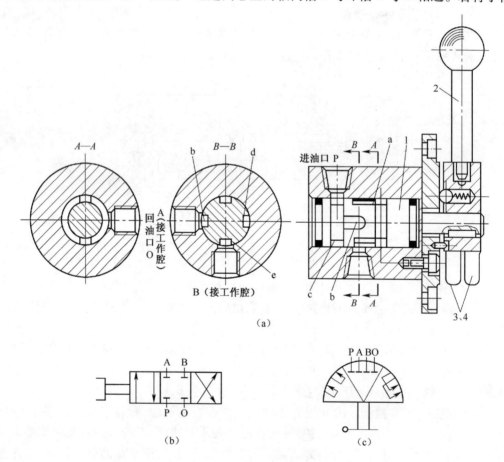

(a)

(b)　　　　　　　　　　　　　(c)

图 2-42　转阀式换向阀

1—阀芯;2—手柄;3、4—挡块拨动杆。

2 顺时针方向转动90°,则 P 通过 c 和 d 与 B 相通,A 通过槽 e 和 a 与 O 相通。如果将手柄转动45°至中位,则4个油口全部关闭,通过挡块拨动杆3、4可使转阀机动换向。由于转阀密封性差,径向力不易平衡及结构尺寸受到限制,一般多用于压力较低、流量较小的场合。转阀式换向阀的图形符号如图2-42(b)、(c)所示。

2.3.3　压力控制阀

压力控制阀是用来控制和调节液压系统液流压力以及利用压力实现控制的阀类,按功用可分为溢流阀、减压阀、顺序阀和压力继电器。其共同特点是利用油液压力和弹簧压力相平衡的原理来工作。调节弹簧预压力即改变了所控制的油液压力。

1. 溢流阀

溢流阀有多种用途,但其基本功用主要有两种:一是当系统压力超过或等于溢流阀的调定压力时,系统的液体或气体通过阀口溢出一部分,保证系统压力恒定,用于调压;二是在系统中做安全阀用,在系统正常工作时,溢流阀处于关闭状态,只有在系统压力大于或等于其调定压力时才开启溢流,对系统起过载保护作用。溢流阀按其结构原理分为直动式和先导式两种。

1）直动式溢流阀

图2-43(a)所示为直动型溢流阀。其滑阀式阀芯的下端有轴向孔,压力油经阀芯下端的径向孔、轴向阻尼孔 a 进入滑阀的底部,形成一个向上的油压作用力。当进口压力较低时,阀心在弹簧力的作用下被压在图示的最低位置。阀口(即进油口 P 和回油口 O 之间阀内通道)被阀心封闭,阀不溢流。当阀的进口压力升高,使阀心下端的油压作用力足以克服弹簧力时,阀心向上移动,使 P 口与 O 口相通。弹簧对阀心的作用力可通过调节螺母调节,即调节溢流阀的入口压力。

图2-43(b)所示为直动型溢流阀图形符号。图形符号简要表明了以下内容。

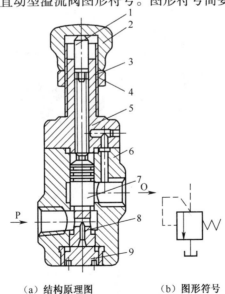

（a）结构原理图　　　（b）图形符号

图2-43　直动型溢流阀

1—推杆;2—调节螺母;3—弹簧;4—锁紧螺母;5—阀盖;6—阀体;7—阀芯;8—阻尼孔;9—螺塞。

（1）溢流阀在常态下（非工作状态）阀口关闭（方框内箭头错开）。

（2）控制压力取自进油口压力（虚线表示）。

（3）出油口接油箱。

（4）采用内泄漏方式（弹簧处没有接油箱的标志）。

这种溢流阀因压力油直接作用于阀心，故称直动式溢流阀。直动式溢流阀的特点是结构简单，反应灵敏；但在工作时易产生振动和噪声，压力波动大。一般用于小流量、压力较低的场合。因为控制较高压力或较大流量时，需要装刚度较大的硬弹簧，不但手动调节困难，而且阀口开度（弹簧压缩量）略有变化，便引起较大波动，所以不易稳定。系统压力较高时需要采用先导式溢流阀。

2）先导式溢流阀

先导式溢流阀由主阀和先导阀两部分组成。先导阀的结构原理与直动式溢流阀相同，但一般采用锥形坐阀式结构。

图2-44所示为YZ形三节同心先导式溢流阀。主阀芯6与阀盖3、阀体4和主阀座7三处同心配合。压力油自阀体中部的进油口P进入，并通过主阀芯上阻尼孔5进入主阀芯上腔，再由阀盖上的通道a和锥阀座2上的小孔作用于锥阀1上。当进油压力p_1小于先导阀调压弹簧9的调定值时，先导阀关闭，同时由于主阀芯上下两端有效面积比为1.03~1.05，上端稍大，作用于主阀芯上的压力差和主阀弹簧力均使主阀口压紧，不溢流。当进油压力p_1超过先导阀调压弹簧的调定值时，先导阀打开，使进油口P的压力油经主阀芯阻尼孔、通道a、先导阀口、主阀芯中心孔至阀体下部出油口（溢流口）O进行溢流。阻尼孔5处的压力损失使主阀芯上、下腔中的油液产生一个随先导阀流量增加而增加的压力差，当它在主阀芯上、下面上作用力的差足以克服主阀弹簧力、主阀芯重力和摩擦力之和时，主阀芯开启，此时进油口P与出油口O直接相通，进行溢流，以保持压力恒定。由于主阀芯的开启主要取决于阀芯上下两端的压力差，主阀弹簧只用来克服阀芯运动时

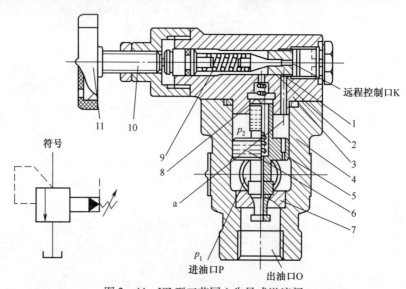

图2-44　YZ型三节同心先导式溢流阀

1—锥阀（先导阀）；2—锥阀座；3—阀盖；4—阀体；5—阻尼孔；6—主阀芯；7—主阀座；

8—主阀弹簧；9—调压（先导阀）弹簧；10—调节螺钉；11—调压手轮。

的摩擦力和主阀芯重力,故其阀弹簧力小,所以先导式溢流阀在溢流量发生大幅度变化时,被控腔压力 p_2 只有很小变化。调节先导阀手轮便能调整溢流压力。更换不同高度的调压弹簧,便能得到不同的调压范围。在阀体上有一个远程控制口 K,当将此口通过二位二通阀接通油箱时,主阀上端的压力接近于零,主阀芯在很小的压力下便可移到上端,阀口开的最大,这时系统的油液在很低的压力下通过阀口流回油箱,实现卸荷作用。如果将 K 口接到另一个远程调压阀上(其结构和先导阀一样),当远程调压阀的调定压力小于先导阀的压力时,则主阀上端的压力(即溢流阀的液流压力)就由远程调压阀来决定。使用远程调压阀后,便可对系统的液流压力实行远程调节。

流经阻尼孔的流量即为流出先导阀的流量,这一部分流量通常称为泄油量。阻尼孔直径很小,泄油量只占全溢流量(额定流量)的极小一部分,约1%左右,绝大部分油液均经主阀口回油箱。在先导式溢流阀中,先导阀的作用是控制和调节溢流压力,主阀的功能则在于溢流。先导阀阀口直径较小,即使在较高压力的情况下,作用在锥阀芯上的液压推力也不很大,因此调压弹簧的刚度不必很大,压力调整也就比较轻便。主阀芯因两端均受油压作用,主阀弹簧只需要很小的刚度。当溢流量变化引起弹簧压缩量变化时,进油口的压力变化不大,故先导式溢流阀恒定压力的性能优于直动式溢流阀,所以先导式溢流阀可被广泛地用于高压、大流量场合。

先导式溢流阀按照控制油的来源和泄油去向的不同,有内控内泄、内控外泄、外控内泄、外控外泄4种组合方式,这4种控泄方式的组合,方便了使用,增加了灵活性。

3)溢流阀的应用范围

(1)起溢流调压作用。一般旁接在定量泵的出口,通过溢流来调定系统压力阀随压力波动而开启,如图2-45(a)所示。

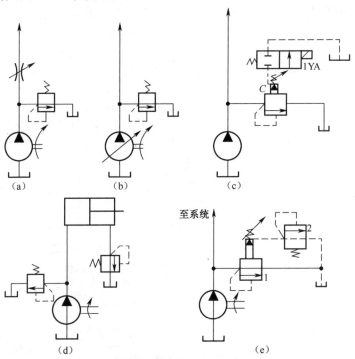

图2-45 溢流阀的应用

（2）起安全保护作用。将溢流阀旁接在泵的出口,用来限制系统的增大压力值,避免引起过载事故,阀口为常闭,如图 2-45(b)所示。

（3）做卸荷阀用。由先导式溢流阀配合二位二通阀使用,可使系统卸荷,如图 2-45(c)所示。

（4）做背压阀用。将溢流阀串联在回油路上,产生背压,使执行元件运动平稳,多用直动式,如图 2-45(d)所示。

（5）做远控调压阀用。用直动式溢流阀连接先导式溢流阀的远程控制口,实行运程调压,如图 2-45(e)所示。

2. 减压阀

1）减压阀的作用和要求

（1）作用。在同一系统中,往往有一个泵要向几个执行元件供油,而各执行元件所需的工作压力不尽相同的情况。若某执行元件所需的工作压力较泵的供油压力低时,可在该分支油路中串联一减压阀。油液流经减压阀后,压力降低,且使其出口处相接的某一回路的压力保持恒定。这种减压阀称为定值减压阀,除此而外还有定比减压阀和定差减压阀。通常所说的减压阀指定值减压阀,定差减压阀和定比减压阀一般用来和其他阀组成复合阀。减压阀的示意图如图 2-46 所示。

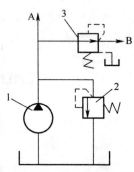

图 2-46　减压阀的示意图
1—油泵;2—溢流阀;
3—减压阀;
A—变矩器油路;B—润滑油路。

（2）要求。对减压阀的要求是:出口压力维持恒定,不受进口压力、通过流量大小的影响。

2）定值减压阀的工作原理

定值减压阀有直动式和先导式两种。在液压系统中先导式减压阀应用较多,它的典型结构及符号如图 2-47 所示。直动式减压阀一般用做缓冲阀。

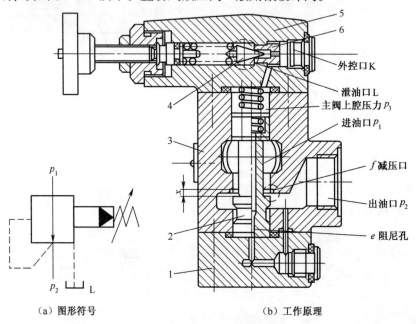

（a）图形符号　　　　　　　　　（b）工作原理

图 2-47　先导型减压阀
1—下端盖;2—主阀芯;3—阀体;4—先导阀芯;5—阀盖;6—先导阀座。

先导式减压阀是由先导阀和主阀组成的,先导阀用于调压,主阀用于主油路的减压。先导阀的供油方式有由主阀出口供油和进口供油两种结构形式。

图 2-47 所示为先导阀有主阀出口供油的先导式减压阀。出口压力油经阀体 3 下部和下端盖 1 的流道进入主阀芯 2 的下腔,经阻尼孔 e 进入主阀芯上腔,再经阀盖 5 的流道及先导阀座 6,作用在先导阀芯 4 前端。进口压力 p_1 经减压口 f 减压后变为出口压力 p_2。当出口压力较低时,主阀上下的液压力平衡,阀芯被弹簧压至最下端,减压口全开,不起减压作用。当出口压力超过调定压力时先导阀被打开,控制先导阀芯的压力油,经上述的流道、阻尼孔及阀盖上的泄油口 L 流回油箱。由于阻尼孔 e 的阻尼作用,使主阀芯上下两端产生压力差,主阀芯在压力差作用下,克服主阀芯弹簧阻力而上移,阀口减小,压降增大,使出口压力下降到调定值。

若由于某种原因是进口压力增大的瞬时,主阀芯还没来得及调节,则出口压力也随着增大,同样的道理,出口压力又下降到调定值。由此可以得出,定值减压阀不但可减压,而且还可以使出口压力维持在调定值基本不变。

应指出的是:减压阀出口处的液压油不流动时,仍有少量液压油通过减压阀口经先导阀和外泄口 L 流回油箱,减压阀处于减压状态,使出口压力维持为调定值;减压阀的泄油口 L 必须直接接回油箱,以保证回油畅通,因为如果泄油有背压或堵塞,将影响减压阀的正常工作。同先导式溢流阀相比,除了功能不同以外,先导式减压阀与先导式溢流阀还有如下区别。

(1) 减压阀保持出口压力不变,而溢流阀保持进口压力不变。

(2) 原始状态下,减压阀阀口常开,而溢流阀阀口常闭。

(3) 减压阀泄油口必须直接接油箱,即外泄,而溢流阀泄油口可外泄,也可内泄。

3) 减压阀的应用场合

减压阀主要用在系统的夹紧、电液动换向阀的控制压力油、润滑等回路中。必须指出的是,应用减压阀必有压力损失,这将增加功耗和使油液发热。当分支油路压力比主油路压力低很多,且流量又很大时,常采用高、低压泵分别供油,而不宜采用减压阀。图 2-48 所示为应用减压阀的机床夹紧回路。

3. 顺序阀

1) 顺序阀的作用和要求

(1) 作用。顺序阀是利用油路中压力的变化来控制阀口通断,以实现各工作部件依次顺序动作的液压元件,故名顺序阀。顺序阀按控制方式不同分内控式和外控式。内控式顺序阀是直接利用阀进口处的油的压力来控制阀芯的动作,

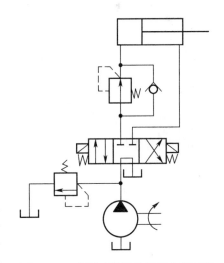

图 2-48 应用减压阀的机床夹紧回路

从而控制阀口的启闭;外控式顺序阀是用外来的控制油压控制阀口的启闭,也称为液控顺序阀。顺序阀按结构形式不同分为直动式和先导式两种,一般先导式用于压力较高的场合。当顺序阀利用外来液压力进行控制时,则称为液控顺序阀。不论是直动式还是先导

式,顺序阀都和溢流阀原理相类似,主要不同为溢流阀的调压弹簧腔的泄漏油和出油口相连,而顺序阀单独接回油箱。

（2）要求。

① 为使执行元件的顺序动作准确无误,顺序阀的调压偏差要小,即尽量减小调压弹簧的刚度。

② 顺序阀相当于一个压力控制开关,因此要求阀在接通时压力损失小,关闭时密封性能好。对于单向顺序阀(将顺序阀和单向阀的油路并联制造于一体),反向接通时压力损失也要小。

2）顺序阀的工作原理

直动式顺序阀如图2-49所示,图2-49(a)所示为实际结构,图2-49(b)所示为图形符号,图2-49(c)所示为工作原理。直动式顺序阀通常为滑阀结构,其工作原理与直动式溢流阀相似,均为进油口测压,但顺序阀为减小调压弹簧刚度,还设置了截面积比阀芯小的控制活塞 A。顺序阀与溢流阀的区别还有:其一,出口不是溢流口,因此此出口 P_2 不接回油箱,而是与某一执行元件相连,弹簧腔泄油口 L 必须单独接回油箱;其二,顺序阀不是稳压阀,而是开关阀,它是一种利用压力的高低控制油路通断的"压控开关",严格地说,顺序阀是一个二位二通液动换向阀。

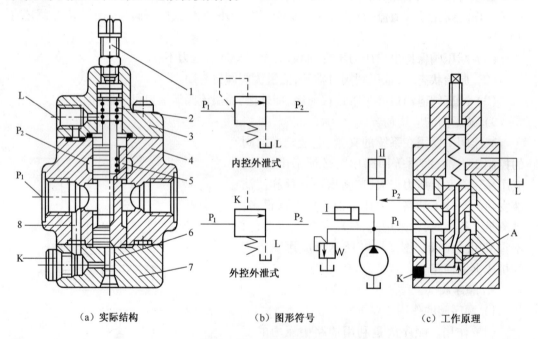

（a）实际结构　　　　　（b）图形符号　　　　　（c）工作原理

图2-49　直动式顺序阀

1—调节螺钉;2—弹簧;3—阀盖;4—阀体;5—阀芯;6—控制活塞;7—端盖;8—孔道。

泵启动后,油源压力克服负载使液压缸 I 运动,当 P_1 口压力升高至作用在柱塞面积 A 上的液压力超过弹簧调定压力时,阀芯便向上运动,使 P_1 口和 P_2 口接通。油源压力经顺序阀口后克服液压缸 II 的负载使活塞运动。这样利用顺序阀实现了液压缸 I 和 II 的顺序动作。

各种顺序阀的控制与泄油方式及其图形符号如表2.9所列。

表 2.9　各种顺序阀的控制与泄油方式及其图形符号

控制与泄油方式	内控外泄	外控外泄	内控内泄	外控内泄	内控外泄加单向阀	外控外泄加单向阀	内控内泄加单向阀	外控内泄加单向阀
名称	顺序阀	外控顺序阀	背压阀	卸荷阀	内控单向顺序阀	外控单向顺序阀	内控平衡阀	外控平衡阀
图形符号								

3) 顺序阀的应用范围

(1) 控制系统中多个执行元件的顺序动作,如图 2-50(a) 所示。

(2) 在竖缸或液压马达系统中作平衡阀用,如图 2-50(b) 所示。

(3) 外控顺序阀可作卸荷阀用,如图 2-50(c) 所示。双泵供油系统的液压缸要求高压、小流量泵供油时,大流量泵经外控顺序阀卸荷,小流量泵继续供油。

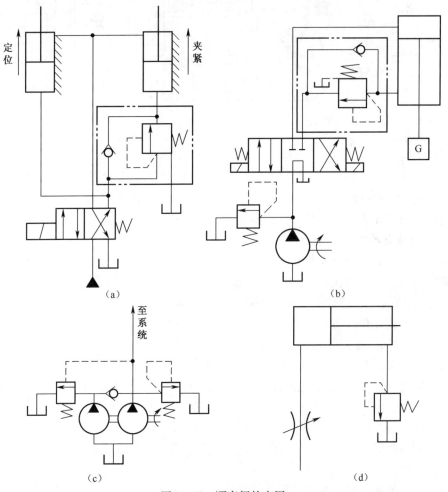

图 2-50　顺序阀的应用

（4）内控顺序阀可作背压阀用。将出口接油箱，与溢流阀作背压阀时的用法和作用相同，如图2-50（d）所示。

4. 背压阀

回油（返回油箱的油液）的阻力称为背压，专门用于产生背压的阀统称背压阀。在单泵供油系统中，当采用电液换向阀或液动换向阀在常态位使泵卸荷时，在阀的进油路或回油路上设置背压阀，使系统恢复工作时，泵的供油能有足够的控制压力切换液动阀。有些系统中设置背压阀，对于消除运动部件爬行，提高速度稳定性也大有好处。

溢流阀、顺序阀，以及刚性较大弹簧的单向阀等都可作为背压阀用。这类阀一经调定，背压便是定值。但在有些场合希望背压是可变的，以减少功率损耗，提高承载能力。负荷相关背压阀（或称自调背压阀）便能实现这一要求。这种阀可使背压随负荷变化，实现负荷增大，背压自动减小，反之，负荷减小，背压自动增大的目的。图2-51所示是背压阀的结构和工作原理。

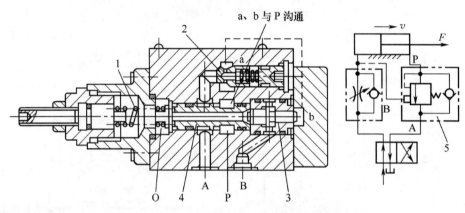

图2-51　负荷相关的背压阀

1—调压弹簧；2—单向阀；3—控制活塞；4—阀芯；5—中负荷相关背压阀。

液压缸无杆腔（即阀的油口B）的压力增高，推动背压阀阀芯进一步左移，使油口P和A之间的开度增大，P处的压力（即缸的背压）则自动下降；反之则背压自动升高。

5. 压力继电器

压力继电器是一种液—电信号转换元件。当控制油的压力达到调定值时，便触动电气开关发出电信号，控制电气元件（如电机、电磁铁、电磁离合器等）动作，实现泵的加载或卸载、执行元件顺序动作、系统安全保护和元件动作连锁等。任何压力继电器都由压力—位移转换装置和微动开关两部分组成。按前者的结构分为柱塞式、弹簧管式、膜片式和波纹管式4类，其中柱塞式最为常用。

图2-52所示为单柱塞式压力继电器的结构原理图和图形符号。压力油从P口进入作用在柱塞底部，若其压力已达到弹簧的调定值时，便克服弹簧阻力和柱塞摩擦力，推动柱塞上升，通过顶杆触动微动开关发出电信号。限位挡块可在压力超载是保护微动开关。

压力继电器的性能主要有以下两项。

（1）调压范围。即发出电信号的最低和最高工作压力间的范围。拧动调节螺丝，即可调整工作压力。

（2）通断返回区间。压力继电器发出电信号时的压力称为开启压力，切断电信号的

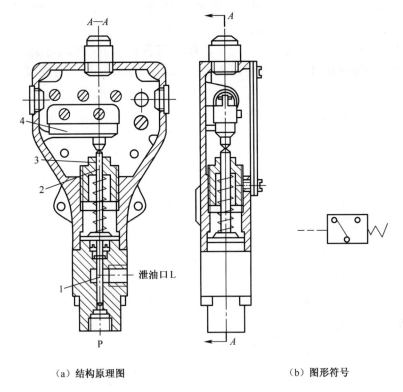

（a）结构原理图　　　　　　　　　　　　（b）图形符号

图 2 - 52　单柱塞式压力继电器

1—柱塞;2—顶杆;3—调节螺钉;4—微动开关。

压力称为闭合压力。开启时柱塞、定杆移动所受摩擦力方向与压力方向相反,闭合时则相同,故开启压力比闭合压力大。两者之差称为通断返回区间。通断返回区间应有足够的数值,否则压力波动时,压力继电器发出的电信号会时断时续。为此,有的产品在结构上可人为地调整摩擦力的大小,使通断返回区间的数值可调。

2.3.4　流量控制阀

流量控制阀是依靠改变阀口通流面积的大小,来调节通过阀口的流量,从而改变执行元件(液压缸和液压马达)的运行速度。流量控制阀有节流阀、调速阀、溢流节流阀和分流集流阀等。

1. 流量控制阀的作用和要求

（1）作用。流量控制阀的作用是通过改变阀口过流面积来调节输出流量,从而控制执行元件的运动速度。流量控制阀分节流阀、调速阀和分流阀等。

（2）要求。对流量控制阀基本要求是有足够的流量调节范围;能保证的最小稳定流量小;温度压力对流量的影响小及调节方便等。

2. 节流阀

如图 2 - 53 所示,压力油从进油口 P_1 进入,经节流口从出口 P_2 流出。节流口所在的阀芯锥部通常开有 2 个或 4 个三角槽(节流口还有其他形式)。调节手轮 5,进、出油口之间通流面积发生变化,即可调节流量。其中,弹簧 1 用于顶紧阀芯保持阀口开度不变。此种结构的节流阀调节范围大,有较低的稳定流量,调节方便省力,但流量受温度影响较大。

1)节流阀的流量和影响流量稳定的因素

节流阀的输出流量与节流口的结构形式有关,实用的节流口都介于理想薄刃孔和细长孔之间其流量特性可用小孔流量通用公式 $q = KA_T\Delta P^m$ 来描述,特性曲线如图 2-54 所示。我们希望节流阀阀口面积 A_T 一经调定,通过的流量不变化,以使执行元件速度稳定。但实际上是做不到的,其主要原因如下。

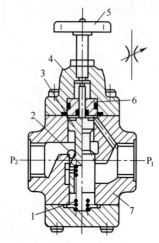

图 2-53 节流阀

1—弹簧;2—节流口;3—阀芯;4—顶盖;
5—手轮;6—导套;7—阀体。

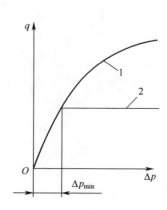

图 2-54 流量阀的流量特性

(1)负载变化的影响。液压系统中的负载一般是变化的,它是执行元件的工作压力随之变化,从而导致节流阀前后压差 ΔP 变化,由小孔流量公式可见,流量随之变化。一般薄刃孔 m 值最小,负载变化对流量的影响也最小,如图 2-54 图中的曲线 1 所示。

(2)温度变化的影响。油温变化引起油的黏度变化,小孔流量公式中的系数 K 将发生变化从而流量变化。显然,节流孔越长影响越大,薄刃孔温度影响最小。

2)节流阀的阻塞和最小稳定流量

当节流阀开度很小时,流量会出现不稳定甚至断流的现象,称为节流阀的阻塞。这是因为节流口处高速的液流产生局部高温,致使油液氧化,生成胶质沉淀,甚至引起油中炭的燃烧产生灰烬。这些生成物和油中原有杂质结合,节流口表面逐渐形成附着层,它不断堆积又不断被高速液流冲掉,流量就不断地发生波动。附着层堵死节流口时,便出现断流。因此,节流阀有一个能正常工作(无断流,且流量变化率不大于10%)的最小流量限制,称为节流阀的最小稳定流量。轴向三角槽式节流口的最小稳定流量为30~50mL/min,薄刃孔可达 10~15mL/min。

在实际应用中,防止节流阀阻塞的措施如下。

(1)油液要精密过滤。实践证明,为除去铁质污染采用带磁性的滤油器效果更好。精度可达 5~10μm,能显著改善阻塞现象。

(2)节流阀两端压差要适当。压差大,节流口能量损失大,温度高,同流量时过流面积小,易引起阻塞。因此一般取 $\Delta p = 0.2 \sim 0.3$MPa。

3. 调速阀

（1）调速阀工作原理。图 2-55 所示为调速阀。液压泵出口（即调速阀进口）压力 p_1 由溢流阀调定，基本上保持恒定。调速阀出口处的压力 p_2 由活塞上的负载 F 决定。所以，当 F 增大时，调速阀进、出口压差 $p_1 - p_2$ 将减小。若在系统中装的是普通节流阀，则由于压差的变动，影响通过节流阀的流量，从而影响活塞运动的速度不能保持恒定。

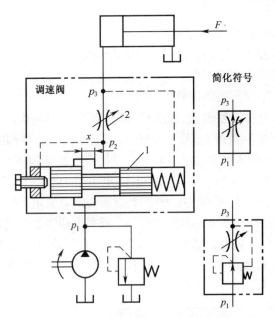

图 2-55　调速阀的工作原理及符号
1—定差减压阀；2—节流阀。

　　调速阀是在节流阀的前面串接一个定差减压阀，使油液先经减压阀产生一次压力降，将压力降到 P_m。利用减压阀芯的自动调节作用，使节流阀前后压差 $\Delta P = P_m - P_2$ 基本保持不变。

　　（2）温度补偿调速阀。普通调速阀基本上解决了负载变化对流量的影响，但油温变化对流量的影响依然存在。当油温变化时，油的黏度随之变化，引起流量变化。为减小温度对流量的影响，可使用温度补偿调速阀。图 2-56 所示为温度补偿调速阀。在节流阀阀芯和调节螺钉之间安放一个热膨胀系数较大的聚氯乙烯推杆，当温度升高时，油液黏度降低，通过的流量增加，这时温度补偿杆伸长使节流口变小，从而补偿温度对流量的影响。温度补偿调速阀的最小稳定流量可达 $0.02\mathrm{mL/min}$。

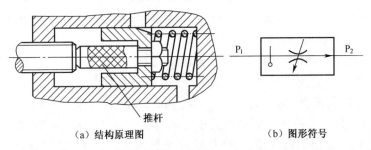

（a）结构原理图　　　　　　　　　（b）图形符号

图 2-56　温度补偿调速阀

4. 插装阀

插装式锥阀又称插装式二位二通阀,简称插装阀,在高压大流量的系统中应用最广,由于插装式元件已经标准化,将几个插装式元件进行简单的组合便可组成复合阀,它和普通液压阀相比较,具有以下优点。

(1) 通流能力大,特别适用于大流量的场合,它的最大通径可达 $200 \sim 250\text{mm}$,通过的流量可达 10000L/min。

(2) 阀芯动作灵敏,抗堵塞能力强。

(3) 密封性好,泄漏小,油液流经阀口压力损失小。

(4) 结构简单,易于实现标准化。

1) 插装阀的结构原理及图形符号

如图 2-57 所示,它由控制盖板、插装单元(由阀套、弹簧、阀芯及密封件组成)插装块体和先导元件(置于控制盖板上,图中未画出)组成。由于这种阀的插装单元在回路中主要起控制通、断作用,故又称为二通插装阀。控制盖板将插装单元封装在插装块体内,并沟通先导阀和插装单元(又称主阀)。通过主阀阀芯的启闭,可对主油路的通、断起控制作用。使用不同的先导阀,可构成压力控制、方向控制或流量控制,并可组成复合控制。将若干个不同控制功能的二通插装阀组装在一个或多个插装块体内便组成液压回路。

图 2-57 所示的 A、B 为主油路的工作油口,C 为控制油口。设 A、B、C 的油液压力分布为 P_a 、P_b 和 P_c ;锥阀阀芯 4 上的有效作用面积分别为 A_a 、A_b 和 A_c ,且 $A_c = A_a + A_b$;弹簧 3 的作用力为 F_s 。

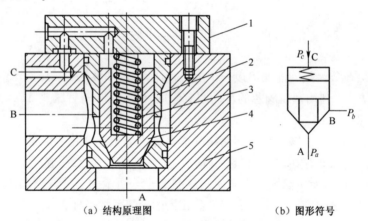

(a) 结构原理图　　　　(b) 图形符号

图 2-57　插装阀的结构原理图及图形符号

1—控制盖板;2—阀套;3—弹簧;4—锥阀阀芯;5—插装阀体。

当 $P_a A_a + P_b A_b < P_c A_c + F_s$ 时,阀口关闭,A、B 油口不通;当 $P_a A_a + P_b A_b \geqslant P_c A_c + F_s$ 时,阀口开启,A、B 油口相通。

实际工作时,通过改变控制油口 C 的油液压力 P_c ,可以控制 A、B 油口的通断。当油口 C 接油箱,则 $P_c = 0$,阀芯下部的液压力大于上部的弹簧力时,阀芯被顶开。至于液流的方向,视 A、B 口的压力大小而定,当 $P_a > P_b$ 时,液流由 A 口流向 B 口;当 $P_a < P_b$ 时,液流由 B 口流向 A 口。当控制油口 C 接通压力油,且 $P_c \geqslant P_a$ 、$P_c \geqslant P_b$ 时,阀芯在上下两端压力差的作用下关闭油口 A、B。这时,锥阀就起到逻辑元件"非"门的作用,所以插装

阀又称为逻辑阀。

2）插装阀用作方向控制阀

（1）作单向开阀。如图 2-58（a）所示，将控制油口 C 与 A 或 B 连接，可组成插装式单向阀。图中控制油口 C 和 B 口连通，当 $P_a < P_b$ 时，锥阀关闭，A 口与 B 口不通；当 $P_a > P_b$ 时，锥阀开启，即成为从 A 口流向 B 口的单向阀。如图 2-58（b）所示，控制油口 C 与 A 口连通，当 $P_a > P_b$ 时，锥阀关闭，A 口与 B 口不通；当 $P_a < P_b$ 时，锥阀开启，即成为从 B 口流向 A 口的单向阀。

如图 2-58（c）所示，在控制盖板上接一个二位三通液控换向阀来变换 C 腔的压力，当液控换向阀的控制口 K 不通压力油，换向阀处于右位工作时，油液由 A 流向 B，即为单向阀；当换向阀的控制口 K 通压力油，换向阀处于左位工作时，锥阀上腔控制口与游戏连通，从而时油液可以由 B 口流向 A 口，即成为液控单向阀。

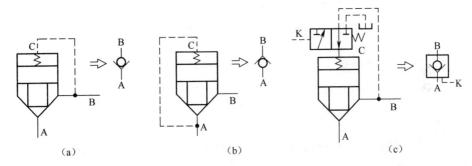

图 2-58　插装阀作单向阀

（2）作二位二通阀。如图 2-59（a）所示，由二位三通电磁换向阀作为先导元件控制 C 口的通油方式，在图示状态下，控制腔 C 与油口 B 接通，A 口进油可顶开阀芯通油，而 B 口进油则使阀口关闭，相当于油液从 A 口流向 B 口的单向阀。当电磁铁通电，二位三通阀右位工作时，控制腔 C 通过二位三通阀和油箱接通，此时，无论 A 口进油还是 B 口进油均可将阀口开启通油，即 A、B 口互通。

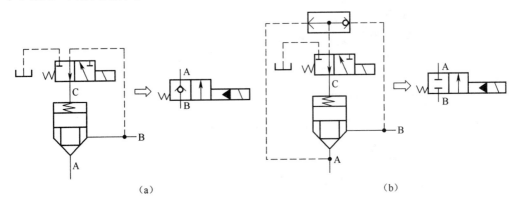

图 2-59　插装阀作二位二通阀

如图 2-59（b）所示，在控制油路中加了一个梭阀，梭阀的作用相当于两个单向阀。当二位三通电磁阀不通电处于左位工作时，控制腔 C 的压力始终为 A、B 两油口中压力较高者。因此，无论是 A 口进油，还是 B 口进油，阀口均处于关闭状态，油 A、B 不通。当电磁铁通电,二位三通阀右位工作时,A、B 口互通(道理同图 2-59(a))。

(3) 作二位四通阀。用 4 个插装阀及相应的先导阀可组成一个四通阀。如图 2-60 所示,用一个二位四通电磁先导阀对 4 个锥阀进行控制,就构成了二位四通插装阀。在图示状态下,锥阀 1 和 3 因其控制腔通油箱而开启,锥阀 2 和 4 因其控制腔通压力油而关闭,此时,主油路压力油口 P 与 B 相通,A 与 T 相通;当电磁阀通电换为左位工作时,锥阀 1 和 3 因其控制腔通压力油而关闭,锥阀 2 和 4 因其控制腔通油箱而开启,此时,主油路压力油口 P 与 A 相通,B 与 T 相通。

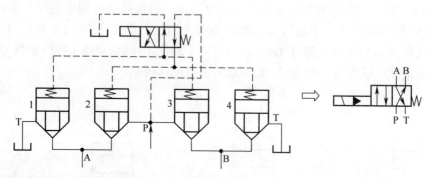

图 2-60 插装阀作二位四通阀

3) 插装阀用作压力控制阀

采用带有阻尼孔的插装阀芯,并对插装元件的 C 腔进行压力控制,即可构成各种压力控制阀,其结构原理图如图 2-61(a)所示。用直动型溢流阀作为先导阀来控制 C 腔,在不同的油路连接下便构成不同的压力阀。

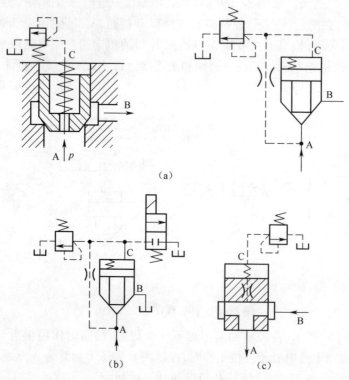

图 2-61 插装阀作压力控制阀

如图 2-61(b)所示,B 腔通油箱,当 A 腔油压升高到先导阀的调定的压力时,先导阀打开,油液流过主阀芯阻尼孔时,造成两端压力差,使主阀芯克服弹簧阻力开启,A 腔压力油便通过打开的阀口经 B 腔流回油箱,实现液流稳压,即成为插装溢流阀。当二位二通电磁铁通电时,即可作为卸荷阀使用。

如图 2-61(b)所示,若 B 腔不接油箱,而与负载油路连接,就构成了插装式顺序阀。

如图 2-61(c)所示,主阀采用油口常开的阀芯,B 腔为进油口,A 腔的压力油经内设阻尼孔与 C 腔先导压力阀相通。当 A 口压力上升达到或超过先导压力阀的调定压力时,先导压力阀开启,在阻尼孔压力差作用下,滑阀芯上移,关小阀口 h,控制出口压力为一定值,所以构成了插装式减压阀。

4) 插装阀用作流量控制阀

在控制盖板上安装行程调节器(调节螺杆),以控制阀芯的开启高度,改变阀口的通流面积大小,则锥阀可起流量控制阀的作用。

图 2-62(a)所示为手调插装式节流阀,其阀芯端部开有三角沟槽,用来调节流量。如图 2-62(b)所示,如果在插装式节流阀前串接一插装式定差减压阀,减压阀阀芯两端分别于节流阀进出口相通,和普通调速阀的压力一样,利用减压阀的压力补偿功能来保证节流阀进出口压力差基本为定值,使通过节流阀的流量不受负载压力变化的影响,这就构成了插装式调速阀。

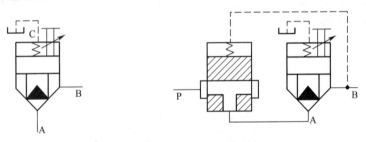

图 2-62　插装阀作流量控制阀

5. 电液比例控制阀

电液比例控制阀是介于普通液压阀开关式控制和电液伺服控制之间的控制方式。它能实现对液流压力和流量连续地、按比例跟随控制信号变化而变化,其控制性能优于开关式控制,与电液伺服控制相比,其控制精度和相应速度较低,但成本低,抗污染能力强,近年来在国内外得到重视,发展较快。

电液比例控制阀有普通液压阀加上电—机械比例转换装置构成。电液比例控制阀一般都有压力补偿功能,所以它的输出压力和流量不受负载变化的影响。它广泛应用于对液压参数进行连续、远距离控制或程序控制。

1) 电液比例压力阀

图 2-63 所示为电液比例压力阀的结构原理图和图形符号。由压力阀 1 和移动式力马达 2 两部分组成。当力马达的线圈通入电流时,推杆 3 通过钢球 4 和弹簧 5 把电磁推力传给锥阀 6,推力大小与电流成比例,当进口 P 处的压力油作用在锥阀上的力超过弹簧力时,锥阀打开,油液通过 T 口排出。只要连续地按比例调节输入电流,就能连续地按比例控制锥阀的开启压力。这种阀可作为直动型压力阀使用,也可作为压力阀的先导阀,与

普通溢流阀、减压阀和顺序阀的主阀组合,从而构成电液比例溢流阀、电液比例减压阀和电液比例顺序阀。

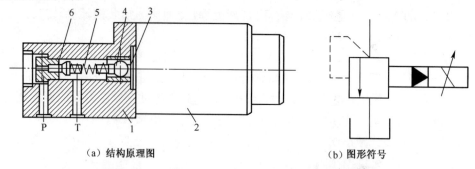

（a）结构原理图　　　　　　　　　　（b）图形符号

图 2 - 63　　电液比例压力阀的结构原理图和图形符号

1—压力阀;2—移动式力马达;3—推杆;4—钢球;5—弹簧;6—锥阀。

2）电液比例调速阀

用比例电磁铁改变节流阀的开度,就成为比例节流阀。将此阀和定差减压阀组合在一起就成为比例调速阀。图 2 - 64 所示为电液比例调速阀的结构。当无信号输入时,节流阀在弹簧作用下关闭阀口,无浏览输出。当有信号输入时,电磁铁产生于电流大小成比例的电磁力,通过推杆 4 推动节流阀阀芯左移,使其开口 K 随电流大小变化而变化,得到与信号电流成比例的流量。若输出电流是连续地按比例变化,则比例调速阀的流量也连续地按同样比例变化。

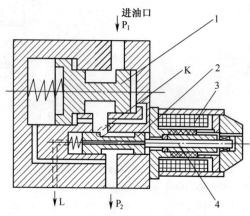

图 2 - 64　　电液比例调速阀

1—减压阀;2—节流阀;3—比例电磁铁;4—推杆。

■ 任务实施

实训 5　先导式溢流阀的拆装

1. 实训要求

（1）认识先导式溢流阀的组成(主阀部分与先导阀部分)。

（2）搞清所拆卸先导式溢流阀的工作原理及各部分的结构关系。

（3）工具技术要求，正确拆卸和组装先导式溢流阀。

2. 实训场地和设备

（1）实训场地：液压实训室、实训基地。

（2）实训设备：先导式溢流阀；内六角扳手、固定扳手、螺丝刀和铜棒等其他相关工具。液压组合实训台、模拟仿真软件、液压系统组成实验台。

3. 原理与步骤

（1）观察所拆卸的先导式溢流阀，作为它的工作原理及各部分的结构关系，先导式溢流阀实物图和剖面图如图2-65所示。

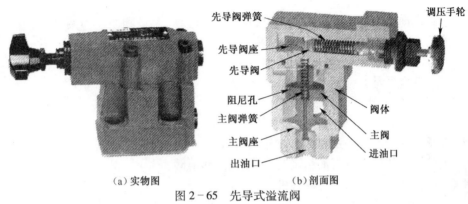

（a）实物图　　　　　　　（b）剖面图

图2-65　先导式溢流阀

（2）学生分组拆卸先导式溢流阀，在拆卸先导式溢流阀时，要注意拆卸顺序，最好按零件的拆卸顺序编号，在指定位置摆放好零件，不要乱扔乱放，弄清主要零件的结构和计算要求。

（3）对于密封圈、定位销、螺栓、螺母鸡垫片等标准件，要检查是否损坏，若损坏必须更换。

（4）使用清洗剂把零件表面的油污、锈迹和黏附的机械杂质等清洗掉，干燥后用不起毛的布擦干净，保持零件的清洁。

（5）按技术要求组装先导式溢流阀，注意一般组装的顺序和拆卸的顺序相反。

（6）组装好后，请教师检查是否合格，如果不合格，分析其原因，并重新组装。

4. 注意事项

（1）在拆卸先导式溢流阀时，要保持场地和元件的清洁。

（2）在拆卸先导式溢流阀时，要用专用或教师指定的工具。

（3）组装时不要将元件装反，注意元件的安装位置、配合表面及密封元件，不要拉伤配合表面和损坏密封元件。

（4）在拆装先导式溢流阀时，如果某些液压元件出现卡死现象，不要用锤子敲打，要在教师的指导下，用加润滑油等方法来解除卡死现象。

（5）组装完毕要检查现场，以防漏装元件。

5. 复习思考

（1）拆开先导式液流，观察其结构，说明其工作原理。

（2）主阀的内外孔道是怎样连通的？

（3）主阀和先导阀各有什么作用？两个弹簧各起什么作用？

（4）使用时各油孔与液压传动系统是怎样连接的？

■自我测试

2-3-1　填空题

1. 液压控制阀按连接方式不同，有（　　）、（　　）和（　　）3种连接。

2. 单向阀的作用是（　　），正向通油时应（　　），反向时（　　）。

3. 按阀芯运动控制方式不同，换向阀可分为（　　）、（　　）、（　　）、（　　）和（　　）换向阀。

4. 电磁换向阀的电磁铁按所接电源的不同可分为（　　）和（　　）两种。

5. 液压系统中常见的溢流阀按结构分为（　　）和（　　）两种。前者一般用于（　　），后者一般用于（　　）。

6. 压力继电器是一种能将（　　）转换为（　　）的液压电器转换装置。

2-3-2　判断题

1. 换向阀只能用于换向，不能用于其他目的。

2. 节流阀和调速阀分别用于节流和调速，属于不同类型的阀。

3. 当顺序阀的出油口与油箱接通时，即成为卸荷阀。

4. 顺序阀和溢流阀在某些场合可以互换。

5. 背压阀是一种特殊的阀，不可以用其他阀代替。

6. 通过节流阀的流量与节流阀通流面积成正比，与阀两端的压力差大小无关。

2-3-3　问答题

1. 什么是三位换向阀的中位机能？有哪些采用的中位机能？中位机能的作用如何？

2. 从结构原理图和图形符号上，说明溢流阀、减压阀和顺序阀的异同点及各自特点。

3. 先导型溢流阀中的阻尼小孔起什么作用？是否可以将阻尼小孔加大或堵塞？

4. 为什么说调速阀比节流阀的性能好？两种阀各用在什么场合较为合理？

5. 试分析比例阀、插装阀与普通液压阀相比有何优缺点？

2-3-4　计算题

1. 图2-66所示液压缸中，$A_1 = 30 \times 10^{-4} m^2$，$A_2 = 12 \times 10^{-4} m^2$，$F = 30 \times 10^3 N$，液控单向阀用作闭锁以防止液压缸下滑，阀内控制活塞面积 A_k 是阀芯承压面积 A 的3倍，若摩擦力、弹簧力均忽略不计。试计算需要多大的控制压力才能开启液控单向阀？开启前液压缸中最高压力为多少？

2. 图2-67所示为一夹紧回路若溢流阀的调定压力 $P_y = 5MPa$，减压阀的调定压力

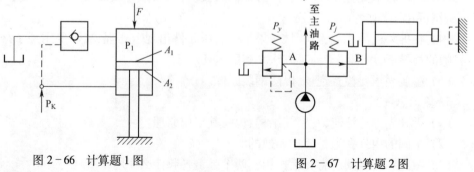

图2-66　计算题1图　　　　　　　图2-67　计算题2图

$P_j = 2.5\text{MPa}$。试阀芯活塞空载运动时，A、B 两点的压力各为多少？工件夹紧后活塞停止运动时，A、B 两点的压力各为多少？

3. 如图 2‑68 所示，已知无杆腔活塞面积 $A = 100\text{cm}^2$，液压泵的供油量为 63L/min，溢流阀的调整压力 $P_y = 5\text{MPa}$。当作用在液压缸上的负载 F 分别为 0kN、54kN 时不计损失，试分析确定液压缸的工作压力为多少？液压缸的运动速度和溢流阀流量为多少？

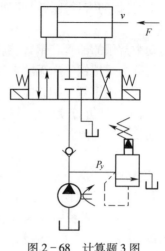

图 2‑68　计算题 3 图

任务 4　液压辅助元件的识别

▌任务描述

　　液压辅助元件是液压传动系统中的辅助装置，用来完善液压系统的正常工作。液压辅助元件主要包括油管、管接头、油箱、热交换器、滤油器、蓄能器、密封装置、仪表等。这些元件如果选择和使用不当，对液压系统的工作性能、工作寿命、噪声和温升等都有直接影响，甚至使液压系统无法正常工作。

　　本任务将介绍液压辅助元件的用途、工作原理以及选用原则。通过任务的实施，掌握液压辅助元件的识别与应用的基本技能。

▌任务分析

　　油管用来连接液压系统中的各种液压元件。油管分为硬管和软管两类。

　　管接头是用来连接油管与油管、油管与液压元件之间的可拆式连接件。它必须保证工作液体的循环流动和能量的传递，具有能量损失小、有足够的强度、密封良好和装拆使用工作。

　　蓄能器用来储存油液多余的压力能，并在需要时释放出来供给系统。

　　测量参数仪表主要用来测量系统中的各种性能参数，主要有压力表、流量计、温度计、转速和扭矩测量仪等。

　　通过液压辅助元件的识别，掌握液压辅助元件的类型及用途、工作原理及其特性，并能正确选用液压辅助元件。

2.4.1　油管和管接头

　　液压系统的元件利用油管和管接头进行连接，以传送工作介质。油管和管接头应具有足够的强度,良好的密封性,并且压力损失小,装拆方便。

1. 油管

液压传动中常用的油管有钢管、铜管、橡胶软管、尼龙管和塑料管等。

(1)钢管分为焊接钢管和无缝钢管。压力小于 2.5MPa 时,可用焊接钢管;压力大于 2.5MPa 时,常用无缝钢管。钢管能承受高压、价格低廉、耐油、抗腐蚀、刚性好,但装配时不能任意弯曲;常在装拆方便处用做压力管。

(2)紫铜管易弯曲成各种形状,但承压能力一般不超过 6.5~10MPa,抗振能力较弱,又易使油液氧化;通常用在液压装置内部不便配接之处和小型设备上。

(3)橡胶软管用于两个相对运动部件之间的连接,分高压和低压两种。高压软管由耐油橡胶夹几层钢丝编织网制成,钢丝网层数越多,承受的压力越高,其最高承压可达 42MPa,常用作中、高压系统中的压力油管。低压软管由耐油橡胶夹帆布制成,承受压力一般在 10MPa 以下,可用作回油管。橡胶软管安装方便,不怕振动,可吸收部分液压冲击。

(4)尼龙管为乳白色半透明的新型油管,加热后可以随意弯曲成形或扩口,冷却后又能定形不变,承压能力因材质而异,自 2.5~8MPa 不等。目前多用于低压系统或作为回油管。

(5)塑料管一般只用于压力低于 0.5MPa 的回油管和泄漏油管。

2. 管接头

管接头是油管与油管、油管与液压元件之间可拆卸的连接件,应满足连接牢固、密封可靠、液阻小、结构紧凑、拆装方便等要求。

管接头的种类很多,按接头的通路方向可分为直通、直角、三通、四通、铰接等形式;按其与油管的连接方式分为管端扩口式、卡套式、焊接式、扣压式等。管接头与机体的连接常用圆锥螺纹和普通细牙螺纹。用圆锥螺纹连接时,应外加防漏填料;用普通细牙螺纹连接时,应采用组合密封垫(熟铝合金与耐油橡胶组合)。常见的管接头类型和特点如表 2.10 所列。

表 2.10 常见管接头类型和特点

类型	机构图	特点
扩口式管接头		利用管子端部扩口进行密封,不需要其他密封件。适用于薄壁铜管及尼龙管和塑料管的连接。一般用于中、低压系统
焊接式管接头		接头与钢管焊接在一起,端部用 O 形密封圈密封。对管子尺寸精度要求不高,工作压力可达 32MPa。广泛用于高压系统
卡套式管接头		利用卡套的变形卡住管子进行密封。轴向尺寸不严格,易于安装。工作压力可达 32MPa,但对管子外径及卡套制作精度要求较高

类 型	机 构 图	特 点
球形管接头		利用球面进行密封,不需要其他密封件,但对球面和锥面加工精度有一定要求
扣压式管接头(软管)		管接头由接头外套和接头芯组成,软管装好后再用模具扣压,使软管得到一定的压缩量。此接头具有较好的抗拔脱和密封性能
可拆管接头(软管)		在外套和接头芯上做成六角形,便于经常拆装软管,适于维修和小批量生产。此结构装配比较费力,适用于小管径连接
伸缩管接头		接头由内管和外管组成,内管可在外管内自由滑动并用密封圈密封。内管外径必须进行精加工。适用于连接两元件有相对直线运动的管子
快换管接头		管子拆开后可自行密封,管道内的油液不会流失。其结构比较复杂,局部压力损失较大。用于经常拆卸的场合

2.4.2 油箱

1. 油箱的功用

油箱在液压系统中的主要功用是储存液压系统所需的足够油液,散发油液中的热量,分离油液中气体及沉淀污物。另外对于中小型液压系统往往把泵装置和一些元件安装在油箱顶板上,使液压系统结构紧凑,如液压站。

2. 油箱的结构和符号

油箱有总体式和分离式两种。油箱常用钢板焊接而成,可采用不锈钢板、镀锌钢板或普通钢板内涂防锈的耐油涂料。油箱的典型结构如图 2-69 所示。吸油管 1 与回油管 4 相距较远,其中间有两个隔板 7、9,隔板 7 可阻挡沉淀杂质进入吸油管,隔板 9 可阻挡气泡进入吸油管,杂质可以从放油阀 8 放出,空气过滤器 3 设在回油管一侧的上部,兼有加油和通气的作用,6 是液位计。油箱顶部的上盖 5 用于安装电动机、液压泵和集成块等部件,当彻底清洗油箱时可将上盖 5 卸下。

如果将压力为 0.05MPa 左右的压缩空气引入油箱中,使油箱内部压力大于外部压力,这时外部空气和灰尘就不可能被吸入,提高了液压系统的抗污染能力,改善了吸入条件,这就是所谓的压力油箱。

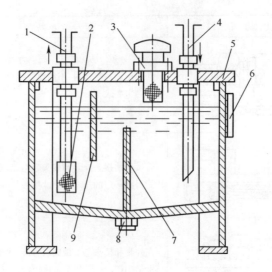

图 2 - 69　油箱的典型结构(分离式油箱)

1—吸油管;2—过滤器;3—空气过滤器;4—回油管;5—上盖;6—油位计;7、9—隔板;8—放油阀。

油箱属于非标准件,在实际情况下,常根据需要自行设计,油箱设计时主要考虑的因素有油箱的容积、结构和散热等问题,具体可参见液压传动设计手册。

2.4.3　过滤器的类型与安装

1. 过滤器的主要性能参数

过滤器的功用就是滤去油液中杂质,维护油液的清洁,防止油液污染,保证液压系统正常工作。需要指出的是,过滤器的使用仅是减少液压介质污染的手段之一,要使液压介质污染降低到最低限度,还需要与其他清除污染手段相配合。

主要性能参数有过滤精度、过滤比、过滤能力等。

(1) 过滤精度。滤油器的过滤精度是指介质流经滤油器时,滤芯能够滤除的最小杂质颗粒度的大小,以直径 d 表示,单位为 mm。颗粒度越小,其过滤精度越高,一般分为四级:粗滤油器 $d \geqslant 0.1mm$,普通滤油器 $d \geqslant 0.01mm$,精滤油器 $d \geqslant 0.005mm$,特精滤油器 $d \geqslant 0.001mm$。

系统压力越高,相对运动表面的配合间隙越小,要求的过滤精度就越高。因此,液压系统的过滤精度主要取决于系统的工作压力。实践证明,采用高精度过滤器,液压泵和液压马达的寿命可延长 4~10 倍,可基本消除油液污染、阀卡紧和堵塞等故障,并可延长液压油和过滤器的寿命。

(2) 过滤比。滤油器的作用也可用过滤比来表示,指滤油器的上游油液单位容积中大于某一给定尺寸的颗粒数与下游油液单位容积中大于同一尺寸的颗粒数之比。国际标准 ISO-4572 推荐过滤比的测试方法是:液压泵从油箱中吸油,油液通过被测滤油器然后回油箱。同时在油箱中不断加入某种规格的污染物(试剂),测量滤油器入口和出口处污染物的数量,即得到过滤比。影响过滤比的因素很多,如污染物的颗粒度及尺寸分布、流量脉动及流量冲击等。过滤比越大,过滤器的过滤效果越好。

（3）过滤能力。过滤器的过滤能力是指在一定压差下允许通过过滤器的最大流量，一般用滤油器的有效过滤面积（滤芯上能通过油液的总面积）来表示。

2. 过滤器的类型

过滤器按过滤精度不同，分为粗过滤器和精过滤器两类；按滤芯材料和结构形式不同，可分为网式、线隙式、纸芯式、烧结式和磁性过滤器等；按过滤方式不同，分为表面型、深度型和中间型过滤器3类。

（1）网式过滤器。这是一种以铜丝网作为过滤材料构成的过滤器，铜丝网3包在四周开有很多窗口的塑料或金属圆筒上。过滤精度由网孔大小和层数决定。它结构简单，通油能力大，压力损失小，但过滤精度低（一般滤去 $d>0.08$mm 的杂质颗粒），一般装在液压系统的吸油管入口处，以保护液压泵。也可以用较密的铜丝网或多层铜丝网做成过滤精度较高的过滤器，装在压油管路中使用，如用于调速阀的入口处。图2-70（a）所示为过滤器的结构原理图，图2-70（b）所示为过滤器的图形符号。

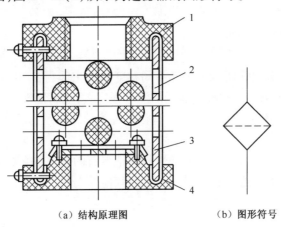

（a）结构原理图　　　　　　（b）图形符号

图2-70　网式过滤器

1—上盖；2—筒形骨架；3—铜丝网；4—下盖。

（2）线隙式过滤器。图2-71所示为线隙式过滤器的结构原理图，它是用铜丝或铝线绕在筒形骨架4组成滤芯，利用线间隙过滤油液。过滤精度取决于铜丝间的缝隙进行过滤。常用线隙式过滤器的过滤精度 $d>0.03$mm，其特点是结构简单、通油能力大，压力损失较小、过滤效果较好，但不易清洗。滤芯强度低，常用于低压系统和泵的吸油口。当滤芯堵塞时，发讯装置将发亮或发声，提醒操作人员清洗或更换滤芯。

（3）纸芯式过滤器。图2-72所示为纸芯式过滤器的结构原理图，可见与线隙式过滤器相似，只是滤芯为纸质，一般滤芯由3层组成：外层2为粗眼钢板网，中层3为折叠成W形的滤纸，里层4有金属丝网与滤纸一并折叠而成。滤芯中央还装有支承弹簧5。纸芯式过滤器的过滤精度 $d>0.05$mm 结构紧凑、通油能力大，其缺点是易堵塞，无法清洗，需经常更换滤芯。多数纸芯式过滤器上方装有堵塞状态发讯装置1，当滤芯堵塞时，发讯装置1发亮或发声，提醒操作人员更换滤芯。一般用于过滤精度要求不高的系统中。

（4）金属烧结式过滤器。它的滤芯是用金属粉末压制后烧结而成，具有杯状、管状、碟状和板状等形状，靠其粉末颗粒间的间隙微孔滤油。

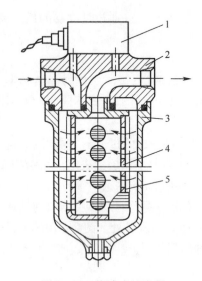

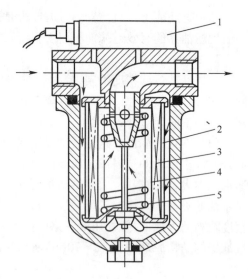

图 2-71　线隙式过滤器

1—发讯装置;2—端盖;3—壳体;4—骨架;5—铜丝。

图 2-72　纸芯式过滤器

1—发讯装置;2、3、4—滤芯外层、中层、里层;5—弹簧。

结构原理图如图 2-73 所示。选择不同粒度的粉末能得到不同的过滤精度,目前常用的过滤精度为 $d>0.01\text{mm}$,这种过滤器的滤芯强度大,抗腐蚀性好,制造简单;缺点是压力损失大($0.03\sim0.2\text{MPa}$),清洗困难,如有颗粒脱落会影响过滤精度,这种过滤器多安装在回油路上。

（5）磁性过滤器。磁性过滤器靠磁性材料把混有的铁屑、铸铁粉之类的杂质吸住,如图 2-74 所示。过滤效果好。这种过滤器常与其他种类的过滤器配合使用。

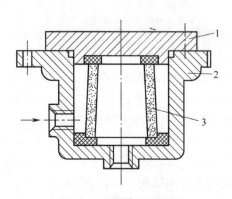

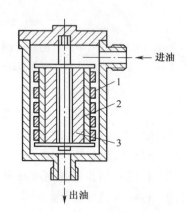

图 2-73　烧结式过滤器

1—端盖;2—壳体;3—滤芯。

图 2-74　磁性过滤器

1—铁环;2—罩子;3—永久磁铁。

3. 过滤器的选用

选用过滤器时应考虑以下几个方面。

（1）过滤精度应满足系统提出的要求。过滤精度是以滤除杂质颗粒度大小来衡量,颗粒度越小则过滤精度越高。

（2）要有足够的通流能力。

（3）要有一定的机械强度,不因液压力而破坏。

（4）考虑过滤器其他功能。

4. 过滤器的安装

过滤器在液压系统中有以下几种安装位置。

（1）安装在泵的吸油口（图2-75中过滤器1）。在泵的吸油口安装网式或线隙式过滤器,防止大颗粒杂质进入泵内,同时有较大通流能力,防止空穴现象。

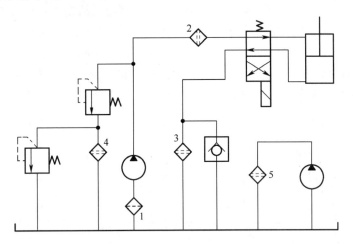

图2-75　过滤器的安装位置

（2）安装在泵的出口（图2-75中过滤器2）。用来保护泵和溢流阀以外的其他元件,要求过滤器具有足够的耐压性能,同时压力损失不大于0.35MPa。为防止过滤器堵塞引起泵过载或滤芯损坏,应将过滤器安装在于液压阀并联的分支油路上,或与过滤器并联一个开启压力稍低于过滤器最大允许压力的溢流阀。

（3）安装在系统的回油路上（图2-75中过滤器3）。这种安装起间接过滤作用,不能直接防止杂质进入液压系统,但能循环地滤除油液中的部分杂质。这种过滤器一般要求并联安装一个背压阀,当过滤器堵塞达到一定压力值时,背压阀打开。

（4）安装在系统的旁路上（图2-75中过滤器4）。过滤器装在系统回油路上,并与一个溢流阀并联。这种过滤器不承受系统压力,也不会给主油路造成压力损失,一般只通过泵的部分流量（20%~30%）,可采用低强度、规格小的过滤器。但过滤效果较差,不宜用在要求较高的液压系统中。

（5）安装在独立的过滤系统（图2-75中过滤器5）。大型液压系统可专设一个液压泵和过滤器组成独立于主液压系统之外的过滤回路。这种方式可以经常清除系统中杂质,但需要增加设备。

液压系统中除了整个系统所需的过滤器外,还常常在一些重要元件（如伺服阀、精密节流阀等）的前面单独安装一个专用的精过滤器来确保它们的正常工作。过滤器应安装在易于检修的地方,便于清洗和更换。为确保安全,最好安装在过滤器堵塞状态的指示装置或发讯装置上。

2.4.4　蓄能器

蓄能器的功用主要是储存油液多余的压力能,并在需要时释放出来。

1. 蓄能器的类型及符号

蓄能器有弹簧式、重锤式和气体式3类。常用的是气体隔离式,它利用气体的压缩和膨胀储存、释放压力能,在蓄能器中气体和油液被隔开,根据隔离的方式不同,气体隔离式又分为活塞式、气囊式和气瓶式3种。下面主要介绍常用的活塞式和气囊式蓄能器。

1)活塞式蓄能器

图2-76(a)所示为活塞式蓄能器,用缸筒2内浮动的活塞1将气体与油液隔开,气体(一般为惰性气体氮气)经充气阀3进入上腔,活塞1的凹部面向充气,以增加气室的容积,蓄能器下腔油口a通液压油。活塞结构简单,安装和维修方便,寿命长,但由于活塞惯性和密封件的摩擦力影响,使活塞动作不够灵敏。最高工作压力为17MPa,容量范围为1~39L,温度适用范围为-4℃~+80℃。适用于压力低于20MPa的系统储能或吸收压力脉动。

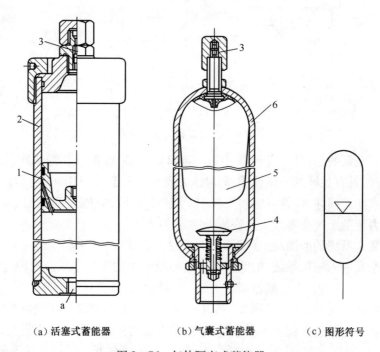

（a）活塞式蓄能器　　　　（b）气囊式蓄能器　　　　（c）图形符号

图2-76　气体隔离式蓄能器

1—活塞;2—缸筒;3—充气阀;4—限位阀;5—气囊;6—壳体。

2)气囊式蓄能器

图2-76(b)所示为气囊式蓄能器,采用耐油橡胶制成的气囊5内腔充入一定压力的惰性气体,气囊外部液压油经壳体底部的限位阀4通入,限位阀还保护气囊不被挤出容器。此蓄能器的气液完全隔开,气囊受压缩储存压力能,其惯性小、动作灵敏,一次充气后能长时间地保存气体,充气也较方便,在液压系统中得到广泛的应用。它的工作压力为3.5~32MPa,容量范围为0.6~200L,温度适用范围为-10℃~+65℃。图2-76(c)所示为气体隔离式蓄能器的图形符号。

2. 蓄能器的选用、安装

（1）蓄能器作为一种压力容器,选用时必须选用有完善质量体系保证,并取得有关部门认可的产品。

（2）选择蓄能器必须考虑与液压系统工作介质的相容性。当系统采用非矿物基液压油时，选择时应特别加以说明。

（3）气囊式蓄能器应垂直安装，油口向下，否则会影响气囊的正常伸缩。

（4）蓄能器用于吸收液压冲击和压力脉动时，应尽可能安装在震源附近，用于补充泄漏。使执行元件保压时，应尽量靠近该执行元件。

（5）安装在管路中的蓄能器必须用支架或支承板加以固定。

（6）蓄能器与管路之间应安装截止阀，以便于充气检修；蓄能器与液压泵之间应安装单向阀，以防止液压泵停车或卸载时，蓄能器内的压力油倒流回液压泵。

2.4.5 压力表附件

1. 压力表

液压系统各工作点的压力一般都用压力表来观测，以调整到要求的工作压力。在液压系统中最常用的是弹簧管式压力表，其工作原理如图 2-77 所示。当压力油进入弹簧弯管 1 时，产生管端变形，通过杠杆 4 使扇形齿轮 5 摆动，带动小齿轮 6，使指针 2 偏转，由刻度盘 3 读出压力值。压力表精度用精度等级来衡量，即压力表最大误差占整个量程的百分数。压力表最大误差占整个量程的百分数越小，压力表精度越高。一般机械设备液压系统采用 1.5~4 级精度等级的压力表，在选用压力表时，其量程应比液压系统压力要高，即压力表量程约为系统最高工作压力的 1.5 倍。

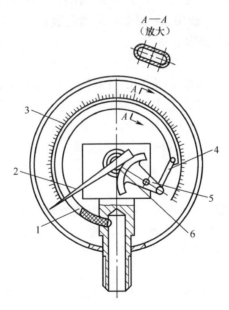

图 2-77　弹簧管式压力表

1—弹簧弯管；2—指针；3—刻度盘；4—杠杆；5—扇形齿轮；6—小齿轮。

压力表不能仅靠一根细管来固定，而应把它固定在面板上，压力表应安装在调整系统压力时能直接观察到的部位。压力表接入压力管道时，应通过阻尼小孔以及压力表开关，以防止系统压力突变或压力脉动而损坏压力表。

2. 压力表开关

压力表与系统的连接需要压力表开关,图 2-78 所示为压力表开关的结构图,旋转手轮可打开或关闭压力表油路,也可以适当调节手轮,由针阀调节油路开口,起到阻尼缓冲的作用,使压力表指针动作平稳。也有其他类型的压力表开关。

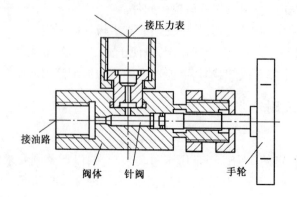

图 2-78　压力表开关的结构图

2.4.6　密封装置的要求与类型

密封是解决液压系统泄漏问题最重要、最有效的手段。其功用在于防止液压系统中液压油的内泄和外漏,保证建立起必要的工作压力;防止外漏还可以减少油液对工作环境的污染,节省油料。因此,正确使用液压系统中的密封装置是非常重要的。

1. 密封装置的重要性和要求

1)密封装置的重要性

液压系统如果密封不良,可能出现不允许的外漏,外漏的油液将会污染环境;还可能使空气进入吸油腔,影响液压泵的工作性能和液压执行元件运动的平稳性(爬行);泄漏严重时,系统容积效率过低,甚至工作压力达不到要求值。若密封过度,虽可防止泄漏,但会造成密封部分的剧烈磨损,缩短密封件的使用寿命,增大液压元件内的运动摩擦阻力,降低系统的机械效率。

2)密封装置的要求

(1)在一定的压力和温度范围内,应具有良好的密封性能。

(2)密封装置和运动件之间的摩擦力要小,摩擦系数要稳定。

(3)抗腐蚀能力强、不易老化、工作寿命长、耐磨性好,磨损后在一定程度上能自动补偿。

(4)结构简单,使用、维护方便,价格低廉。密封按其工作原理可分为非接触式密封和接触式密封。前者主要指间隙密封,后者指密封件密封。

2. 密封装置的类型与特点

1)间隙密封

间隙密封是靠相对运动件配合面之间的微小间隙来进行密封的,常用于柱塞、活塞或阀的圆柱配合副中,一般在阀芯的外表面开有几条等距离的均压槽,它的主要作用是使径向压力分布均匀,减少液压卡紧力,同时使阀芯在孔中对中性好,以减小间隙的方法来减少泄漏。

这种密封的优点是摩擦力小，缺点是磨损后不能自动补偿，主要用于直径较小的圆柱面之间，如液压泵内的柱塞与缸体之间，滑阀的阀芯与阀孔之间的配合。

2）O形密封圈

O形密封圈一般用耐油橡胶制成，其横截面呈圆形，它具有良好的密封性能，内外侧和端面都能起密封作用，结构紧凑，运动件的摩擦阻力小，制造容易，装拆方便，成本低，且高低压均可以用，所以在液压系统中得到广泛的应用。

图 2-79 所示为 O形密封圈的结构和工作情况。图 2-79(a) 所示为外形，图 2-79(b) 所示为其装入密封沟槽的情况，δ_1、δ_2 为 O形密封圈装配后的预压缩量。密封效果通常用压缩率 W 表示，即 $W = [(d_0 - h)/d_0] \times 100\%$，对于固定密封、往复运动密封和回转密封，应分别达到 15%~20%、10%~20% 和 5%~10%，才能取得满意的密封效果。当油液工作压力超过 10MPa 时，O形密封圈在往复运动中容易被油液压力挤入间隙而提早损坏，如图 2-79(c) 所示；为此要在它的侧面安放 1.2~1.5mm 厚的聚四氟乙烯挡圈，单向受力时在受力侧的对面安放一个挡圈，如图 2-79(d) 所示；双向受力时则在两侧各放一个，如图 2-79(e) 所示。

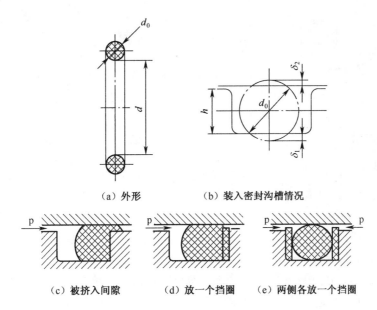

（a）外形　　　（b）装入密封沟槽情况

（c）被挤入间隙　　（d）放一个挡圈　　（e）两侧各放一个挡圈

图 2-79　O形密封圈的结构和工作情况

O形密封圈的安装沟槽，除矩形外，也有 V形、燕尾形、半圆形、三角形等，实际应用中可查阅有关手册及国际标准。

3）唇形密封圈

唇形密封圈根据截面的形状可分为 Y形、V形、U形、L形等，其工作原理如图 2-80 所示。液压力将密封圈的两唇边 $h1$ 压向形成间隙的两个零件的表面。这种密封作用的特点是能随着工作压力的变化自动调整密封性能，压力越高则唇边被压得越紧，密封性越好；当压力降低时唇边压紧程度也随之降低，从而减少了摩擦阻力和功率消耗。除此之外，还能自动补偿唇边的磨损，保持密封性能不降低。

唇形密封圈安装时应使唇边开口面对压力油,使两唇张开,分别贴紧在机件的表面上。

目前,液压缸中普遍使用如图 2-81 所示的所谓小 Y 形密封圈作为活塞和活塞杆的密封。其中图 2-81(a)所示为轴用密封圈,图 2-81(b)所示为孔用密封圈。这种小 Y 形密封圈的特点是断面宽度和高度的比值大,增大了底部支承宽度,可以避免摩擦力造成的密封圈的翻转和扭曲。

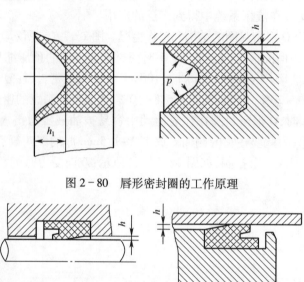

图 2-80　唇形密封圈的工作原理

（a）轴用密封圈　　　　　　　（b）孔用密封圈

图 2-81　小 Y 形密封圈

在高压和超高压情况下(压力大于 25MPa)V 形密封圈也有应用,V 形密封圈的形状如图 2-82 所示。它由多层涂胶织物压制而成,通常由压环、密封环和支承环 3 个圈叠在一起使用,此时已能保证良好的密封性,当压力更高时,可以增加中间密封环的数量。这种密封圈在安装时要预压紧,所以摩擦阻力大。

4）组合式密封装置

随着液压技术的应用日益广泛,系统对密封的要求越来越高,普通的密封圈单独使用已不能很好地满足密封性能,特别是使用寿命和可靠性方面的要求。因此,研究和开发了由包括密封圈在内的两个以上元件组成的组合式密封装置。

图 2-83(a)所示为由 O 形密封圈与截面为矩形的聚四氟乙烯塑料滑环组成的组合式密封装置。其中,滑环紧贴密封面,O 形密封圈为滑环提供弹性预压力,在介质压力等于零时构成密封,由于密封间隙靠滑环,而不是 O 形密封圈,因此摩擦阻力小而且稳定,可以用大于 40MPa 高压;往复运动密封时,速度可达 15m/s;往复摆动与螺旋运动密封时,速度可达 5m/s。矩形滑环组合密封的缺点是抗侧倾能力稍差,在高、低压交变的场合下工作容易漏油。图 2-83(b)所示为由支持环和 O 形密封圈组成的轴用组合式密封装置。由于支持环与被密封件之间为线密封,其工作原理类似唇边密封。支持环采用一种经特别处理的化合物,具有极佳的耐磨性、低摩擦性和保形性,不存在橡胶密封低速时易

产生的"爬行"现象。工作压力可达80MPa。

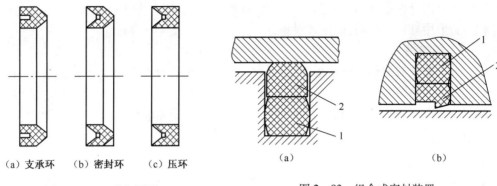

（a）支承环　（b）密封环　（c）压环

图2-82　V形密封圈

图2-83　组合式密封装置
1—O形密封圈;2—滑环。

5）回转轴的密封装置

回转轴的密封装置型式很多,这种密封圈主要用作液压泵、液压马达和回转式液压缸的伸出轴的密封,以防止油液漏到壳体外部,它的工作压力一般不超过0.1MPa,最大允许线速度为4~8m/s,须在有润滑情况下工作。

2.4.7　热交换器

液压系统的工作温度一般希望保持在30℃~50℃的范围之内,最高不超过65℃,最低不低于15℃。液压系统如依靠自然冷却仍不能使油温控制在上述范围内时,就须安装冷却器;反之,如环境温度太低无法使液压泵启动或正常运转时,就须安装加热器。

1. 冷却器

常用的冷却器有风冷式和水冷式两种。风冷式冷却器由风扇和许多带散热片的管子组成。油液从管内流过,风扇迫使空气穿过管子和散热片表面,使油液冷却。最简单的冷却器是蛇形管式冷却器,如图2-84所示。它直接装在油箱中,冷却水从蛇形管内流过,从而带走热量。这种冷却器结构简单,但冷却效率低,耗水量大。

液压系统中使用较多的是强制对流式多管式水冷却器,如图2-85所示。油液从进油口5流入,从出油口3流出;冷却水从进水口7流入,通过图中多根水管后由出水口1流出。油液在水管外部流动时,它的行进路线因冷却器内设置了隔板,用来增加水流循环

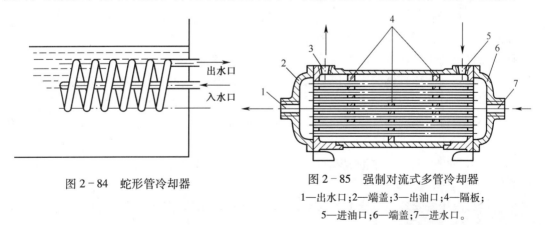

图2-84　蛇形管冷却器

图2-85　强制对流式多管冷却器
1—出水口;2—端盖;3—出油口;4—隔板;
5—进油口;6—端盖;7—进水口。

路线的长度,以改善热交换的效果,散热效率较高。近年来生产出一种翅片式冷却器,每根管子有内外两层,内管中通水,外管中通油,外管上还有许多径向翅片,以增加散热面积。若采用椭圆管,则其散热效果更好。

2. 加热器

液压系统的加热一般常采用结构简单,能按需要自动调节最高和最低温度的电加热器。这种加热器的安装方式是用法兰盘横装在箱壁上,发热部分全部浸在油液内。加热器应安装在箱内油液流动处,以利于热量的交换。由于油液是热的不良导体,单个加热器的功率容量不能太大,以免其周围油液过度受热后发生变质现象。

▌任务实施

实训 6　液压缸和液压系统辅助元件的安装

1. 实训场地及设备

(1)实训场地:液压实训室、液压系统实训基地。

(2)实训设备:液压组合实训台、模拟仿真软件、实验室模拟设备。

2. 实施步骤

本次实训主要明确工作任务、制订计划、做出决策、实施、控制盒评价反馈等6个步骤组织实施。

(1)教师通过图片、多媒体课件或实训现场,讲授液压缸和液压辅助元件的安装及操作安全规程,通过仿真软件演示模拟仿真工作过程操作。

(2)学生分组完成液压缸和液压辅助元件的安装分析、组装、调试与运行。

(3)通过仿真软件检查液压系统的完整性,通过安装、调试掌握液压缸和液压辅助元件的安装与维护以及安全操作技能。

3. 液压辅助元件的安装

1)液压缸的安装

液压缸的安装应扎实、可靠,配管连接不得有松动现象,液压缸的安装面与活塞的滑动面应保持足够的平行度和垂直度。安装液压缸应注意以下要求。

(1)对于脚座固定式的中心轴线应与负载作用力的中心线同心,以避免引起侧向力,侧向力容易使密封件磨损及活塞损坏。对移动物体的液压缸安装时,应使液压缸与移动物体在轨道面上的运动方向保持平行,其平行度一般为0.05mm/m。

(2)安装液压缸体的密封压盖螺钉时,其拧紧程度以保证活塞在全程上移动灵活,无阻滞和轻重不均的现象为宜。螺钉拧得过紧,会增加阻力,加速磨损;过松会引起漏油。

(3)有排气阀或排气螺塞的液压缸,必须将排气阀或排气螺塞安装在最高点,以便排除空气。

(4)在行程大和工作油温高的场合,液压缸的一端必须保持浮动,以防止热膨胀的影响。

(5)液压缸安装在机床上时,必须注意液压缸与机床导轨的平行度和垂直度,其偏差应在 0.1mm/l 全长之内。如果液压缸上母线全长超差,应修刮液压缸的支架底面(高的一面)或修刮机床的接触面来达到要求;如果侧母线超差,可松开液压缸和机床固定螺钉,拔掉定位销,校正其母线的精度。

液压系统辅助元件包括油管、管接头、滤油器、储能器、油箱、冷却和加热器、密封装置以及压力表、压力表开关等。

辅助元件在液压系统中是起辅助作用的,但在安装时也不能忽视,否则也会严重影响液压系统的正常工作。

管道的安装及配管前面已经介绍过,下面介绍滤油器和储能器的安装。

2)滤油器的安装

(1)滤油器在液压系统的安装位置主要按其用途而定。为了滤除液压油源的污物以保护液压缸,吸油管路要装设粗滤油器;为了保护关键液压元件,在其前面装设精滤油器;其余宜将滤油器装在低压回路管路中。

(2)注意滤油器壳体上标明的油液方向,不能装反,否则将会把滤芯冲毁,造成系统的污染。

(3)在液压缸吸油管上装置网式滤油器时,网式滤油器的底面不能与液压泵的吸管口靠的太近,否则吸油将会不畅。合理的距离是 2/3 的漏油网高。滤油器一定要全部浸入油面以下,这样油液可从四面八方进入油管,过滤网得到充分利用。

(4)清洗金属编织方孔网滤芯元件时,可用刷子在汽油中刷洗。而清洗高精度滤芯元件,则需用超净的清洗液或清洗剂。金属网编织的特种网和不锈钢纤维烧结毡等可以用超声波清洗或液流反向冲洗。滤芯元件在冲洗时应堵住滤芯端口,防止污物进入滤芯端内。

(5)当路由器压差指示器显示红色信号时,要及时清洗或更换滤芯。

3)蓄能器的安装

蓄能器一般应垂直安装,气阀向上,并在气阀周围留有一定空间,以便检查和维护。

(1)蓄能器安装位置应远离热源,应牢固地固定在托架或基础上,但不得用焊接方法固定。

(2)蓄能器和液压泵之间应设单向阀,以防止蓄能器的压力油向液压泵倒流。蓄能器和管路之间应设置截止阀,供充气、检查、调整或长期停机时使用。

(3)蓄能器充气后,各部分绝对不允许拆开、松动,以免发生危险。当必须拆开蓄能器封盖或搬动时,应先放尽气体后进行。

(4)蓄能器装好后,应充以惰性气体,严禁充氧气、压缩气体或其他易燃气体。一般充气压力为系统最低使用压力的 80%~85%。

所有辅件应严格按照设计要求的位置进行安装,并注意其整齐、美观,同时尽可能考虑使用、维修方便。

■自我测试

2-4-1 填空题

1.过滤器的主要作用是( )。

2. 常用的密封方法有(　　　)密封和(　　　)密封。间隙密封适用于(　　　　)密封。

3. 油箱的作用是(　　　)、(　　　)和(　　　)。

4. 按滤芯材料和结构形式不同过滤器有(　　　)、(　　　)、(　　　)和(　　　)等几种形式。

5. 蓄能器按照结构可分为(　　　)和(　　　)蓄能器。

2-4-2　判断题

1. 过滤器的滤孔尺寸越大,精度越高。　　　　　　　　　　　　　　　(　　)

2. 越高压力计可以通过压力开关测量多处的压力。　　　　　　　　　(　　)

3. 纸芯式过滤器比烧结式过滤器耐压。　　　　　　　　　　　　　　(　　)

4. 某液压系统的工作压力是 14MPa,可选用量程 16MPa 的压力计来测压。(　　)

5. 油箱只要与大气相通,无论温度高低,均不需要设置加热装置。　　(　　)

2-4-3　问答题

1. 液压系统中常见的辅助装置有哪些? 各起什么作用?

2. 采用的油管有哪几种? 各有何特点? 它们的使用范围有何不同?

3. 常用的管接头有哪几种? 它们各适用于哪些场合?

4. 安装 Y 形密封圈时赢注意什么问题?

5. 安装 O 形密封圈时,为什么要在其侧面安放一个或两个挡圈?

6. 过滤器按精度分为哪些种类? 绘图说明过滤器一般安装在液压系统中的什么位置。

3 项目3 液压系统基本回路的安装与调试

通过项目的学习,重点掌握液压系统中常用的一些液压回路,巩固前面项目任务所学习的各类阀的工作原理及职能符号,分析油路图并且根据要求能够作出合格的油路图。

学习典型液压基本回路的组成、工作原理及应用特点,方向控制回路、压力控制回路、流量控制回路、多缸工作回路的安装与调试、常见故障及排除方法。

技能目标

培养学生对液压基本回路的识读与功能分析能力;液压基本回路的使用、参数设置及应用能力;典型液压基本回路安装与调试能力、故障检测及故障排除能力。

任务1 方向控制回路的安装

任务描述

方向控制回路是液压系统中控制液流方向的基本回路,方向控制回路也称换向回路,主要由方向控制阀组成。其功用是通过控制液压系统中油液的通、断和流动方向来实现执行元件的启动、停止、换向、锁紧等。

通过方向控制回路功能的实现,掌握方向控制回路的用途、基本组成、工作原理以及安装与调试的基本技能。

任务分析

常见的方向控制回路包括控制执行元件的启停回路、换向回路、锁紧回路,行程控制多缸顺序动作等。

本任务将介绍方向控制基本回路,同时液压支架液压系统和多缸顺序动作回路(行程阀控制)为例进行方向控制回路的安装与调试。

(1)通过分析换向回路功能的实现,掌握换向阀的换向回路的安装与调试技能。

(2)通过分析液控单向阀锁紧回路功能的实现,掌握锁紧回路液压系统在工业中的用途。

在液压系统中,起控制执行元件的起动、停止及换向作用的回路,称方向控制回路。

方向控制回路有换向回路和锁紧回路。

3.1.1　换向回路

采用二位四通、二位五通、三位四通或三位五通换向阀均可以使执行元件换向。二位阀：可使执行元件在正反两个方向运动，但不能在任意位置停留；三位阀有中位，可以使执行元件在其行程的任意位置停留，利用三位换向阀不同的中位机能可使系统获得不同的性能；五通阀有两个回油口，执行元件正反向运动时在两回油路上设置不同的背压阀可获得不同的速度。如果执行元件是单作用液压缸或差动油缸，一般用二位二通阀换向。

1. 采用换向阀的换向回路

图3-1所示为手动换向阀（先导阀）控制液动换向阀的换向回路。回路中用辅助泵2提供低压控制油，通过手动先导阀3（三位四通换向阀）来控制液动换向阀4的阀芯移动，实现主油路的换向，当手动先导阀3在右位时，控制油进入液动换向阀4的左端，右端的油液经手动先导阀回油箱，使液动换向阀4左位接入工件，活塞下移。当手动先导阀3切换至左位时，即控制油使液动换向阀4换向，活塞向上退回。当手动先导阀3在中位时，液动换向阀4两端的控制油通油箱，在弹簧力的作用下，其阀芯回复到中位、主泵1卸荷。这种换向回路，常用于大型压机上。

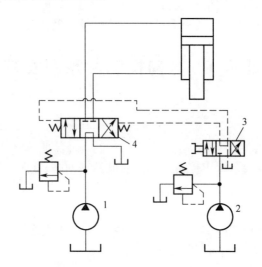

图3-1　手动换向阀（先导阀）控制液动换向阀的换向回路
1—主泵；2—辅助泵；3—手动先导阀；4—液动换向阀。

在液动换向阀的换向回路或电液动换向阀的换向回路中，控制油液除了用辅助泵供给外，在一般的系统中也可以把控制油路直接接入主油路。但是，当主阀采用M形或H形滑阀机能时，必须在回路中设置背压阀，保证控制油液有一定的压力，以控制换向阀芯的移动。在机床夹具、油压机和起重机等不需要自动换向的场合，常常采用手动换向阀来进行换向。

2. 时间控制式机—液换向回路

图3-2所示为时间控制式机—液换向回路。该回路主要由机动先导阀C、液动主阀D及节流阀A等组成。有执行元件带动工作台上的行程挡块拨动机动先导阀C，机动先

导阀使液动主阀 D 的控制油路换向,从而使液动阀换向,执行元件(液压缸)反向运动。执行元件的换向过程可分解为制动、停止和反向启动 3 个阶段。在图示位置,泵 B 输出的压力油经阀 C、D 进入液压缸左腔,液压缸右腔的回油经液动主阀 D、节流阀 A 回油箱,液压缸向右运动。当工作台上的行程挡块拨动拨杆,使机动先导阀 C 移至左位后,泵输出的压力油经机动先导阀 C 的油口 7、单向阀 I_2 作用于液动主阀 D 的右端,液动主阀 D 左移,液压缸右腔的回油通道 3 至 4 逐渐关小,工作台的移动速度减慢,执行元件制动。当阀芯经过一段距离 l(阀 D 的阀芯移到中位)后,回油通道全部关闭,液压缸两腔互通,执行元件停止运动。当液动主阀 D 的阀芯继续左移时,液压泵 B 的油液经机动先导阀 C、液动主阀 D 的通道 5 至 3 进入液压缸右腔,同时油路 2 至 4 打开,执行元件开始反向运动。这三个过程的快慢决定于液动主阀 D 阀芯移动的速度,该速度由液动主阀 D 两端回油路上的节流阀 J_1 或 J_2 调整,即当液动主阀 D 的阀芯从右端移动到左端时,其速度由节流阀 J_1 调整;反之,则由节流阀 J_2 调整。由于阀芯从一端到另一端的距离相等,所以调整液动主阀 D 阀芯的移动速度,也就调整了时间,因此这种换向回路称为时间控制式换向回路。

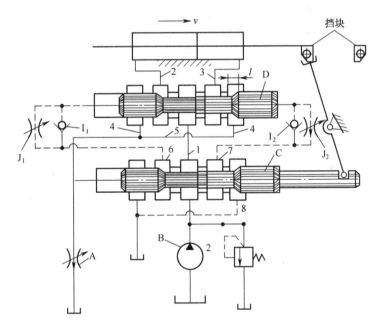

图 3-2　时间控制式机—液换向回路
1~5—通道;6~7—油口;J_1、J_2—节流阀;I_1、I_2—单向阀;
C—先导阀;D—主阀;B—液压泵。

3. 行程制动换向回路

如图 3-3 所示,这种回路中的主油路除受换向阀 3 控制外,还受先导阀 2 控制。当先导阀 2 在换向过程中向左移动时,先导阀阀芯的右制动锥将液压缸右腔的回油通道逐渐关小,使活塞速度逐渐减慢,对活塞进行预制动。当回油通道被关的很小(轴向开口量尚留 0.2~0.5mm)、活塞速度变得很慢时,换向阀 3 的控制油路才开始切换,换向阀芯向左移动,切断主油路通道,使活塞停止运动,并随即使它在相反的方向起动。

这里无论运动部件原来的速度快慢如何，先导阀总是要先移动一段固定的行程，将工作部件先进行预制动后，再由液动换向阀来使它换向，所以这种制动方式被称为行程控制制动式。先导阀制动锥半锥角一般取 $\alpha = 1.5° \sim 3.5°$，长度 $l = 3 \sim 12\text{mm}$，合理选择制动锥能使制动平稳；而换向阀上就没有必要采用较长的制动锥，一般制动锥长度只有 2mm，半锥角也较大。

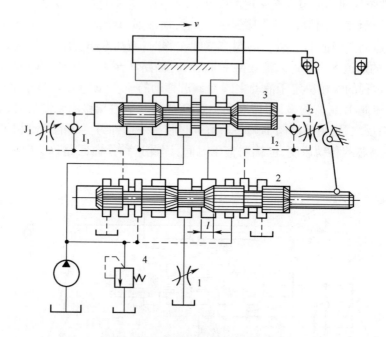

图 3-3　行程控制制动式换向回路

1—节流阀；2—先导阀；3—液动换向阀；4—溢流阀。

　　行程控制制动式换向回路的换向精度高、冲出量小，但由于先导阀的制动行程恒定不变，制动时间的长短和换向冲击的大小将受运动部件受到快慢的影响，所以这种换向回路宜在主机工作部件运动速度不大但换向精度要求较高的场合使用。如内外圆磨床的液压传动系统。

3.1.2　锁紧回路

　　锁紧回路的功能是使执行元件停止在规定的位置上，且能防止因受外界影响而发生漂移或窜动。锁紧的原理是将执行元件的进、回油路封闭。

　　1. 换向阀锁紧回路

　　图 3-4 所示是利用 O 形或 M 形中位机能的三位换向阀构成锁紧回路，当接入回路时，执行元件的进、出油口都被封闭，可将执行元件锁紧不动。这种锁紧回路由于受到换向阀泄漏的影响，执行元件仍可能产生一定漂移或窜动，锁紧效果较差。

　　2. 液控单向阀锁紧回路

　　图 3-5 所示是采用液控单向阀的锁紧回路。在液压缸的进、回油路中都串接液控单向阀（又称液压锁），活塞可以在行程的任何位置锁紧。

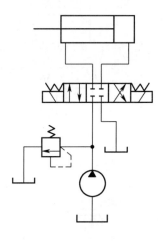

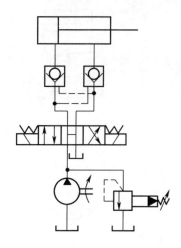

图 3-4　换向阀锁紧回路　　　　　　　　图 3-5　液控单向阀锁紧回路

当换向阀处于中位时,液压缸两腔进出油口被液控单向阀封闭而锁紧,活塞左右都不能串动。由于液控单向阀密封性好、泄漏少,因此该回路锁紧精度高。但须注意,此时换向阀中位机能应采用 H 形或 Y 形,这样换向阀处于中位时,液控单向阀的控制油路可立即失压,保证单向阀迅速关闭,锁紧油路。该回路常用于锁紧精度要求高、需长时间锁紧的液压系统中,如工程机械、汽车起重机等系统。

■ 任务实施

实训 7　用换向阀换向回路的安装与调试

1. 实训场地及设备

(1) 实训场地:液压实训室、数控机床实训基地。

(2) 实训设备:液压组合实训台、模拟仿真软件、机床工作台或实验室模拟设备。

2. 实施步骤

本次实训主要明确工作任务、制订计划、做出决策、实施、控制盒评价反馈等 6 个步骤组织实施。

(1) 教师通过图片、多媒体课件或实训现场,讲授数控机床液压卡盘的工作过程及操作安全规程,通过仿真软件演示模拟仿真工作过程操作。

(2) 学生分组完成换向回路及锁紧回路液压系统的分析、基本回路的绘制以及液压系统组装、调试与运行。

(3) 通过仿真软件检查液压系统的完整性,通过安装、调试掌握方向控制基本回路的控制与维护以及安全操作技能。

3. 用换向阀换向回路的安装与调试

(1) 用仿真教学软件绘制换向阀换向回路,并模拟仿真(图 3-6)。

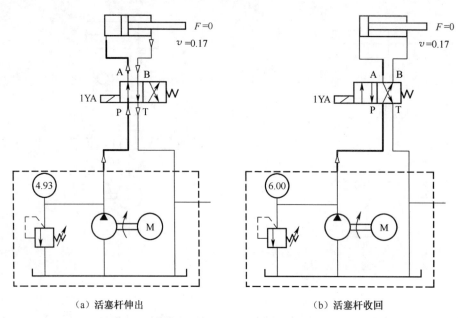

（a）活塞杆伸出　　　　　　　（b）活塞杆收回

图 3-6　用换向阀的换向回路

（2）换向回路的安装与调试。

① 按照回路图的要求,选取所需的液压元件并检查型号是否正确。

② 按照液压系统要求,搭接液压回路,在连接液压元件时,将各元件安装到插件板的适当位置上,注意查看每个元件各油口的标号,在关闭液压泵及稳压电源的情况下,按回路图的要求逐一连接各元件。

③ 选择相关连接导线,按照所用电磁换向阀的电磁铁编号,把相应的电磁铁插头插到电磁阀插孔内,调试控制回路。

（3）液压系统的调试与安全操作。现以 Festo 液压实训台为例,简要说明液压系统安全操作注意事项。

① 启动电源,然后再启动液压泵。

② 液压泵关闭或拆卸回路之前,需确保液压元件中的压力已释放,只能在压力为零及以下的情况下,才能拔掉液压接头或关闭液压泵电源。

③ Festo 液压实训设备出厂时所有元件的最大压力设计为 12MPa（120bar）,所有的阀、元件和油管都带有自锁式快插连接装置。为安全起见,系统压力控制在 6MPa（60bar）左右,建议最大压力设定在 5MPa（50bar）。

用换向阀的换向回路功能实现时,可采用手动、电磁、液动换向阀或二位、三位等不同的换向阀完成执行元件的换向。

任务 2　压力控制回路的安装

■ 任务描述

掌握调压回路的调速原理及分类;了解常见保压回路的保压方式。

常见的压力控制回路有调压回路、卸荷回路、保压回路、减压回路、增压回路、释压回路、平衡回路和压力控制多缸顺序动作回路等。

本任务将介绍调压回路、卸荷回路、增压回路及压力控制多缸顺序动作回路,同时以溢流阀的调压回路和多缸顺序动作回路(压力控制)为例进行回路的安装与调试。其他压力控制基本回路将在以后的情境中加以说明。

3.2.1 调压回路

调压回路的功能是使液压系统整体或部分的压力保持恒定或不超过某个数值。在定量泵系统中,液压泵的供油压力由溢流阀来调节。在变量泵系统中,用安全阀来限定系统的最高压力,防止系统过载。若系统中需要两种以上的压力,则可采用多级调压回路。

(1)单级调压回路。如图3-7(a)所示,通过液压泵1和溢流阀2的并联连接,即可组成单级调压回路。通过调节溢流阀的压力,可以改变泵的输出压力。当溢流阀的调定压力确定后,液压泵就在溢流阀的调定压力下工作。从而实现了对液压系统进行调压和稳压控制。如果将液压泵改换成变量泵,那么这时溢流阀将作为安全阀来使用。液压泵的工作压力低于溢流阀的调定压力这时溢流阀不工作;当系统出现故障,液压泵的工作压力上升时,一旦压力达到溢流阀调定压力,溢流阀将开启,并将液压泵的工作压力限制在

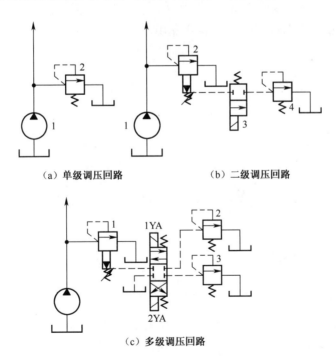

（a）单级调压回路　　　　　（b）二级调压回路

（c）多级调压回路

图3-7　调压回路

1—(a)、(b)中液压泵、(c)中先导式溢流阀;2—(a)、(c)中直动式溢流阀、(b)中先导式溢流阀;
3—(b)中电磁换向阀、(c)中直动式溢流阀;4—(b)中直动式溢流阀。

溢流阀的调定压力下,使液压传动系统不至于因压力过载而受到破坏,从而保护了液压传动系统。

(2)二级调压回路。图3-7(b)所示为二级调压回路,该回路可实现两种不同的系统压力控制。由先导型溢流阀2和直动式溢流阀4各调一级,当二位二通电磁阀3处于图示位置时系统压力由阀2调定,当阀3得电后处于右位时,系统压力由阀4调定。但要注意:阀4的调定压力一定要低于阀2的调定压力,否则不能实现;当系统压力由阀4调定时,阀2的先导阀口关闭,但主阀开启,液压泵的溢流流量经主阀回油箱,这时阀4也处于工作状态,并有油液通过。应当指出,若将阀3与阀4对换位置,则仍可进行二级调压,并且在二级压力转换点上获得比如图3-7(b)所示回路更为稳定的压力转换。

(3)多级调压回路。图3-7(c)所示为三级调压回路,三级压力分别由溢流阀1、3调定,当电磁铁1YA、2YA失电时,系统压力由主溢流阀1调定。当1YA得电时,系统压力由阀2调定;当2YA得电时,系统压力由阀3调定。在这种调压回路中,阀2和阀3的调定压力要低于阀1的调定压力,而阀2和阀3的调定压力之间没有什么一定的关系。当阀2或阀3工作时,阀2或阀3相当于阀1上的另一个先导阀。

3.2.2　减压回路

减压回路的功能是使液压系统中某一支路具有较主油路低的稳定压力。当液压系统中某一支路在不同工作阶段需要两种以上大小不同的工作压力时,可采用多级减压回路。

(1)单级减压回路。图3-8(a)所示为最常见的减压回路,它是通过定值减压阀与主油路相连,回路中的单向阀是当主油路压力降低(低于减压阀调整压力)时防止油液倒流,使夹紧油路和主油路隔开,起短时保压作用。

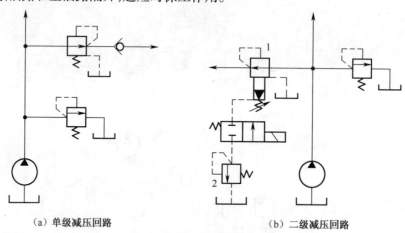

(a)单级减压回路　　　　　　　　(b)二级减压回路

图3-8　减压回路
1—先导型减压阀;2—溢流阀。

(2)二级减压回路。图3-8(b)所示为利用先导型减压阀1的远程控制口接一溢流阀2,则可由阀1、阀2各调定一种低压。在图示位置时,减压阀出口处的压力油减压阀1调定;当换向阀电磁铁通电时,减压阀出口处的压力油阀2调定。但要注意:阀2的调定压力一定要低于阀1的调定压力。

减压回路也可以采用比例减压阀来实现无极减压。为使减压回路工作可靠,减压阀的最低调整压力不应小于0.5MPa,最高调整压力至少应比系统压力小0.5MPa。当减压回路中的执行元件需要调速时,调速元件应放在减压阀的后面,以避免减压阀泄漏(指由减压阀泄油口流回油箱的油液)对执行元件的速度产生影响。

3.2.3 增压回路

1. 单作用增压缸的增压回路

图3-9(a)所示为利用增压缸的单作用增压回路,当系统在图示位置工作时,系统的供油压力 p_1 进入增压缸的大活塞腔,此时在小活塞腔即可得到所需的较高压力 p_2;当二位四通电磁换向阀右位接入系统时,增压缸返回,辅助油箱中的油液经单向阀补入小活塞。因而该回路只能间歇增压,所以称之为单作用增压回路。

2. 双作用增压缸的增压回路

如图3-9(b)所示的采用双作用增压缸的增压回路,能连续输出高压油,在图示位置,液压泵输出的压力油经换向阀5和单向阀1进入增压缸左端大、小活塞腔,右端大活塞腔的回油通油箱,右端小活塞腔增压后的高压油经单向阀4输出,此时单向阀2、3被关闭。当增压缸活塞移到右端时,换向阀得电换向,增压缸活塞向左移动。同理,左端小活塞腔输出的高压油经单向阀3输出,这样,增压缸的活塞不断往复运动,两端便交替输出高压油,从而实现了连续增压。

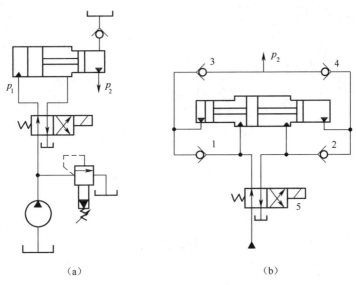

(a)   (b)

图3-9 增压回路

1、2、3、4—单向阀;5—换向阀。

3.2.4 保压回路

在液压系统中,常要求液压执行机构在一定的行程位置上停止运动或在有微小的位移下稳定地维持住一定的压力,这就要采用保压回路。最简单的保压回路是密封性能较好的液控单向阀的回路,但是阀类元件处的泄漏使得这种回路的保压时间不能维持太久。常用的保压回路有以下几种。

1. 利用液压泵的保压回路

在保压过程中,液压泵仍以较高的压力(保压所需压力)工作,此时,若采用定量泵则压力油几乎全经溢流阀流回油箱,系统功率损失大、易发热,故只在小功率的系统且保压时间较短的场合下才使用;若采用变量泵,在保压时泵的压力较高,但输出流量几乎等于零。因而,液压系统的功率损失小,这种保压方法能随泄漏量的变化而自动调整输出流量,因而其效率也较高。

2. 利用蓄能器的保压回路

如图3-10(a)所示的回路,当主换向阀在左位工作时,液压缸向前运动且压紧工件,进油路压力升高至调定值,压力继电器动作使二通阀通电,泵即卸荷,单向阀自动关闭,液压缸则由蓄能器保压。缸压不足时,压力继电器复位使泵重新工作。保压时间的长短取决于蓄能器容量,调节压力继电器的工作区间即可调节缸中压力的最高值和最低值。图3-9(b)所示为多缸系统中的保压回路。这种回路当主油路压力降低时,单向阀3关闭,支路有蓄能器4保压补偿泄漏,压力继电器5的作用是当支路压力达到预定值时发出信号,使主油路开始动作。

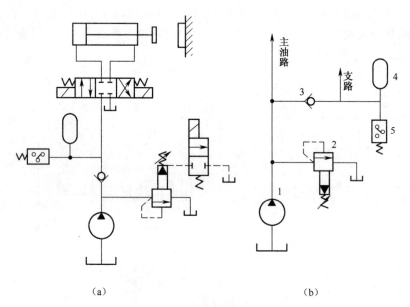

（a）　　　　　　　　　　　　　　　（b）

图3-10　利用蓄能器的保压回路
1—液压泵;2—先导式溢流阀;3—单向阀;4—蓄能器;5—压力继电器。

3. 自动补油保压回路

图3-11所示为液控单向阀和电接触式压力表的自动补油式保压回路。其工作原理为:当1YA得电,换向阀右位接入回路,液压缸上腔压力上升至电接触式压力表的上限值时,上触点接电,使电磁铁1YA失电,换向阀处于中位,液压泵卸荷,液压缸由液控单向阀保压。当液压缸上腔压力下降到预定下限值时,电接触式压力表又发出信号,使1YA得电,液压泵再次向系统供油,使压力上升。当压力达到上限值时,上触点又发出信号,使1YA失电。因此,这一回路能自动地使液压缸补充压力油,使其压力能长期保持在一定范围内。

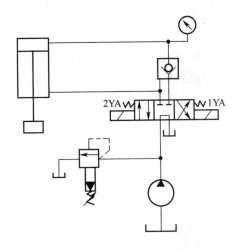

图 3 – 11　自动补油式保压回路

3.2.5　平衡回路

平衡回路的功用在于防止垂直或倾斜放置的液压缸和与之相连的工作部件因自重而自行下落。

1. 采用单向顺序阀的平衡回路

图 3 – 12(a)所示为采用单向顺序阀的平衡回路。当 1YA 得电后活塞下行时,回油路上就存在着一定的背压;只要将这个背压调得能支承住活塞和与之相连的工作部件自重,活塞就可以平稳地下落。当换向阀处于中位时,活塞就停止运动,不再继续下移。这种回路当活塞向下快速运动时功率损失大,锁住时活塞和与之相连的工作部件会因单向顺序阀和换向阀的泄漏而缓慢下落,因此它只适用于工作部件重量不大、活塞锁住时定位要求不高的场合。

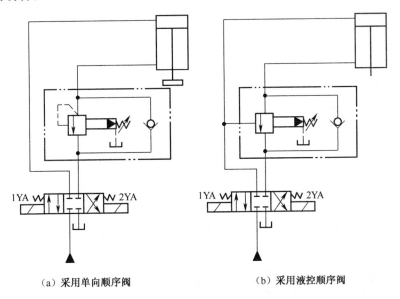

（a）采用单向顺序阀　　　　　　　（b）采用液控顺序阀

图 3 – 12　采用顺序阀的平衡回路

2. 采用液控顺序阀的平衡回路

图 3-12(b)所示为采用液控顺序阀的平衡回路。当活塞下行时,控制压力油打开液控顺序阀,背压消失,因而回路效率较高;当停止工作时,液控顺序阀关闭以防止活塞和工作部件因自重而下降。这种平衡回路的优点是只有上腔进油时活塞才下行,比较安全可靠;缺点是活塞下行时平稳性较差。这是因为活塞下行时,液压缸上腔油压降低,将使液控顺序阀关闭。当顺序阀关闭时,因活塞停止下行,使液压缸上腔油压升高,又打开液控顺序阀。因此液控顺序阀始终工作于启闭的过渡状态,因而影响工作的平稳性。这种回路适用于运动部件重量不很大、停留时间较短的液压传动系统。

3.2.6 卸荷回路

卸荷回路的功能是在液压泵不停止转动的情况下,使液压泵在零压或很低压力下运转,以减小功率损耗,降低系统发热,延长液压泵和驱动电动机的使用寿命。

1. 三位阀中位机能的卸荷回路

图 3-13 所示为采用 M 形(也可用 H 形或 K 形)中位滑阀机能的三位四通电磁换向阀来实现卸荷的回路。换向阀在中位时可以使液压泵输出的油液直接流回油箱中,从而实现液压泵的卸荷。对于低压小流量液压泵,采用换向阀直接卸荷是一种简单而有效的方法。

2. 二位二通阀的卸荷回路

图 3-14 所示为二位二通阀的卸荷回路。采用此方法的卸荷回路必须使二位二通换向阀的流量与液压泵的额定流量相匹配。这种卸荷方法的卸荷效果较好,易于实现自动控制。一般适用于液压泵的流量小于 63L/min 的场合。

3. 二通插装阀卸荷回路

二通插装阀通流能力大,由它组成的卸荷回路适用于大流量系统。如图 3-15 所示的液压回路,正常工作时,液压泵的压力由二通插装阀的先导阀 2 调定。当换向阀 3 通电后,二通插装阀 1 上腔通油箱,二通插装阀阀口完全打开,液压泵即卸荷。

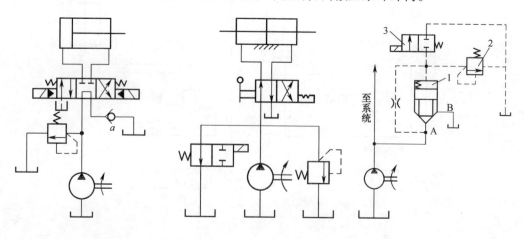

图 3-13 M 形三位四通阀　　　图 3-14 二位二通阀的　　　图 3-15 二通插装阀卸荷回路
　　　卸荷回路　　　　　　　　　　卸荷回路

实训 8　用溢流阀的调压回路的安装与调试

1. 实训场地及设备

（1）实训场地：液压实训室、数控机床实训基地。

（2）实训设备：液压组合实训台、模拟仿真软件、机床工作台或实验室模拟设备。

2. 实施步骤

本次实训主要明确工作任务、制订计划、做出决策、实施、控制盒评价反馈等 6 个步骤组织实施。

（1）教师通过图片、多媒体课件或实训现场，讲授数控机床液压卡盘的工作过程及操作安全规程，通过仿真软件演示模拟仿真工作过程操作。

（2）学生分组完成换向回路及锁紧回路液压系统的分析、基本回路的绘制以及液压系统组装、调试与运行。

（3）通过仿真软件检查液压系统的完整性，通过安装、调试掌握方向控制基本回路的控制与维护以及安全操作技能。

3. 用溢流阀的调压回路的安装与调试

（1）用仿真教学教学软件绘制溢流阀调压回路，并模拟仿真。如图 3-16 所示，在定量泵进油节流调速回路中，溢流阀处于常开状态，用来保持液压泵出口压力恒定，并将液

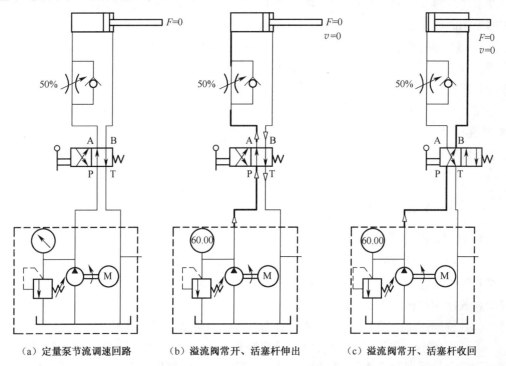

（a）定量泵节流调速回路　　（b）溢流阀常开、活塞杆伸出　　（c）溢流阀常开、活塞杆收回

图 3-16　用换向阀的换向回路

压泵多余的油液溢回油箱,即起定压和溢流作用。图 3 - 16(b)、(c)所示分别为活塞杆伸出和活塞杆收回时的溢流阀状态。

（2）溢流阀调压回路的安装与调试。

① 按照回路图的要求,选取所需的液压元件,搭接液压回路。

② 按照电磁换向阀的控制要求,选择相关连接导线,调试控制回路。

（3）液压系统的调试与安全操作。具体要求参见实训 6 中"换向回路的安装与调试"。

<h1 style="text-align:center">任务 3 速度控制回路的安装</h1>

▌任务描述

（1）掌握节流调速回路的调速原理及分类。

（2）掌握容积调速回路的调速原理及分类。

▌任务分析

常见的速度控制回路有调速回路、快速运动回路和速度转换回路等。调速回路主要由流量控制阀或变量泵、变量马达实现,它有节流调速回路、容积调速回路及容积节流调速回路 3 种。

本任务将介绍节流调速回路、容积调速回路,同时以折弯机调速回路和节流调速回路实训为例进行回路的安装与调试。其他速度控制回路在知识拓展中加以说明。

（1）通过分析节流阀、单向节流阀和调速阀、单向调速阀组成的节流调速回路功能的实现,掌握节流阀、调速阀或单向调速阀构成的节流调速回路的用途以及节流调速回路的安装与调试技能。

（2）通过分析折弯机液压系统及调速回路功能的实现,了解调速回路在工程中的用途,掌握安装与调试方法。

速度控制回路是研究液压系统的速度调节和变换问题,常用的速度控制回路有调速回路、快速回路、速度换接回路等。

3.3.1 调速回路

1. 调速回路的基本原理和方式

（1）调速回路的基本原理。从液压马达的工作原理可知,液压马达的转速 n_M 由输入流量 q 和液压马达的排量 V_M 决定,即 $n_M = q/V_M$,液压缸的运动速度 v 由输入流量和液压缸的有效作用面积 A 决定,即 $v = q/A$ 。

（2）调速回路的类型。目前,液压系统中常用的调速方式有以下 3 种。

① 节流调速:用定量泵供油,由流量控制阀改变输入执行元件的流量来调节速度。其主要优点是速度稳定性好,主要缺点是节流损失和溢流损失较大、发热多、效率较低。

② 容积调速：通过改变变量泵或(和)变量马达的排量来调节速度。其主要优点是无节流损失和溢流损失、发热较小、效率较高,其主要缺点是速度稳定性较差。

③ 容积节流调速：用能够自动改变流量的变量泵与流量控制阀联合来调节速度。其主要优点是有节流损失、无溢流损失、发热较低、效率较高。

2. 节流调速回路

节流调速回路的优点是结构简单、工作可靠、造价低和使用维护方便,因此在机床液压系统中得到广泛应用。其缺点是能量损失大、效率低、发热多、故一般多用于小功率系统中,如机床的进给系统。按流量控制阀在液压系统中设置位置的不同,节流调速回路可分为进油路节流调速回路、回油路节流调速回路和旁油路节流调速回路3种。

(1)进油路节流调速回路。进油路节流调速回路是将流量控制阀设置在执行元件是进油路上,如图3-17所示,由于节流阀串接在电磁换向阀前,所以活塞的往复运动均属于进油节流调速过程。也可采用单向节流阀串接在换向阀和液压缸进油腔的油路上,以实现单向进油节流调速。对于进油路节流调速回路,因节流阀和溢流阀是并联的,故通过调节节流阀阀口的大小,便能控制进入液压缸的流量(多余油液经溢流阀回油箱)而达到调速的目的。

根据进油路节流阀调速回路的特点,节流阀进油节流调速回路适用于低速、轻载、负载变化不大和对速度稳定性要求不高的场合。

(2)回油路节流调速回路。回油路节流调速回路是将流量控制阀设置在执行元件是回油路上,如图3-18所示。由于节流阀串接在电磁换向阀与油箱之间的回油路上,所以活塞的往复运动都属于回油节流调速过程。通过节流阀调节液压缸的回油流量,从而控制进入液压缸的流量,因此同进油路节流调速回路一样可达到调速目的。

节流阀在回油路上可以产生背压,相对进油调速而言,运动比较平稳,常用于负载变化较大,要求运动平稳的液压传动系统中。

(3)旁油路节流调速回路。旁油路节流调速回路是将流量控制阀设置在执行元件并联的支路上,如图3-19所示。用节流阀来调节流回油箱的油液流量,以实现间接控制进入液压缸的流量,从而达到调速的目的。回路中溢流阀处于常闭状态,起到安全保护的作用,故液压泵的供油压力随负载变化而变化。

旁油路节流调速适用于负载变化小和对运动平稳要求不高的高速大功率场合。应注意的是,在这种调速回路中,液压泵的泄漏对活塞运动的速度有较大影响,而在进油和回油节流调速回路中,液压泵的泄漏对活塞运动的速度影响则较小,因此这种调速回路的速度稳定性比前两种回路都低。

(4)节流调速回路工作性能的改进。使用节流阀的节流调速回路,其速度稳定性都比较低,在变负载下的运动平稳性也较差,这主要是由于负载变化引起节流阀前、后压力差变化而产生的后果。如果用调速阀代替节流阀,调速阀中的定差减压阀可使节流阀前、后压力差保持基本恒定,可以提高节流调速回路的速度稳定性和运动平稳性,但工作性能的提高是以加大流量控制阀前、后压力差为代价的(调速阀前、后压力差一般最小应有0.5MPa,高压调速阀应有1.0MPa),故功率损失较大、效率较低。调速阀节流调速回路在机床及低压小功率系统中已得到广泛应用。

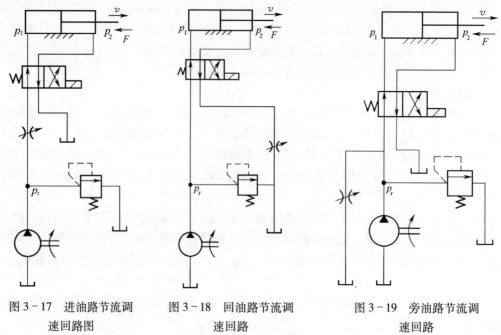

图 3-17 进油路节流调
速回路图

图 3-18 回油路节流调
速回路

图 3-19 旁油路节流调
速回路

3. 容积调速回路

容积调速回路的特点是液压泵输出的油液都直接进入执行元件,没有溢流和节流损失,因此效率高、发热小,适用于大功率系统中,但是这种调速回路需要采用结构较复杂的变量泵或变量马达,故造价较高,维修也较困难。

容积调速回路按油液循环方式不同可分为开式和闭式两种。开式回路的液压泵从油箱中吸油并供给执行元件,执行元件排出的油液直接返回油箱,油液在油箱中可得到很好的冷却并使杂质得以充分沉淀,油箱体积大,空气也容易侵入回路而影响执行元件的运动平稳性。闭式回路的液压泵将油液输入执行元件的进油腔中,又从执行元件的回油腔处吸油,油液不一定都经过油箱,而直接在封闭回路内循环,从而减少了空气侵入的可能性,但为了补偿回路泄漏和执行元件进、回油腔之间的流量差,必须设置补油装置。

根据液压泵与执行元件的组合方式的不同,容积调速回路有 3 种组合方式:变量泵—定量马达(或缸)、定量泵—变量变量马达和变量泵—变量马达。

(1)变量泵—定量马达(或缸)容积调速回路。图 3-20(a)所示为变量泵—液压缸开式容积调速回路,图 3-20(b)所示为变量泵—定量马达闭式容积调速回路。这两种调速回路都是利用改变变量泵的输出流量来调节速度的。

在图 3-20(a)中,溢流阀作安全阀使用,换向阀用来改变活塞的运动方向,活塞运动速度是通过改变泵的输出流量来调节的,单向阀在变量泵停止工作时可以防止系统中的油液流空和空气侵入。

在图 3-20(b)中,为补充封闭回路中的泄漏而设置了补油装置。辅助泵(辅助泵的流量一般为变量泵最大流量的 10%~15%)将油箱中经过冷却的油液输入到封闭回路中,同时与油箱相通的溢流阀溢出定量马达排出的多余热油,从而起到稳定低压管路压力和置换热油的作用,由于变量泵的吸油口处具有一定的压力,所以可避免空气侵入和出现空

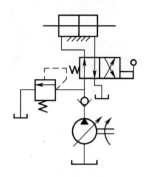 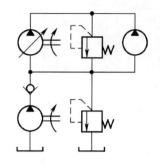 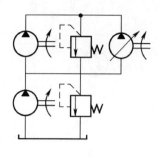

（a）变量泵—液压缸式　　（b）变量泵—定量马达式　　　（c）定量泵—变量马达式

图 3 - 20　容积调速回路

穴现象。封闭回路中的高压管路上连有溢流阀可起到安全阀的作用，以防止系统过载，单向阀在系统停止工作时可以起到防止封闭回路中油液流空和空气侵入的作用。马达的转速是通过改变变量泵的输出流量来调节的。

这种容积调速回路，液压泵的转速和液压马达的排量都为常数，液压泵的供油压力随负载增加而升高，其最高压力由安全阀来限制。这种容积调速回路中马达（或缸）的输出速度、输出最大功率都与变量泵的排量成正比，输出的最大转矩（或推力）恒定不变，故称这种回路为恒转矩调速回路，由于其排量可调得很小，因此其调速范围较大。

（2）定量泵—变量马达容积调速回路。将图 3 - 20（b）中的变量泵换成定量泵，定量马达置换成变量马达即构成定量泵—变量马达容积调速回路，如图 3 - 20（c）所示。在这种调速回路中，液压泵的转速和排量都为常数，液压泵的最高供油压力同样由溢流阀来限制。该调速回路中马达能输出的最大转矩与变量马达的排量成正比，马达转速与其排量成反比，能输出的最大功率恒定不变，故称这种回路为恒功率调速回路。马达排量因受到拖动负载能力和机械强度的限制而不能调得太大，相应其调速范围也较小，且调节起来很不方便，因此这种调速回路目前很少单独使用。

（3）变量泵—变量液压马达容积调速回路。这种调速回路是上述两种调速回路的组合，其调速特性也具有两者之特点。

图 3 - 21 所示为变量泵—变量液压马达容积调速回路的工作原理与调速特性，由双向变量泵 1 和双向变量液压马达 2 等组成闭式容积调速回路。图中双向变量泵 1 既可改变流量大小，又可改变供油方向，用以实现马达的调速和换向。2 为双向变量液压马达，4 是补油泵，单向阀 6 和 8 用以实现双向补油，单向阀 7 和 9 使溢流阀 3 能在两个方向上起安全保护作用。这种回路实际上是上述两种回路的组合。由于液压泵和马达的排量都可以改变，扩大了调速范围，也扩大了对马达转矩和功率输出特性的选择，即工作部件对转矩和功率上的要求可通过二者排量的适当调节来达到。

图 3 - 21（b）所示为分段调速的特性曲线。第一阶段将变量液压马达的排量 V_M 调到最大值并使之恒定，然后调节变量泵的排量 V_B 从最小逐渐增大到最大值，则马达的转速 n_M 便从最小逐渐增大到相应的最大值（在此阶段中，变量液压马达的输出转矩 T_M 不变，输出功率 P_M 逐渐加大）。这一阶段相当于变量泵和定量液压马达的容积调速回路。第二阶段将已调到最大值的变量泵的排量 V_B 固定不变，然后调节变量液压马达的排量

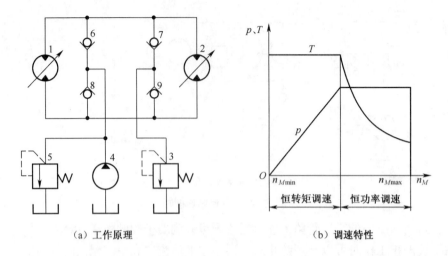

(a) 工作原理　　　　　　　　　　　(b) 调速特性

图 3－21　变量泵和变量马达容积调速回路

1—双向变量泵；2—双向变量液压马达；3、5—溢流阀；4—补油泵；6、7、8、9—单向阀。

V_M，使之从最大逐渐调到最小，此时马达的转速 n_M 便进一步逐渐增大到最大值（在此阶段中，变量液压马达的输出转矩 T_M 逐渐减小，而输出功率 P_M 不变）。这一阶段相当于定量泵和变量液压马达的容积调速回路。

（4）容积节流调速回路。容积节流速度回路是用变量泵供油，利用调速阀或节流阀改变进入液压缸的流量，以实现执行元件速度调节的回路。这种回路无溢流损失，其效率比节流调速回路高。采用流量阀调节进入液压缸的流量，克服了变量泵负载大、压力高时的漏油量大、运动速度不平稳的缺点，因此这种调速回路常用于空载时需快速、承载时需稳定的低速的各种中等功率机械设备的液压系统。例如组合机床、车床、铣床等的液压系统。

图 3－22(a) 所示为由限压式变量叶片泵 1 和调速阀 3 等元件组成的定压式容积节流调速回路。电磁换向阀 2 左位工作时，压力油经行程阀 5 进入液压缸左腔，液压缸右腔回油，活塞空载右移。这时因负载小，压力低于变量泵的限定压力，泵的的流量最大，故活塞快速右移。当移动部件上的挡块压下行程阀 5 时，压力油只能经调速阀 3 进入缸左腔，缸右腔回油，活塞以调速阀调节的慢速右移，实现工作进给。当换向阀右位工作时，压力油进入缸右腔，缸左腔经单向阀 4 回油，因退回时为空载，液压泵的供油量最大，故快速向左退回。

慢速工作进给时，限压式变量泵的输出流量 q_p 与进入液压缸的流量 q_1 总是相适应的。即当调速阀开口一定时能通过调速阀的流量 q_1 为定值。若 $q_p > q_1$，则泵出口油便上升，使泵的偏心自动减小，q_p 减小，直至 $q_p = q_1$ 为止；若 $q_p < q_1$，则泵出口压力降低，使泵的偏心自动增大，q_p 增大，直至 $q_p = q_1$。调速阀能保证 q_1 为定值，q_p 也为定值，故泵的出口压力 p_P 也为定值。因此这种回路称为定压式容积节流调速回路。

图 3－22(b) 所示为这种回路的调速特性。图中曲线 1 为限压式变量叶片泵的流量—压力特性曲线。曲线 2 为调速阀出口（液压缸进油腔）的流量—压力特性曲线，其左端为水平线，说明调速阀开口一定时，液压缸的负载变化引起工作压力 p_1 变化，但通过调

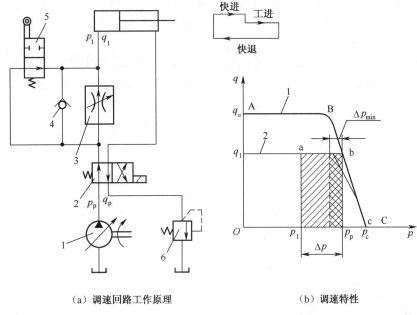

（a）调速回路工作原理　　　　　（b）调速特性

图 3－22　定压式容积节流调速回路

1—变量泵；2—换向阀；3—调速阀；4—单向阀；5—行程阀；6—背压阀。

速阀进入液压缸的流量 q_1 为定值。该水平线的延长线与曲线 1 的交点 b 即为液压泵出口的工作点，也是调速阀前的工作点，该点的工作压力为 p_p。曲线 2 上的 a 点对应的压力为液压缸的压力 p_1。若液压缸长时间在轻载下工作，缸的工作压力 p_1 小，调速阀两端压力差 Δp 大（ $\Delta p = p_p - p_1$ ），调速阀的功率损失（ abp_pp_1 围成的阴影面积）大，效率低。因此，在实际使用时除应调节变量泵的最大偏心距满足液压缸快速运动所需要的流量（即调好图形曲线 1AB 段的上下位置）外，还应调节泵的限压螺钉，改变限定压力（即调节特性曲线 1BC 段的左右位置），使 Δp 稍大于调速阀两端的最小压差 Δp_{min}。显然，当液压缸的负载最大时，使 $\Delta p = \Delta p_{min}$ 是泵特性曲线调整的最佳状态。

3.3.2　快速运动回路

快速回路的功能是使执行元件在空行程时获得尽可能大的运动速度，以提高生产率。根据公式 $v=q/A$ 可知，对于液压缸来说，增加进入液压缸的流量就能提高液压缸的运动速度。

1. 差动连接的快速回路

图 3－23 所示为单活塞杆液压缸差动连接的快速回路。二位三通电磁换向阀 3 处于图示位置时，单活塞杆液压缸差动连接液压缸的有效工作面积等效为 A1-A2，活塞将快速向右运动；二位三通电磁换向阀 3 通电时，单活塞杆液压缸为非差动连接，其有效工作面积为 A1。这说明单活塞杆缸差动连接增速的实质是因为缩小了液压缸的有效工作面积。这种回路特点是结构简单、价格低廉、应用普遍，但只能实现一个方向的增速，且增速受液压缸两腔有效工作面积的限制，增速的同时液压缸的推力会减小。采用此回路时，要注意此回路的阀和管道应按差动连接时的较大流量选用，否则压力损失过大，使溢流阀在快进

时也开启,则无法实现差动。例如,YT4543型动力滑台液压系统中采用了液压缸的差动连接回路来实现快速运动。

2. 双泵并联的快速回路

图3-24所示为双泵并联的快速回路。高压小流量泵1的流量按执行元件最大工作进给速度的需要来确定,工作压力的大小由溢流阀5调定,低压大流量泵2主要起增速作用,它和泵1的流量加在一起应满足执行元件快速运动时所需的流量要求。液控顺序阀3的调定压力应比快速运动时最高工作压力高0.5~0.8MPa。快速运动时,由于负载较小,系统压力较低,则阀3处于关闭状态,此时泵2输出的油液经单向阀4与泵1汇合在一起进入执行元件,实现快速运动;若需要工作进给运动时,则系统压力升高,阀3打开,泵2卸荷,泵4关闭,此时仅有泵1向执行元件供油,实现工作进给运动。这种回路的特点是效率高、功率利用合理,能实现比最大工作进给速度大得多的快速功能。

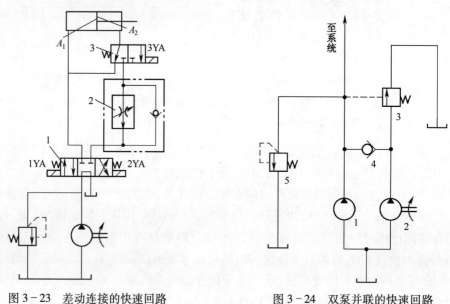

图3-23 差动连接的快速回路　　　　　图3-24 双泵并联的快速回路

3.3.3 速度换接回路

速度换接回路用来实现运动速度的变换,即在原来设计或调节好的几种运动速度中,从一种速度换成另一种速度。

1. 快速与慢速切换回路

(1) 用行程节流阀的速度换接回路。图3-25所示为用行程节流阀的速度换接回路。在图示状态下,液压缸快进,当活塞所连接的挡块压下行程阀6时,行程阀关闭,液压缸右腔的油液必须通过节流阀5才能流回油箱,活塞运动速度转变为慢速工进;当换向阀左位接入回路时,压力油经单向阀4进入液压缸右腔,活塞快速向右返回。

在这种速度换接回路中,因为行程阀的通油路是由液压缸活塞的行程控制阀芯移动而逐渐关闭的,所以换接时的位置精度高、冲出量小,运动速度的变换也比较平稳。这种回路在机床液压系统中应用较多,它的缺点是行程阀的安装位置受一定限制(要由挡铁压下),所以有时管路连接稍复杂。行程阀也可以用电磁换向阀来代替,这时电磁阀的安装位置不受限制(挡铁只需要压下行程开关),但其换接精度及速度变换的平稳性较差。

(2)利用液压缸自身结构的速度换接回路。图3-26所示为液压缸本身的管路连接实现速度换接回路。在图示位置时,活塞快速向右移动,液压缸右腔的回油经油路4和换向阀回油箱。当活塞运动到将油路4封闭后,液压缸右腔的回油必须经调速阀3流回油箱,活塞则由快速运动转换为工作进给运动。

这种速度换接回路方法简单、换接较可靠,但速度换接的位置不能调整,工作行程也不能过长以免活塞过宽,所以仅适用于工作情况固定的场合。这种回路也常用作活塞运动到达端部时的缓冲制动回路。

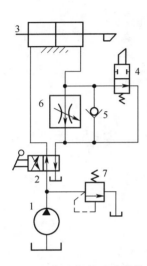

图3-25 用行程阀的速度换接回路
1—液压泵;2—换向阀;3—溢流阀;4—单向阀;
5—节流阀;6—行程阀;7—液压缸。

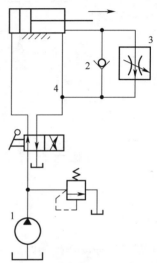

图3-26 用液压缸本身的管路连接实
现速度换接回路
1—定量液压泵;2—单向阀;3—调速阀;4—油路。

2. 两种工作进给速度的换接回路

对于某些自动机床、注塑机等,需要在自动工作循环中变换两种以上的工作进给速度,这时需要采用两种(或多种)工作进给速度的换接回路。

(1)两个调速阀并联的速度换接回路。图3-27所示为用两个调速阀来实现不同工进速度换接回路。图3-27(a)中的两个调速阀A、B并联,用换向阀实现换接。两个调速阀可以单独地调节各自的流量,互不影响。但是,一个调速阀工作时另一个调速阀内无油通过,它的减压阀处于最大开口位置,在速度换接时大量油液经该处将使机床工作部件产生前冲现象。因此它不宜用于工作过程中的速度换接,只可用在速度预选的场合。

(2)两个调速阀串联的速度换接回路。图3-27(b)所示为两个调速阀串联的回路。当主换向阀D左位接入系统时,调速阀B被换向阀C短接,输入液压缸的流量由调速阀A控制;当阀C右位接入回路时,由于通过调速阀B的流量调得比A小,所以输入液压缸的流量由调速阀B控制。在这种回路中,调速阀A一直处于工作状态,它在速度换接时控制着调速阀B的流量。因此该回路的速度换接平稳性较好,但由于油液经过两个调速阀,能量损失较大。

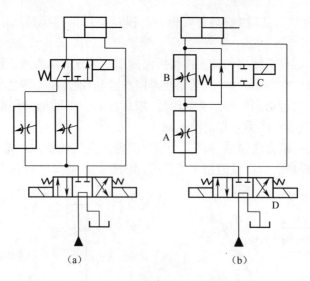

图 3 - 27   用两个调速阀的速度换接回路

任务4   多缸控制回路的安装

■任务描述

（1）掌握顺序动作控制回路的工作原理及分类。

（2）掌握同步动作控制回路的工作原理及分类。

■任务分析

液压系统中，一个油源往往要驱动多个液压缸。按照系统要求，这些缸或顺序动作、或同步动作，多缸之间要求能避免在压力和流量上的相互干扰。

多缸工作控制回路是由一个液压泵驱动多个液压缸配合工作的回路。这类回路常包括顺序动作、同步和互不干扰等回路。本任务就是通过重点分析顺序动作控制回路及同步动作控制回路这两种常用的控制方式，来掌握多缸工作控制回路的安装与调试。

在多缸液压系统中，往往需要按一定的要求顺序动作。例如，自动车床中刀架的纵横向运动，夹紧机构的定位和夹紧等。

3.4.1   顺序动作回路

顺序动作回路的功能是使多个液压缸按照预定顺序依次动作。这种回路常用的控制方式有压力控制和行程控制两类。

1. 压力控制的顺序动作回路

此回路利用油路本身的油压变化来控制多个液压缸顺序动作。常用压力继电器和顺序阀来控制多个液压缸顺序动作。

图 3-28 所示为采用两个单向顺序阀的压力控制顺序动作回路。其中,单向顺序阀 4 控制两液压缸前进时的先后顺序,单向顺序阀 3 控制两液压缸后退时的先后顺序。当电磁换向阀通电时,压力油进入液压缸 1 的左腔,右腔经阀 3 中的单向阀回油,此时由于压力较低,阀 4 关闭,缸 1 的活塞先动。当缸 1 的活塞运动至终点时,油压升高,达到阀 4 的调定压力时,阀 4 开启,压力油进入液压缸 2 的左腔,右腔直接回油,缸 2 的活塞向右移动,当缸 2 的活塞右移到达终点后,电磁换向阀断电复位,此时压力油进入缸 2 的右腔,左腔经阀 4 中的单向阀回油,使缸 2 的活塞向左返回。当缸 2 的活塞左移到达终点时,油压升高,打开阀 3 再使缸 1 的活塞返回。

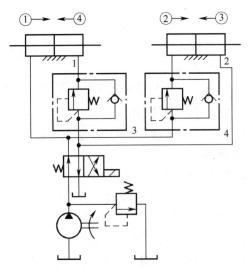

图 3-28　用顺序阀控制顺序动作回路

1、2—液压缸;3、4—单向顺序阀。

这种顺序动作回路的可靠性,在很大程度上取决于顺序阀的性能及其调定压力值。顺序阀的调定压力应比先动作的液压缸的工作压力高 $8×10^5 \sim 10×10^5 \, Pa$,以免在系统压力波动时方式误动作。

2. 用行程控制的顺序动作回路

用行程控制的顺序动作回路是利用工作部件到达一定位置时,发出信号来控制液压缸的先后动作顺序,它可以利用行程开关、行程阀或顺序缸来实现。

图 3-29 所示为用电气行程开关控制的顺序动作回路。其动作顺序是:按起动按钮,电磁铁 1DT 通电,缸 1 活塞右行;当挡铁触动行程开关 2XK 时,使 2DT 通电,缸 2 活塞右行;当缸 2 活塞右行至行程终点,触动 3XK,使 1DT 断电,缸 1 活塞左行;而后触动 1XK,使 2DT 断电,缸 2 活塞左行。至此完成了缸 1、缸 2 的全部顺序动作的自动循环。采用电气行程开关控制的顺序回路,调整行程大小和改变动作顺序均甚方便,且可利用电气互锁使动作顺序可靠。

3.4.2　同步回路

使两个或两个以上的液压缸,在运动中保持相同位移或相同速度的回路称为同步回路。在一泵多缸的系统中,尽管液压缸的有效工作面积相等,但是由于运动中所受负载不

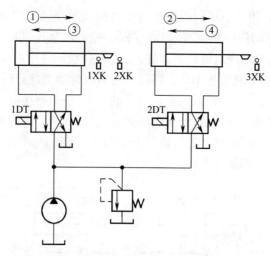

图 3-29 用电气行程开关控制的顺序动作回路

均衡,摩擦力也不相等,再加上泄漏量的不同即制造上的误差等因素,不能使液压缸同步动作。同步回路的作用就是为了克服这些影响,补偿在流量上所造成的变化。

1. 串联液压缸的同步回路

图 3-30 所示为串联液压缸的同步回路。图中第一个液压缸回油腔排出的油液,被送入第二个液压缸的进油腔。如果串联油腔活塞的有效面积相等,便可实现同步运动。这种回路两缸能承受不同的负载,但泵的供油压力要大于两缸工作压力之和。

由于泄漏和制造误差,影响了串联液压缸的同步精度,当活塞往复多次后,会产生严重的失调现象,为此要采取补偿措施。图 3-31 所示为采用补偿措施的串联液压缸同步

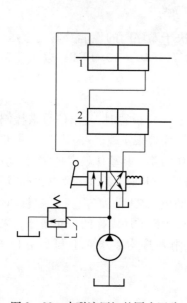

图 3-30　串联液压缸的同步回路

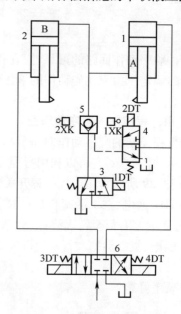

图 3-31　采用补偿措施的串联液压缸同步回路
1、2—液压缸;3、4—二位三通电磁换向阀;
5—液控单向阀;6—三位四通电磁换向阀。

回路。为了达到同步运动,液压缸 1 有杆腔 A 的有效面积应与缸 2 无杆腔 B 的有效面积相等。在活塞下行的过程中,如液压缸 1 的活塞先运动到底,触动行程开关 1XK,使电磁铁 1DT 通电,此时压力油便经过二位三通电磁阀 3、液控单向阀 5,向液压缸 2 的 B 腔补油,使缸 2 的活塞继续运动到底。如果液压缸 2 的活塞先运动到底,触动行程开关 2XK,使电磁铁 2DT 通电,此时压力油便经二位三通电磁阀 4 进入液控单向阀的控制油口,液控单向阀 5 反向导通,使缸 1 能通过液控单向阀 5 和二位三通电磁阀 3 回油,使缸 1 的活塞继续运动到底,对失调现象进行补偿。

2. 流量控制式同步回路

(1)用调速阀控制的同步回路。图 3-32 所示是两个并联的液压缸,分别用调速阀控制的同步回路。两个调速阀分别调节两缸活塞的运动速度,当两缸有效面积相等时,则流量也调整得相同;若两缸面积不等时,则改变调速阀的流量也能达到同步的运动。

用调速阀控制的同步回路结构简单,并且可以调速,但是由于受到油温变化以及调速阀性能差异等影响,同步精度较低,一般为 5%~7%。

(2)用电液比例调速阀控制的同步回路。图 3-33 所示为用电液比例调整阀实现同步运动的回路。当两个活塞出现位置误差时,检测装置就会发出信号,调节比例调速阀的开度,使缸 4 的活塞跟上缸 3 活塞的运动而实现同步。

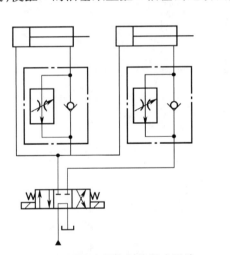 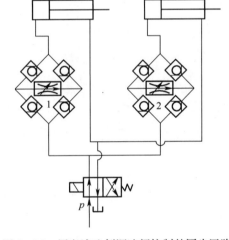

图 3-32 用调速阀控制的调速回路　　　　图 3-33 用电液比例调速阀控制的同步回路

这种回路的同步精度较高,位置精度可达 0.5mm,已能满足大多数工作部件所要求的同步精度。比例阀性能虽然比不上伺服阀,但费用低,系统对环境适应性强。因此,用它来实现同步控制被认为是一个新的发展方向。

3.4.3 多缸执行元件互不干扰回路

在一泵多缸的液压系统中,往往由于其中一个液压缸快速运动时,会造成系统的压力下降,影响其他液压缸工作进给的稳定性。因此,在工作进给要求比较稳定的多缸液压系统中,必须采用快慢速互不干涉回路。

如图 3-34 所示的回路中,各液压缸分别要完成快进、工作进给和快速退回的自动循环。回路采用双泵的供油系统,泵 1 为高压小流量泵,供给各缸工作进给所需的压力油,泵 2

为低压大流量泵,为各缸快进或快退时输送低压油,它们的压力分别由溢流阀3和4调定。

当开始工作时,电磁阀1DT、2DT和3DT、4DT同时通电,液压泵2输出的压力油经单向阀6和8进入液压缸的左腔,此时两泵供油使各活塞快速前进。当电磁铁3DT、4DT断电后,由快进转换成工作进给,单向阀6和8关闭,工进所需压力油由液压泵1供给。如果其中某一液压缸(例如缸A)先转换成快速退回,即换向阀9失电换向,泵2输出的油液经单向阀6、换向阀9和阀11的单向元件进入液压缸A的右腔,左腔经换向阀回油,使活塞快速退回。而其他液压缸仍由泵1供油,继续继续工作进给。这时,调速阀5(或7)使泵1仍然保持法3的调定压力,不受快退的影响,防止相互干扰。

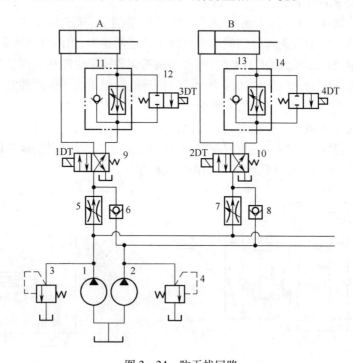

图 3-34　防干扰回路

1—高压小流量泵;2—低压大流量泵;3、4—溢流阀;5、7—调速阀;6、8—单向阀;
9、10—二位四通换向阀;11、13—单向调速阀;12、14—二位二通换向阀。

在回路中,调速阀5和7的调定流量应适当大于单向调速阀11和13的调定流量,这样工作进给的速度由阀11和13来决定,这种回路可以用在多缸工作部件各自分别运动的基础液压传动系统中,换向阀10用来控制B缸换向,换向阀12、14分别控制A、B缸快速进给。

∎ 任务实施

实训 9　多缸控制回路的组装与调试

1. 实训场地及设备

(1)实训场地:液压实训室、实训基地。

（2）实训设备:各种液压实训台、模拟仿真软件、实验室模拟设备等。

2. 分组

每6人一组,每组选出一名代表为组长,其他组员服从组长分配。

3. 任务书

（1）预习并结合课本内容和已经掌握的知识,讨论归纳总结多缸控制回路作用、运动特点和功用。

（2）归纳多缸控制回路的类型和各种多缸控制回路的作用。

（3）小组成员把归纳总结的学习情况体现在图纸上。

（4）各组成员要分工合作,全力参与,集中精力操作。

（5）各组成员要密切配合,集中本组集体智慧,充分发挥主观能动性。

每组围绕着有关多缸控制回路的内容进行讨论,经过画图、分析油路、群体讨论后,把结果体现在图纸上,形成具有本组特色的作品,老师在旁边进行指导、监控,然后将各组写好的作品展示在黑板上。

4. 各组成员分组上液压实训台进行多缸控制回路的组装与调试

■自我测试

3-4-1 填空题

1. 液压基本回路是由某些液压元件组成的,用来完成（   ）的回路,按其功用不同,可分为（   ）回路、（   ）回路和（   ）回路。

2. 在进油路节流调速回路中,当节流阀的通流面积调定后,速度随负载的增大而（   ）。

3. 在容积调速回路中,随着负载的增加,液压泵和液压马达的泄漏（   ）,于是速度发生变化。

4. 液压泵的卸荷有（   ）卸荷和（   ）卸荷两种方式。

5. 在定量泵供油的系统中,用（   ）实现对执行元件的速度控制,这种回路称为（   ）回路。

3-4-2 判断题

1. 单向阀不只是作为单向阀使用,在不同的场合,可以有不同的用途。（   ）

2. 高压大流量液压系统常采用电磁换向阀实现主油路换向。（   ）

3. 容积调速回路中,其主油路中的溢流阀起安全保护作用。（   ）

4. 采用顺序阀的顺序动作回路中,其顺序阀的调整压力应比先动作液压缸的最大工作压力低。（   ）

5. 在定量泵与变量马达组成的容积调速回路中,其转矩恒定不变。（   ）

6. 同步回路可以使两个以上液压缸在运动中保持位置同步或速度同步。（   ）

3-4-3 选择题

1. 在用节流阀的旁油路节流调速回路中,其液压缸速度（   ）。

    A. 随负载增大而增加　　B. 随负载减少而增加　　C. 不随负载变化

2. （   ）节流调速回路可承受负值负载。

    A. 进油路　　　　　　　B. 回油路　　　　　　　C. 旁油路

3. 顺序动作回路可用(   )来实现。

    A. 减压阀　　　　　　　　B. 溢流阀　　　　　　　　C. 顺序阀

4. 要实现快速运动可采用(   )回路。

    A. 差动连接　　　　　　　B. 调速阀调速　　　　　　C. 大流量泵供油

5. 为使减压回路可靠地工作,其最高调整压力应(   )系统压力。

    A. 大于　　　　　　　　　B. 小于　　　　　　　　　C. 等于

6. 变量泵和定量马达组成的容积调速回路为(   )调速,即调节速度时,其输出的(   )不变。定量泵和变量马达组成的容积调速回路为(   )调速,即调节速度时,其输出的(   )不变。

    A. 恒功率　　　　　　　　B. 恒转矩　　　　　　　　C. 恒压力

    D. 最大转矩　　　　　　　E. 最大功率　　　　　　　F. 最大流量和压力

3-4-4　计算题

1. 试说明如图 3-35 所示由行程阀与液动阀组成的自动换向回路的工作原理。

2. 如图 3-36 所示回路中,3 个溢流阀的调定压力如图,试问泵的供油压力有几级?数值各为多少?

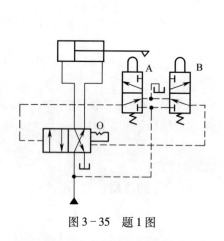

图 3-35　题 1 图　　　　　　　　　　　　图 3-36　题 2 图

3. 如图 3-37 所示液压系统,液压缸活塞面积 $A_1 = A_2 = 100 \text{cm}^2$,缸 Ⅰ 运动时负载 $F_L = 35000 \text{N}$,缸 Ⅱ 运动时负载为零。不计压力损失,溢流阀、顺序阀和减压阀的调定压力分别为 4MPa、3MPa、2MPa。求出下列 3 种工况下 A、B、C 处的压力。

  (1) 液压泵启动后,两换向阀处于中位。

  (2) 1YA 通电,液压缸 Ⅰ 活塞运动时及运动到终点时。

  (3) 1YA 断电,2YA 通电,液压缸 Ⅱ 活塞运动时及活塞杆碰到挡块时。

4. 如图 3-38 所示回路,已知溢流阀 1、2 的调定压力分别为 6.0MPa,4.5MPa,泵出口处的负载阻力为无限大,试问在不计管道损失和调压偏差时:

  (1) 当 1YA 通电时,泵的工作压力为多少? B、C 两点的压力各为多少?

  (2) 当 1YA 断电时,泵的工作压力为多少? B、C 两点的压力各为多少?

5. 如图 3-39 所示液压系统,能实现"快进—工作—快退—原位停止及液压泵卸荷"的工作循环。试完成:

(1) 填写电磁铁的动作顺序(电磁铁通电为"＋",断电为"－")。

(2) 分析本系统有哪些基本回路组成?

(3) 说明图中注有序号的液压元件的作用。

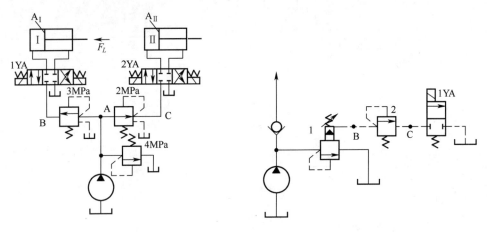

图 3-37 题 3 图   图 3-38 题 4 图

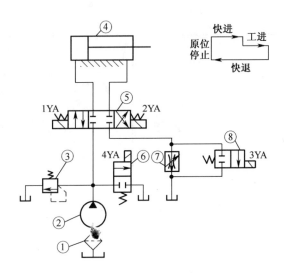

图 3-39 题 5 图

电磁铁 动作	1YA	2YA	3YA	4YA
快进				
工作				
快退				
原位停止 及泵卸荷				

6. 试列出如图 3 – 40 所示液压系统实现"快进—工作—快退—停止"的电磁铁动作顺序表(表格形式同题 5),并说明各个动作循环的进油路和回油路。

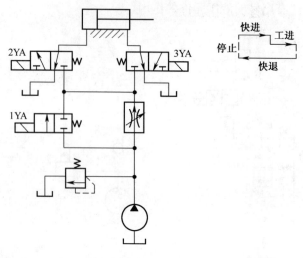

图 3 – 40　题 6 图

电磁铁动作顺序表如下。

动作 ＼ 电磁铁	1YA	2YA	3YA
快进			
工作			
快退			
原位停止			

4 项目4　液压系统的设计、安装与调试

学习目标

培养学生对液压系统设计、安装与调试的能力,主要包括液压回路的设计(方案设计、元件选择、元件参数计算及元件强度校核)与绘图能力;各种元件的选择、日常维护、故障检测及故障排除能力;液压回路的故障检测及故障排除能力。

技能目标

学习液压系统的设计步骤、方法;拟定液压系统原理图;液压元件的参数计算和选择;液压系统性能验算;绘制工作图和编制技术文件;各种系统常见故障及排除方法。

任务1　液压系统的设计

任务描述

液压系统设计是整机设计的重要组成部分,是实现整个系统液压控制部分的关键。设计主要包括液压系统工况分析和系统的确定、液压系统参数的确定、液压系统图的拟定、液压元件的计算和选取等。

任务分析

液压传动系统的设计是整机设计的一部分。通过简单液压传动系统的设计,可进一步了解液压传动系统的组成和工作原理,掌握液压传动系统设计的基本方法。

本任务主要以卧式单面多轴钻孔组合机床动力滑台的液压系统的设计为例,介绍液压传动系统的设计方法。

4.1.1　液压系统的设计内容及设计步骤

液压系统设计的步骤,随设计的实际情况、设计者的经验而各有差异,但其基本内容是一致的,其步骤为:①明确设计要求,进行工况分析;②拟定液压系统原理图;③进行液压元件的计算和选择;④进行液压系统的性能验算;⑤绘制工作图和编制技术文件。

以上设计步骤的过程,有时需要穿插进行,交叉展开。对某些比较复杂的液压系统,需经过多次反复比较,才能最后确定。

4.1.2 液压系统的设计要求与运动、负载分析

1. 明确设计要求

设计要求是进行每项工程设计的依据,在制定基本方案并进一步着手液压系统各部分设计之前,必须要明确主机对液压系统提出的要求,具体内容如下。

(1) 主机的用途、主要结构、工艺流程、总体布局,主机对液压系统执行元件在空间位置和尺寸上的限制。

(2) 液压执行元件的工作方式(移动、转动或摆动)及其工作范围,液压执行元件的动作顺序和互锁要求,液压执行元件的负载和运动速度的大小及其变化范围。

(3) 对液压系统工作性能(工作平稳性、转换精度等)、工作效率、自动化程度和操作控制方式的要求。

(4) 液压系统的工作环境要求,如环境温度、湿度、尘埃、振动、污染以及是否有腐蚀性和易燃性物质的存在,安装空间等情况。

(5) 其他要求,如液压装置的重量、外形尺寸及其经济性方面的限制。

2. 进行工况分析

分析液压系统各执行元件在工作过程中速度和负载的变化规律,也称作工况分析。通过分析可以进一步明确主机在性能方面对液压系统的要求,为确定系统及各执行元件的参数提供依据。

(1) 运动分析。运动分析是研究各执行元件按工艺要求,以怎样的运动规律完成一个工作循环。对于自动化程度不高的机器,根据液压驱动件的运动方式(移动、摆动或转动)及运动间的关系,确定各运动同时动作或依次动作的顺序;对于自动化程度高的机器,要确定它的自动工作循环;对于工作循环较复杂的单个液压执行元件,或相互动作关系复杂的多个液压执行元件来说,应绘出其动作循环,或整机的动作周期表,以表示出各运动部件间的动作顺序、转换方式和互相连锁作用;然后根据工作循环阶段中的行程 S 与时间 T,算出各阶段的速度,并绘出速度循环图,图 4-1 所示为某组合机床动力滑台的运动分析图。其中,图 4-1(a)所示为动力滑台工作循环图,图 4-1(b)所示为动力滑台速度—位移(时间)曲线图。为选定系统方案,选择液压元件提供依据。

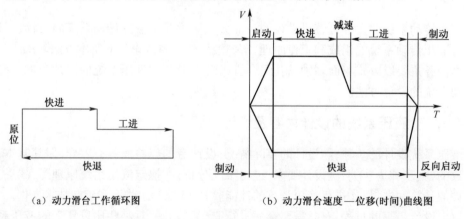

(a) 动力滑台工作循环图　　　　(b) 动力滑台速度—位移(时间)曲线图

图 4-1　动力滑台运动分析图

（2）负载分析。根据上述运动分析所绘制的速度循环图,确定液压执行部件的空行程速度、工作行程速度及调速范围,通过计算或实验,对工作部件进行动力分析,确定液压执行元件所要求的最大进给力。对于某些设备,若负载变化较复杂,在条件许可时,应绘出负载循环图,为确定液压执行元件的工作压力、拟定液压系统提供依据。液压系统的工作性能还包括工作的平稳性、可靠性、转换精度、停留时间、冲击力等方面的要求。一般情况下,液压执行元件带动工作部件作直线往复运动时,所需克服的外负载包括工作负载、摩擦负载和惯性负载。

① 工作负载 F_g。不同液压设备工作负载的形式各不相同。对于金属切削机床,工作负载是作用在工作部件运动方向上的切削力;对于提升机械,其重物的重量就是工作负载。工作负载的方向与活塞的运动方向相同的为负,相反的为正。

② 摩擦负载 F_f。液压缸驱动工作部件移动时,需要克服导轨或支承面上的摩擦力,这个摩擦力称为摩擦负载。

对于平导轨

$$F_f = f(G + F_N) \qquad (4-1)$$

对于 V 型导轨

$$F_f = f(G + F_N) / \sin(\alpha/2) \qquad (4-2)$$

式中　G——运动部件所受的重力(N);

　　　F_N——外负载作用于导轨上的正压力(N);

　　　f——摩擦系数,一般静摩擦系数 $f_s = 0.2 \sim 0.3$,动摩擦系数 $f_d = 0.06 \sim 0.1$;

　　　α——V 型导轨的夹角,一般 $\alpha = 90°$。

③ 惯性负载 F_a。惯性负载是工作部件在启动加速和制动减速时的惯性力。启动时为正值,制动时为负值。其大小可根据牛顿第二定律计算

$$F_a = G \Delta v / g \Delta t \qquad (4-3)$$

式中　G——工作部件的重量;

　　　g——重力加速度;

　　　Δv——Δt 时间内速度的变化量;

　　　Δt——启动加速度或减速的时间,一般机床 $\Delta t = 0.1 \sim 0.5s$,对轻载低速运动部件取小值,对重载高速运动部件取大值。以上 3 种负载之和称为液压缸的外负载 F_W。

启动加速时　$F_W = F_g + F_f + F_a$

稳态运动时　$F_W = F_g + F_f$

减速制动时　$F_W = F_g + F_f - F_a$

根据上述各运动阶段内的负载与相应的时间,可绘出液压缸的负载循环图,如图4-2所示。它清楚地表明了液压缸在工作循环中负载的变化规律。

实际上液压缸工作时,还需克服内部密封装置产生的摩擦阻力和液压缸回油腔的背压阻力。

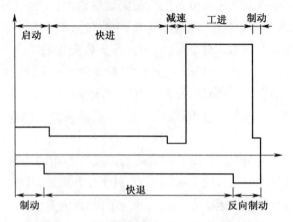

图4-2 液压缸负载—位移(时间)曲线图

4.1.3 执行元件主要参数的确定

液压执行元件的主要参数是压力和流量,它们是设计液压系统,选择液压元件的依据。压力决定于外负载,流量取决于液压执行元件的运动速度和结构尺寸。由此可见,液压执行元件主要参数的确定可通过以下步骤完成。

1. 初定系统工作压力

液压执行元件的工作压力选定是否合适,直接关系到液压系统设计的合理程度。在负载一定的条件下,工作压力选得低,则元件尺寸和重量增大,经济性差。若选用工作压力高,能获得紧凑的结构,但是对元件的性能和密封性能要求提高,成本增加。因此,必须结合实际情况选取适当的工作压力。

初选液压缸的工作压力,可以根据液压缸的总负载和液压设备的类型,按表4.1和表4.2选取。

表4.1 按负载选择执行元件工作压力

负载/kN	<5	5~10	10~20	20~30	30~50	>50
工作压力/MPa	<0.8~1	1.5~2	2.5~3	3~4	4~5	≥5

表4.2 按主机类型选择执行元件工作压力

主机类型	机 床				农业机械、小型工程机械、建筑机械	液压机、中、大型挖掘机、重型机械、起重运输机械
工作压力/MPa	磨床	组合机床	龙门刨床	拉床	10~18	20~32
	0.8~2	3~5	2~8	8~10		

2. 确定执行元件的主要尺寸

液压缸的主要尺寸是指缸筒内径 D、活塞杆直径 d 和缸筒长度 L 等。根据液压缸的负载、运动速度、行程长度和选取的工作压力,即可将上述尺寸确定。

当工作速度很低时,需按液压缸最低运动速度的要求,验算液压缸的有效作用面积 A_c,使其应满足

$$A_c \geqslant q_{\nu min} / v_{cmin} \tag{4-4}$$

式中　$q_{\nu min}$ ——流量阀的最小稳定流量,可从流量阀产品目录上查得;

　　　　v_{cmin} ——为液压缸的最低运动速度。

若验算结果不能满足式(4-4)的要求,则需加大液压缸的内径 D。

如在计算液压缸尺寸时需要考虑背压,则可初定一参考值,待回路确定之后再修正。参考背压值如表4.3所列。

表 4.3　液压缸参考背压

系统类型	背压 p/MPa	系统类型	背压 p/MPa
回油路上有节流阀的调速系统	0.2~0.5	回油路上装有背压阀	0.5~1.5
回油路上有节流阀的调速系统	0.5~0.8	带补油泵的闭式回路	0.8~1.5

3. 绘制执行元件工况图

液压系统执行元件的工况图是在执行元件结构参数确定之后,根据设计任务要求,算出不同阶段中的实际工作压力、流量和功率之后作出的。工况图显示液压系统在实现整个工作循环时这3个参数的变化情况,它包括压力循环图、流量循环图和功率循环图,图4-3所示为组合机床动力滑台液压缸的工况图。将系统中各执行元件的工况图相叠加,就可得到整个系统的工况图。

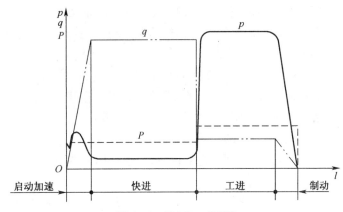

图 4-3　液压缸工况图

4.1.4　液压系统原理图的拟定

拟定液压系统原理图,是液压系统设计的一个重要步骤。拟定时,要根据整机的性能和动作要求,先确定系统类型,再选择液压基本回路,最后合成基本回路,便可组成一个完整的液压系统。

1. 确定系统类型

液压系统在类型上采用开式还是闭式,主要取决于它的调速方式和散热要求。一般说来,凡备有较大空间可以存放油箱且不另设置散热装置的系统,要求结构尽可能简单的系统,或采用节流调速、容积节流调速的系统,都宜采用开式,即执行元件的排油回油箱,油液经过沉淀、冷却后再进入液压泵进行循环;凡对工作稳定和效率有较高要求的系统,或采用容积调速的系统,都宜采用闭式,即执行元件的排油直接进入液压泵进行循环。

2. 选择液压基本回路

（1）选择调速回路。液压执行元件确定之后，其运动方向和运动速度的控制是拟定液压回路的核心问题。调速回路的选择主要根据调速范围、功率大小、低速稳定性、允许温升以及经济性等因素来考虑。

节流调速的结构简单、低速稳定性好，但是这种系统必须用溢流阀，故效率低、发热量大，多用于功率不大的场合；容积调速的优点是没有溢流损失和节流损失，效率较高，但为了散热和补充泄漏，需要有辅助泵，此种调速方式适用于功率大、运动速度高的液压系统；容积节流调速使其供油量与需油量相适应，此种回路效率较高，速度稳定性较好，但其结构比较复杂。

调速回路一经确定，回路的循环形式也就随之确定了。

（2）选择压力控制回路。液压执行元件工作时，要求系统保持一定的工作压力或在一定范围压力内工作，也有的需要多级或无级连续的调节压力，一般在节流调速系统中，通常由定量泵供油，用溢流阀调节所需压力，并保持恒定。在容积调速系统中，用变量泵供油，用安全阀起安全保护作用。

在有些液压系统中，有时需要流量不大的高压油，这时可考虑用增压回路得到高压，而不用单设高压泵。若液压执行元件在短时间内不需要供油，可以考虑选择卸荷回路。在系统的某个局部，工作压力低于主油路压力时，要考虑采用减压回路来获得所需的工作压力。

（3）选择顺序动作回路。主机各执行机构的顺序动作，根据设备类型不同，有的按固定程序运行，有的则是随机的或人为的。工程机械的操纵机构多为手动，一般用手动的多路换向阀控制。加工执行机构的顺序动作多采用行程控制，可使动作可靠。行程开关安装比较方便，而用行程阀需连接相应的油路，因此只适用于管路连接比较方便的场合。

另外，还有时间控制、压力控制等。例如，液压泵无载启动，经过一段时间，当泵正常运转后，延时继电器发出电信号使卸荷阀关闭，建立起正常的工作压力；当某一执行元件完成预定动作时，回路中的压力达到一定数值，可以通过压力继电器发出电信号或打开顺序阀使压力油通过，来启动下一个动作。

合理地使用压力控制，可简化系统。时间控制一般不单独使用，常和行程或压力控制组合使用。

（4）液压系统的合成。将选定的液压回路，再配一些必要的测压、润滑等辅助回路，即可组成完整的液压系统图。各回路相互组合时要去掉重复多余的元件，力求系统结构简单，工作安全可靠。注意各元件间的连锁关系，避免误动作发生，要尽量减少系统的发热和温升，防止液压系统出现液压冲击，力求提高系统的工作效率。

4.1.5 液压元件的计算和选择

1. 液压泵的选择

（1）确定液压泵的最高工作压力。液压泵的最大工作压力必须等于或超过液压执行元件最大工作压力及进油路上总压力损失这两者之和，即

$$p_{P\max} \geqslant p_C + \sum \Delta p \tag{4-5}$$

式中　p_C——液压缸的最高工作压力，可以从工况图中找到；

$\sum \Delta p$——总压力损失。一般节流调速和简单的系统,取$\sum \Delta p = 0.2 \sim 0.5 \mathrm{MPa}$,进

油路上有调速阀和复杂的系统,取$\sum \Delta p = 0.5 \sim 1.5 \mathrm{MPa}$。

(2)确定液压泵的最大流量。液压泵的流量必须等于或超过几个同时工作的液压执行元件总流量的最大值以及回路中泄漏量这两者之和,即

$$q_{P\max} \geqslant K \sum q_{C\max} \qquad (4-6)$$

式中 K——系统泄露系数,一般取$K = 1.1 \sim 1.3$,小流量取大值,大流量取小值;

$\sum q_{C_{\max}}$——同时动作的各液压缸所需流量之和的最大值,可由流量循环图中查出。

(3)液压泵规格的选择。在参照产品样本选取液压泵时,泵的额定压力应比系统中泵的最高工作压力高出$25\% \sim 60\%$,使泵具有一定的压力储备,以保证泵安全可靠的工作。泵额定流量的选择只需满足系统中的最大流量需要即可。

① 液压泵的额定压力P_n应符合$P_n \geqslant (1.25 \sim 1.6)P_P$以保证液压泵安全可靠和一定的压力储备。

② 液压泵的额定流量q_n应符合$q_n = q_P$。

(4)驱动液压泵的电动机功率的选择。驱动液压泵的电动机功率P_P的计算公式为

$$P_P = p_P q_P / 60\eta_P \qquad (4-7)$$

式中 p_P——液压泵实际工作压力;

q_P——额定流量(实际输出流量);

η_P——液压泵总效率,齿轮泵取$\eta_P = 0.65 \sim 0.8$,叶片泵取$\eta_P = 0.7 \sim 0.85$,柱塞泵取$\eta_P = 0.85 \sim 0.9$。

2. 阀类元件选择

按照所拟定的液压系统原理图,并根据系统的最高工作压力和通过该阀的最大流量,从产品样本中选取标准液压控制阀。要求阀的额定压力和额定流量,一般应大于系统最高工作压力和通过该阀的最大流量。必要时允许通过阀的最大流量可超过流量的20%,但不能过大,以免引起发热、噪声、压力损失增大等。溢流阀应按泵的最大流量选取;流量阀应按系统中流量调节范围选取,其最小稳定流量应能满足工作部件最低稳定速度的要求。对于可靠性要求特别高的系统来说,阀类元件的额定压力应高出其工作压力较多。

3. 液压辅助元件的选择

根据液压系统对各辅助元件的要求,按项目2中相关内容进行选择。在选择油管和管接头的简便方法时,使他们的规格与它们连接的液压元件油口的尺寸一致。

油箱容积的确定一般根据泵的额定容量q_P进行,对低压系统$(0 \sim 2.5 \mathrm{MPa})$,$V = (2 \sim 4)q_P$;中压系统$(2.5 \sim 6.3 \mathrm{MPa})$,$V = (5 \sim 7)q_P$;高压系统(大于$6.3 \mathrm{MPa}$),$V = (6 \sim 12)q_P$。

4.1.6 液压系统技术性能的验算

液压系统初步确定之后,就需对系统的有关性能加以验算,以判别系统的设计质量,并对液压系统进行完善和改进。液压系统技术性能的验算是一个复杂的问题,目前只是采用一些简化公式进行近似估算,以便定性地说明情况。液压系统性能验算的项目很多,

常见的有回路压力损失验算和发热温升验算。

1. 液压回路压力损失验算

压力损失包括管道内的沿程压力损失和局部压力损失以及阀类元件处的局部压力损失 3 项。管道内的两种损失可用项目 2 中的有关公式估算;阀类元件的局部压力损失则需从产品样本中查出。当通过阀类元件的实际流量 q 不是其公称流量 q_n 时,它的实际压力损失 Δp 与其额定压力损失 Δp_n 间将呈现如下的近似关系

$$\Delta p = \Delta p_n \, (q/q_n)^2 \tag{4-8}$$

计算液压系统的回路压力损失时,不同的工作阶段要分开来计算。回油路上的压力损失一般都折算到进油路上去。如果算出的管路压力损失 Δp 与初算时假定值相差太大,则必须以此 Δp 值代替假定值,进行重新计算,或对原设计进行修改,以降低 Δp 值。对于较简单的液压系统,压力损失的验算可以省略。

2. 液压系统发热温升的验算

液压系统在工作时有压力损失、机械效率、容积效率,这些大都转变为热能,使系统发热,油温升高,产生不良后果、影响正常工作。为此,必须控制油液温升 ΔT 在许可范围内。如机床系统温升 $\Delta T \leqslant 25\text{℃} \sim 30\text{℃}$,工程机械温升 $\Delta T \leqslant 35\text{℃} \sim 40\text{℃}$,精密机床的温升 $\Delta T \leqslant 10\text{℃} \sim 15\text{℃}$。

液压系统中产生热量的元件很多,散热的元件主要是油箱,在达到热平衡时控制温升,必须验算。

(1)发热量计算。功率损失转换为热量,因此系统单位时间的发热量为

$$H = P_m - P_z = P_m(1 - \eta) \tag{4-9}$$

式中　P_m ——液压泵输入功率(kW);

　　　　P_z ——液压执行元件输出功率(kW);

　　　　η ——液压系统总效率,它等于液压泵效率 η_p、回路效率 η_L、液压执行元件效率 η_C 的乘积,即 $\eta = \eta_p \eta_L \eta_C$。

(2)油箱单位时间散热量计算。液压系统中散发热量的元件主要是油箱,则油箱散发到空气中的容量计算公式为

$$H_C = C_T A \Delta T \tag{4-10}$$

式中　ΔT ——液压系统的温升;

　　　　A ——油箱的散热面积;

　　　　C_T ——铁制油箱的散热系数,当自然通风很差时 $C_T = (8 \sim 9) \times 10^{-3}$,自然通风良好时 $C_T = (15 \sim 17.5) \times 10^{-3}$,加有专用冷却器时 $C_T = (110 \sim 170) \times 10^{-3}$。

系统达到热平衡时,系统温升为

$$\Delta T = H/C_T A \tag{4-11}$$

计算所得温升大于允许温升时,可采取增大油箱散热面积或增设冷却装置。

4.1.7　绘制正式工作图和编制技术文件

1. 绘制工作图

(1)液压系统原理图。应附有液压元件明细表,表中标明各液压元件的型号和压力

阀、流量阀的调整值,画出执行元件工作循环图,列出相应电磁铁和压力继电器的工作状态表。

（2）液压系统装配图。液压系统装配图包括泵站装配图、集成油路装配图、管路安装图。

（3）非标准件的装配图和零件图。对于自行设计的非标准元件,如液压缸、油箱等,必须绘制出零件图和装配图。

2. 编制技术文件

技术文件一般包括液压系统设计计算说明书,液压系统原理图,液压系统工作原理图说明和操作使用及维护说明书,部件目录表,标准件、通用件及外购件汇总表等。

■任务实施

实训10　单面多轴钻孔组合机床动力滑台的液压系统

1. 场地及设备

（1）实训场地:液压实训室、实训基地。

（2）实训设备:液压实训台、模拟仿真软件、实验室模拟设备等。

2. 实施步骤

本工作任务主要由明确任务、制订计划、做出决策、实施、控制和评价反馈6个步骤组织实施。

（1）教师通过图片、多媒体课件讲授液压系统的设计步骤与计算方法。

（2）学生分组分析液压系统中各元件的作用、工作原理及执行元件的动作并记录结果。

（3）根据设计任务提出问题,依照设计步骤完成设计文件。

（4）通过实训设备将设计文件物化,进行系统的组装、调试直至达到设计任务的要求。

（5）教师讲评设计成果,总结设计过程中的经验与教训、设计收获。

3. 单面多轴钻孔组合机床动力滑台的液压系统

设计一卧式单面多轴钻孔组合机床动力滑台的液压系统。按加工需要,动力滑台的工作循环是:快速前进→工作进给→快速退回→原位停止。液压系统的主要参数为:切削力 $F_g = 20000N$;移动部件（工作台、夹具及工件）总重力 $G = 10000N$;快进行程 $l_1 = 100mm$;工进行程 $l_2 = 50mm$;快进快退的速度为 $4m/min$;工进速度为 $0.05m/min$;加速、减速时间 $\Delta t = 0.2s$;该动力滑台采用水平放置的平导轨,静摩擦系数 $f_s = 0.2$,动摩擦系数 $f_d = 0.1$。

1）负载分析

液压缸在工作过程中的负载介绍如下。

切削力: $F_g = 20000N$

静摩擦力: $F_{fs} = 0.2 \times 10000N = 2000N$

动摩擦力: $F_{fd} = 0.1 \times 10000N = 1000N$

惯性力：$F_a = 10000 \times 4/60/9.8 \times 0.2 = 342N$

取液压缸机械效率 $\eta_m = 0.95$，则液压缸在各个工作阶段的总机械负载可以算出，如表 4.4 所列。

表 4.4　液压缸各运动阶段负载表

动作	液压缸负载 F/N	液压缸推力（F/η_m）/N
启动	$F = F_{fs} = 2000$	2105
加速	$F = F_{fd} = 1000 + 342 = 1342$	1413
快进	$F = F_{fd} = 1000$	1053
工进	$F = F_{fd} + F_g = 1000 + 20000 = 21000$	22105
快退	$F = F_{fd} = 1000$	1053

根据液压缸的工况分析绘制其负载、速度循环图，如图 4-4、图 4-5 所示。

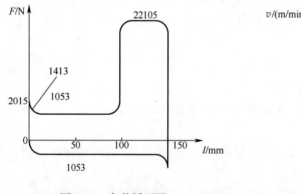

图 4-4　负载循环图

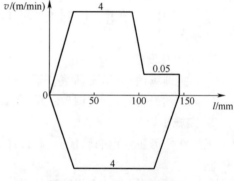

图 4-5　速度循环图

2）确定液压缸的工作压力和尺寸

（1）初选液压缸的工作压力。根据液压缸的最大推力或参考同类型组合机床，按表 4.1、表 4.2 初选液压缸的工作压力 $p_C = 4\text{MPa}$。

（2）计算液压缸尺寸。因题中要求快进、快退速度相等，故可选用差动液压缸，使活塞杆面积保持关系为：$A_1 = 2A_2$，于是 $d = 0.707D$。

液压缸内径尺寸为

$$D = \sqrt{4F/\pi p_C} = \sqrt{4 \times 22105/3.14 \times 4 \times 10^6} = 83.9 \times 10^{-3}\text{m} = 83.9\text{mm}$$

活塞杆直径为 $d = 0.707D = 0.707 \times 83.9\text{mm} = 59.3\text{mm}$

取标准直径为 $D = 90\text{mm}, d = 63\text{mm}$

按液压缸标准直径，可计算出液压缸无杆腔有效作用面积 A_1 和有杆腔有效作用面积 A_2，即

$$A_1 = \pi/4D^2 = \pi/4 \times 90^2\text{mm}^2 = 63.6 \times 10^{-4}\text{m}^2$$

$$A_2 = \pi/4(D^2 - d^2) = \pi/4 \times (90^2 - 63^2)\text{mm}^2 = 32.4 \times 10^{-4}\text{m}^2$$

按最低工进速度验算液压缸尺寸，由产品样本上查得：调速阀最小稳定流量 $q_{min} = 0.05\text{L/min}$。已知最小工进速度 $v_{min} = 0.05\text{m/min}$，则

$$q_{\min}/v_{\min} = 0.05 \times 10^{-3}/0.05\,\mathrm{m}^2 = 10 \times 10^{-4}\,\mathrm{m}^2$$

因为 $A_1 > A_2 > 10 \times 10^{-4}\,\mathrm{m}^2$，所以液压缸有效作用面积能满足其最低工进速度的要求。

（3）液压缸工作循环中各阶段的压力、流量及功率计算。

根据负载循环图、速度循环图和缸的有效作用面积，可以算出液压缸工作过程中各阶段的压力、流量和功率。为了防止在钻孔钻通时滑台突然前冲，在回油路中装有背压阀，在计算工进时背压按 $p_b = 0.8\,\mathrm{MPa}$ 代入，快退时背压按 $p_b = 0.5\,\mathrm{MPa}$ 代入。计算公式和计算结果如表 4.5 所列。

表 4.5　液压缸在各个工作阶段的压力、流量和功率

工作循环	计算公式	负载 F/N	进油压力 p_C	回油压力 p_b	所需流量 q	输入功率 P
差动快进	$p_c = F + \Delta p A_2 / A_1 - A_2$ $q_c = v(A_1 - A_2)$ $P_C = p_c q_c$	1053	0.85	1.35	12.5	0.174
工进	$p_c = F + p_b A_2 / A_1$ $q_C = A_1 v$ $P_C = p_c q_c$	22105	3.88	0.8	0.32	0.021
快退	$p_c = F + p_b A_1 / A_2$ $q_C = A_2 v$ $P_C = p_c q_c$	1053	1.31	0.5	12.9	0.281

注：1. 差动连接时，液压缸的回油口到进油口之间的压力损失 $\Delta p = 0.5\,\mathrm{MPa}$，回油压力 $p_b = p_C + \Delta p$；

　　2. 快退时，液压缸有杆腔进油，压力为 p_C；无杆腔回油，压力为 p_b

3）拟定液压系统原理图

（1）调速回路的选择。由以上计算可知，本系统功率小，负载变化不大，滑台工进速度低，可采用进口节流的调速形式。为了解决进口节流调速回路在孔钻通时滑台突然前冲的现象，回油路上设置背压阀。油路循环则采用开式油路。液压缸工进时压力高、流量小，快进、快退时压力小、流量大。为了提高系统效率，选用双泵的供油方式。

因系统要求工作滑台快进和快退的速度相等，所以选用单活塞杆液压缸，快进时差动连接。为快进转工进时位置准确，平稳可靠，选用行程阀控制的速度换接回路。

（2）压力控制回路的选择。本例采用了双泵供油方式，故用液控顺序阀实现低压大流量泵卸荷，用液压阀调整高压小流量泵的供油压力。

（3）换向回路的选择。本系统对换向的平稳性没有严格的要求，所以选用电磁换向阀的换向回路。为便于实现差动连接，选用三位五通换向阀。为提高换向的位置精度，采用死挡铁和压力继电器的行程终点返程控制。

（4）合成液压系统。将上述选定的液压回路进行组合，并根据需要作必要的调整，即可绘制出液压系统原理图，如图 4-6 所示。根据液压系统原理图，可列出系统中各电磁铁的动作顺序如表 4.6 所列。

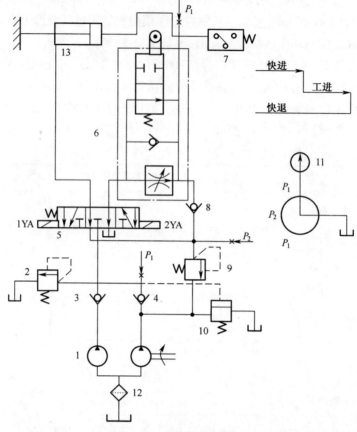

图 4-6　液压系统原理图

1—双联叶片泵;2—溢流阀;3、4、8—单向阀;5—三位五通电磁阀;6—单向行程调速阀;
7—压力继电器;9—背压阀;10—液控顺序阀;11—压力表;12—过渡器;13—液压缸。

表 4.6　电磁铁动作顺序表

电磁铁动作	1YA	2YA	行程阀	电磁铁动作	1YA	2YA	行程阀
快进	+	−	−	快退	−	+	+、−
工进	+	−	+	停止	−	−	−

4）计算和选择液压元件

（1）选择液压泵。

① 液压泵的最大工作压力。由表 4.5 可知,工进阶段液压缸的工作压力最高为 3.88MPa,若取进油路总的压力损失 $\sum \Delta p = 0.5\text{MPa}$,压力继电器可靠动作需要压力差为 0.5MPa,则高压小流量泵最高工作压力为

$$p_{P_1} = p_C + \sum \Delta p + 0.5 = 3.88 + 0.5 + 0.5 = 4.88(\text{MPa})$$

快退时液压缸的工作压力为 1.31MPa,取进油路总的压力损失 $\sum \Delta p = 0.5\text{MPa}$,则低压大流量泵最高工作压力为

$$p_{P_2} = p_C + \sum \Delta p = 1.31 + 0.5 = 1.81(\text{MPa})$$

② 液压泵的最大流量。由表 4.5 可知,最大流量在快退阶段,其值为 12.9L/min,此阶段两泵同时供油,取泄漏系数 K=1.1,则两个泵的总流量为

$$q_p = 1.1 \times 12.9 \text{L/min} = 14.21 (\text{L/min})$$

最小流量在工进时,其值为 0.31L/min,此阶段高压小流量泵供油,低压大流量泵卸荷,取溢流阀小溢流量为 2.5L/min,则高压小流量泵的流量为

$$q_{P_1} = (1.1 \times 0.32 + 2.5) \text{L/min} = 2.85 (\text{L/min})$$

根据以上计算结果,查产品样本,选 YB-4/12 型双联叶片泵,该泵额定压力为 6.3MPa,额定转速为 960r/min。

(2) 选择电动机。由表 4.5 可知,最大功率出现在快后退阶段,若取泵的总效率 $\eta_P = 0.75$,则驱动液压泵的电动机功率为

$$P_i = p_{P_2}(q_{P_1} + q_{P_2}) / \eta_P = 1.81 \times 10^6 (4 + 12) \times 10^{-3} / 0.75 \times 60 = 644 (\text{W})$$

查电动机产品样本,选 Y90S-6 型异步电动机,额定功率为 0.75kW,额定转速为 910r/min。

(3) 选择液压控制阀和辅助元件。根据液压阀在系统中的最高工作压力与通过该阀的最大流量,可选出这些元件的型号及规格。本例中所有阀的额定压力都是 6.3MPa,额定流量根据各阀通过的最大流量来确定,如表 4.7 所列。

表 4.7　液压元件明细表

序号	元件名称	通过流量	型号	序号	元件名称	通过流量	型号
1	双联叶片泵	16	YB-4/12	7	压力继电器		DP$_1$-63B
2	溢流阀	4	Y-18B	8	单向阀	16	I-25B
3	单向阀	4	I-25B	9	单向阀	0.16	B-10B
4	单向阀	12	I-25B	10	液控顺序阀	12	XY-25B
5	三位五通电磁阀	32	35D$_1$-63BY	11	压力表		Y-63B
6	单向行程调速阀	0.07~25	QC11-25B	12	过滤器	32	XU-B32×100

(4) 选择油管尺寸和油箱容积。油管尺寸一般由所选标准液压元件接口尺寸确定,也可按管路元件允许流速进行计算。本例选用内径为 15mm,外径为 19mm 的 10 号冷拔钢管。

中压系统的油箱容积一般取泵额定流量的 5~7 倍,本例如取 7 倍,故油箱的容积为

$$V = (7 \times 16) \text{L} = 112 \text{L}$$

5) 液压系统技术性能验算

(1) 回路压力损失的验算。由于系统具体管路布置尚未确定,整个回路的压力损失无法估算,仅从阀类元件对压力损失所造成的影响可以看出来,供调定系统中某些压力值时参考,这里估算从略。

(2) 油液温升的验算。在整个工作循环中,工进阶段所占用的实际最长,所以系统的发热主要是工进阶段造成的,故按工进工况验算系统温升。

液压缸在工作时,负载 F=21000N,运动速度 $v = 0.05 \text{m/min}$,则液压缸的输出功率为

$$P_C = F \times v = 21000 \times 0.05 / 60 = 17.5 (\text{W})$$

液压缸在工进时,经前面的计算得高压小流量泵最高工作压力为 $p_{P_1} = 4.88 \text{MPa}$,大

流量泵的卸荷压力取 $p_{P_2} = 0.2\text{MPa}$，泵的总效率 $\eta_P = 0.8$，则液压缸的输入功率为

$$P_{P_i} = q_{P_1} \times p_{P_1} + q_{P_2} \times p_{P_2} / \eta_P \times 60$$
$$= 4 \times 10^{-3} \times 4.88 \times 10^6 + 12 \times 10^{-3} \times 0.2 \times 10^6 / 0.8 \times 60 = 457(\text{W})$$

液压系统总效率为

$$\eta = P_C / P_{P_i} = 17.5 / 457 = 0.04$$

系统发热量为

$$H = P_{Pi}(1 - \eta) = 457 \times (1 - 0.04) = 439(\text{W})$$

油箱散热面积为

$$A = 0.065 \sqrt[3]{V^2} = 0.065 \sqrt[3]{112^2} = 1.51(\text{m}^2)$$

若散热系数取 $C_T = 10(\text{W/m}^2 \cdot \text{℃})$，可求出系数温升为

$$\Delta T = H / C_T A = 439 / 10 \times 1.51 = 29.1(\text{℃})$$

系统温升小于30℃，能满足系统允许温升的要求。

■自我测试

（1）设计一个液压系统一般应有哪些步骤？要明确哪些要求？

（2）设计液压系统要进行哪些方面的计算？

（3）设计一台小型液压机的液压系统，要求实现快速空程下行→慢速加压→保压→快速回程→停止的工作循环。快速往返速度为 3m/min，加压速度为 40~250mm/min，压制力为 200kN，运动部件总重量为 20kN。

任务2 液压系统的安装和调试

■任务描述

设计制造一台性能良好的液压设备非常重要，但是如何正确地安装使用、及时地维护修理也是不容忽视的，否则不仅会影响它的性能，而且还会常出故障，造成停机或停产。

本任务通过液压系统安装、调试的学习，达到使学生掌握液压传动系统安装与调试的基本方法和注意事项。

■任务分析

本任务以数控车床液压系统的安装、调试为例，学习液压系统安装与调试以及日常维护相关知识。具体任务分解如下。

（1）通过数控机床液压系统的安装实训，了解液压传动系统安装与调试的准备工作。

（2）通过数控机床液压系统的安装、调试学习,掌握液压系统的安装与调试步骤、方法及注意事项。

（3）总结安装、调试过程中出现的问题及其解决方法。

4.2.1　液压系统的安装

安装液压系统时,应注意以下事项。

（1）安装前检查各油管是否完好无损并进行清洗。对液压元件要用煤油或柴油进行清洗,自制重要元件应进行密封和耐压试验。试验压力可取工作压力的 2 倍或最高工作压力的 1.5 倍。

（2）液压泵、液压马达与电动机、工作机构间的同轴度偏差应在 0.1mm 以内,轴线间倾角不大于 1°。

（3）液压缸安装时,要保证符合活塞杆的轴线与运动部件导轨面平行度的要求。活塞杆轴线对两端支座的安装基面,其平行度误差不得大于 0.05mm。

（4）电磁阀的回油、减压阀和顺序阀等的卸油与回油管连通时不应有背压,否则应单设回油管;溢流阀的回油管口与液压泵的吸油口不能靠得太近,以免吸入温度较高的油液;方向阀一般应保持轴线水平安装。

（5）辅助元件的安装应严格按设计要求的位置安装,并注意整齐、美观,在符合设计要求的情况下,尽量考虑使用、维护和调整的方便。

（6）液压元件在安装时用力要恰当,防止用力过大使元件变形,从而造成漏油或某些零件不能运动。

（7）各油管接头处要装紧和密封良好,管道尽可能短,避免急拐弯,拐弯的位置越少越好,以减少压力损失。

（8）系统全部管道应进行两次安装,即第一次配管试装合适后拆下管路,用 20% 的硫酸或盐酸溶液进行酸洗,再用 10% 的苏打水中和 15min,最后再用温水冲洗,待干燥涂油后进行第二次正式安装。

（9）系统安装完毕后,应采用清洗油对内部进行清洗,油温在 50℃～80℃。清洗时在回油路上设置滤油器,开始使液压泵间歇运转,然后长时间运转 8～12h,清洗到滤油器的滤芯上不再有杂质时为止。复杂系统可分区清洗。

4.2.2　液压系统的调试

新设备在安装以后以及设备经过修理之后,必须对液压设备按有关标准进行调试,以保证系统能够安全可靠地工作。

在调试前,应弄清液压系统的工作原理和性能要求;明确机械、液压和电气三者的功能和彼此联系;熟悉系统的各种操作和调节手柄的位置及旋向等;检查各液压元件的连接是否正确可靠,液压泵的转向、进出油口是否正确,油箱中是否有足够的油液,检查各控制手柄是否在关闭或卸荷的位置,各行程挡块是否紧固在合适的位置等。检查无问题时,可按照以下步骤进行试车。

1. 空载试车

空载试车时先启动液压泵,检查泵在卸荷状态下的运转。正常后,即可使其在工作状态下运转。一般运转开始要点动3、5次,每次点动时间可逐渐延长,直到使液压泵在额定转速下运转。

液压泵运转正常后,可调节压力控制元件。各压力阀应按其实际所处位置,从溢流阀依次调整,将溢流阀逐渐调到规定的压力值,使泵在工作状态下运转,检查溢流阀在调节过程中有无异常声响,压力是否稳定,必须检查系统各管道接头、元件结合面处有无漏油。其他压力阀可根据工作需要进行调整。压力调定后,应将压力阀的调整螺杆锁紧。

按压相应的按钮,使液压缸作全程的往复运动,往返数次将系统中的空气排掉。如果缸内混有空气,会影响其运动的平稳性,引起工作台在低速运动时产生爬行现象,同时会影响机床的换向精度。

其后调整自动跟踪循环和所需动作,检查各动作的协调性和顺序动作的正确性,检查启动、换向和速度换接的平稳性,有无泄漏、爬行、冲击等现象。

在各项调试完毕后,应在空载条件下动作2h后,再检查液压系统工作是否正常,一切正常后,方可进入负载试车。

2. 负载试车

负载后,是否能实现预定的工作要求。为避免设备损坏,一般先低负载试车,若正常,则在额定负载下试车。

负载试车时,应检查系统在发热、噪声、振动、冲击和爬行等方面的情况,并做出书面记录,以便日后查对;检查各部分的漏油情况,发现问题,及时排除。若系统工作正常,便可正式投入使用。

■ **任务实施**

实训 11　数控车床液压系统的安装与调试

1. 实训场地及设备

(1)实训场地:液压实训室、实训基地。

(2)实训设备:液压组合实训台、模拟仿真软件、机床液压工作台或实验室模拟设备等。

2. 实施步骤

本工作任务主要由明确任务、制订计划、做出决策、实施、控制和评价反馈6个步骤组织实施。

(1)教师通过图片、实物或多媒体课件讲授液压系统的安装与调试及日常维护的基本方法和过程。

(2)学生分组完成数控车床液压系统的安装、调试,记录安装步骤及安装过程中存在的问题及解决方法。

(3)教师对学生的安装结果进行检查,简要讲解操作过程。

(4)学生分组检查、调试、运行液压实验台及数控车床液压系统,总结安装、调试工程中出现的问题及其解决方法。

(5)学生自我评价,教师对学生的成果进行总结评价。

3. 数控车床液压系统的安装与调试

图4-7所示为数控车床液压系统图。数控车床液压系统能够完成卡盘的松开与夹紧、尾座套筒的伸出与缩回。当卡盘处于夹紧状态时,夹紧力的大小由减压阀7来调整,当尾座套筒处于伸出状态时,伸出的预紧力的大小由减压阀11来调整,伸缩速度的大小由单向节流阀13来控制,可以适应不同的工作需要且存在方便。变量叶片泵向系统供油,能量损失小、功效高。

1) 数控车床液压系统的安装

数控车床系统的安装包括液压管路、液压元件的安装。

(1) 技术资料的准备和熟悉。在安装前应备齐数控车床液压系统图、管道布置图、电气原理图、液压元件清单以及液压元件样本等技术资料,并熟悉其内容及要求。

(2) 元件的准备与质量检查。按数控车床液压系统图、管道布置图、电气原理图、液压元件清单以及液压元件样本等进行准备,同时认真检查各元件的质量,对一些仪表类要进行重新校验,以保证工作灵敏、准确和可靠。

(3) 按液压系统的动作及性能要求完成安装任务。参照实物模拟连接液压系统实训。

2) 数控车床液压系统的调试

新的(或经过修理、保养、重新装配)液压设备在装配或修理过后,在安装、清洗和精度检验合格后必须经过调试(调整试车)才能投入使用。调试可使该系统在正常运行状态下满足试车工艺对它提出的各项要求,同时也可了解和掌握该系统的工作性能和技术状况。调试应有书面记载,以便作为该设备使用和维修的原始技术依据。调整试车一般不能截然分开,往往交替进行,调试的主要内容有单项调整、空载试车和负载试车等,调整多在安装、试车过程中进行,在使用过程中也随时进行一些项目的调整。此处仅介绍试车。

在试车之前应先检查电动机和电磁铁的电源是否符合要求,油箱中的油液品种、粘度等级和油位是否合适,各液压元件的管道连接是否正确可靠,各液压元件的安装是否牢靠,液压泵旋转方向是否正确,各压力控制阀的调压弹簧是否松开,各行程挡块的位置是否合适,各仪表的起始位置是否正确等。待各处按试车要求调整好之后方可进行试车。现以如图4-7所示数控车床液压系统为例,说明调试的仪表步骤。

(1) 将油箱中油液加至规定高度。

(2) 将系统中的溢流阀4的调压弹簧松开。使液压泵启动后作卸荷运转。

(3) 检查液压泵的安装情况,启动电动机使液压泵运转。液压泵必须按照规定的方向旋转,否则就不能形成压力油。检查液压泵电动机的旋转方向可以观察电动机后端的风扇是否正转。也可观察油箱,如果液压泵反转,油液不但不会进入液压系统,反而会将系统中的空气抽出,进油管处会有气泡冒出。液压泵正常时,溢流阀的出油口应有油液排除。注意观察压力表指针。压力表指针应顺时针方向旋转。如果压力表指针急速旋转,应立即关机,否则会造成压力表指针打弯而损坏或引起油管爆裂。这是由于溢流阀阀芯被卡死,无法起溢流作用,导致液压系统压力无限上升而引起的。若是这样,可启动电动机使液压泵运转。启动电动机时,应反复作启、停点动,然后逐步增加转速,并使液压泵在卸荷状态下运转一定时间,观察其有无异常噪声、是否漏气等,若无异常情况,则再进行调试。

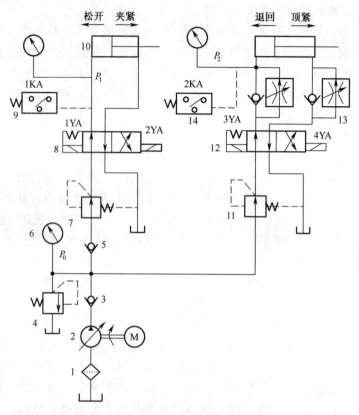

图 4 - 7 数控车床液压系统原理图

1—过滤器;2—液压泵;3、5—单向阀;4—溢流阀;6—压力表;7、11—减压阀;
8、12—电磁换向阀;9、14—压力继电器;10—卡盘夹紧缸;13—单向节流阀。

（4）调节系统压力控制阀,逐步升高系统压力至规定值。系统压力调整应在运动部件停止或低速运行下进行。控制系统压力应在主系统压力调好之后进行调整,使液压泵处于工作状态下运转。图中系统先调试溢流阀 4,调节溢流阀 4 使压力表的 P_0 值逐步升高至规定的系统工作压力值为止。然后调定减压阀 7 及减压阀 11 的压力值,调定压力为卡盘夹紧及尾座套筒伸出预紧力所需的压力,调整压力表的 P_1 和 P_2 值（压力继电器的开启压力）,调整好后关闭压力表以防损坏。

（5）排除系统中的空气。打开排气装置,使液压缸的速度由低到高,行程由小到大运行,然后在空载下作快速全行程往复运动,以排除系统中积存的空气。系统中的空气排尽后应关闭排气装置。

（6）运动部件动作后,大量油液进入系统内,油箱的油液减少,这时应检查游标高度,如降低过多再给油箱补加油。

（7）检查安全防护装置工作的正确性和可靠性,从压力表上观察各油路的压力,并调整安全防护装置的压力值在规定的范围内。检查各管路连接处,液压元件接合面及密封处的泄漏是否在允许的范围内。

（8）液压系统连接运转一段时间后,检查一切正常方可进行负荷调试。

（9）对液压系统进行负荷运转,观察各种是否正常,噪声和系统温升是否在允许的范围内。

（10）检查各种速度的调节性能。调节单向节流阀 13，使液压缸的速度最大，然后再逐步关小单向节流阀的节流口，观察系统是否达到规定的稳定速度，然后按工作的要求调定速度。

按上述步骤调整后如运转正常，调试完毕后即可投入使用。有时设备不同，调试方法和内容也不完全相同，如压力机械需进行超负荷试验，对某些要求高的设备有时需进行有关项目的测试等，可根据有关技术文件进行。

■自我测试

1. 安装液压系统时，应注意哪些事项？
2. 安装液压缸应注意哪些事项？

5 项目5 典型液压系统实例的控制

学习目标

培养学生对复杂液压系统的识图能力;典型液压系统工作过程的分析能力;典型液压系统的安装与调试能力;典型液压系统的故障诊断与排除能力。

技能目标

学习典型液压系统(如组合机床动力滑台、数控机床、YB32-200型液压压力机、汽车起重机等)的组成、工作原理及安装与调试的方法;典型液压系统中各子系统的工作过程分析,子系统间液压控制关系的分析;典型液压系统操作运行与调试,常见故障诊断与排除方法。

任务1 组合机床动力滑台液压传动系统的分析

任务描述

通过观察与分析 YT4543 型组合机床动力滑台的工作过程,了解组合机床在机械加工设备中的应用,熟悉组合机床的操作与工作过程,掌握机床动力滑台快进、工进和快退液压系统的控制、安装与调试的基本技能,为组合机床液压系统控制与维护打好基础。

任务分析

图 5-1 所示为组合机床示意图。动力滑台主要由床身、动力滑台、动力头、主轴箱等部件组成,用来实现进给运动。组合机床动力滑台主要有机械滑台和液压滑台两种。现以 YT4543 型液压动力滑台为例分析其液压系统的工作原理及控制。动力滑台通常实现的工作循环过程为:快进→第一次工进→第二次工进→止挡块停留→快退→原位停止。

本任务中将介绍快速运动回路、容积节流调速回路及速度转换回路,同时以平头倒棱机液压进给系统为例进行回路的安装与调试。

(1)通过动力滑台快速进给运动的分析,掌握差动回路及系统的安装与调试技能。

(2)通过动力滑台工作进给运动的分析,掌握节流调速回路及系统的安装与调试技能。

(3)通过动力滑台快速退回运动分析,掌握继电器控制回路及系统的安装与调试技能。

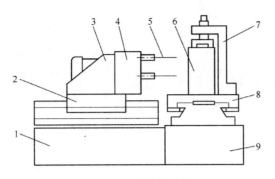

图 5－1　组合机床示意图

1—床身;2—动力滑台;3—动力头;4—主轴箱;5—刀具;6—工件;7—夹具;8—工作台;9—底座。

5.1.1　概述

组合机床是一种高效率的专用机床,它由具有一定功能的通用部件(包括机械动力滑台和液压动力滑台)和专用部件组成,加工范围较广、自动化程度较高,多用于大批量生产中。液压动力滑台由液压缸驱动,根据加工需要可在滑台上配置动力头、主轴箱或各种专用的切削头等工作部件,以完成钻、扩、铰、铣、镗、刮端面、加工倒角、加工螺纹等加工工序,并可实现多种进给工作循环。

下面以 YT4543 型液压动力滑台为例分析其液压系统的工作原理和特点。该滑台要求进给速度范围为 $6.6 \sim 600 \text{mm/min}$,快进速度为 6.5m/min,最大进给力为 45kN,它完成的典型工作循环为:快进→第一次工进(即一工进)→第二次工进(即二工进)→止位钉停留→快退→原位停止。YT4543 型动力滑台液压系统图如图 5－2 所示。

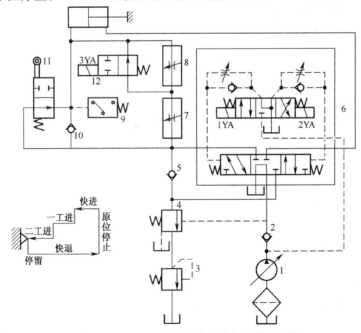

图 5－2　YT4543 型液压动力滑台的液压系统

1—液压泵;2、5、10—单向阀;3—溢流阀(背压阀);4—液控顺序阀;
6—电液换向阀;7、8—调速阀;9—压力继电器;11—行程阀;12—二位二通电磁换向阀。

5.1.2　YT4543型动力滑台液压系统的工作原理

1. 快进

按下启动按钮,电磁铁1YA通电,电液换向阀6的先导阀芯向右移动从而引起主阀芯向右移,使其左位接入系统,其主油路如下。

进油路:泵1→单向阀2→换向阀6(左位)→行程阀11(下位)→液压缸左腔。

回油路:液压缸的右腔→换向阀6(左位)→单向阀5→行程阀11(下位)→液压缸左腔,形成差动连接。

2. 第一次工作进给

当滑台快速运动到预定位置时,滑台上的行程挡块压下了行程阀11的阀芯,切断了该通道,使压力油必须经调速阀7进入液压缸的左腔。由于油液流经调速阀,系统压力上升,打开液控顺序阀4,此时单向阀5的上部压力大于下部压力,所以单向阀5关闭,切断了液压缸的差动回路,回油经液控顺序阀4和背压阀3流回油箱,使滑台转换为第一次工作进给。其油路如下。

进油路:泵1→单向阀2→换向阀6(左位)→调速阀7→换向阀12(右位)→液压缸左腔;

回油路:液压缸右腔→换向阀6(左位)→顺序阀4→背压阀3→油箱。

因为工作进给时,系统压力升高,所以变量泵1的输油量便自动减小,以适应工作进给的需要,进给量大小由调速阀7调节。

3. 第二次工作进给

第一次工进结束后,行程挡块压下行程开关使3YA通电,二位二通换向阀将通路切断,进油必须经调速阀7、8才能进入液压缸,此时由于调速阀8的开口量小于阀7,所以进给速度再次降低,其他油路情况同第一次工作进给。

4. 止挡块停留

当滑台工作进给完毕之后,碰上止挡块的滑台不再前进,停留在止挡块处,同时系统压力升高,当升高到压力继电器9的调整值时,压力继电器动作,经过时间继电器的延时,再发出信号使滑台返回,滑台的停留时间可由时间继电器在一定范围内调整。

5. 快退

滑台停留时间结束后,时间继电器发出信号,使电磁铁1YA、3YA断电,2YA通电。这时,电液换向阀6的先导阀右位工作,于是有泵1输出的压力油经先导阀进入电液换向阀6的主阀的右侧,使主阀右位工作。这时的主油路如下。

进油路:泵1→单向阀2→换向阀6(右位)→液压缸右腔。

回油路:液压缸左腔→单向阀10→换向阀6(右位)→油箱。

此时,由于滑台返回时负载小,系统压力下降,变量泵输出的流量又自动恢复到最大,满足滑台快速退回要求。

6. 原位停止

当滑台退回到原位时,行程挡块压下行程开关,发出信号,使2YA断电,换向阀6处于中位,液压缸两腔油路封闭,滑台停止运动。这时液压泵输出的油液经换向阀6直接回油箱,泵实现卸荷。

该系统中电磁铁和行程阀的动作顺序如表 5.1 所列。表中"+"号表示电磁铁通电或行程阀压下，"−"号表示电磁铁断电或行程阀复位。

表 5.1　电磁铁和行程阀的动作顺序

工作循环	电磁铁			行程阀
	1YA	2YA	3YA	
快进	+	−	−	−
一工进	+	−	−	+
二工进	+	−	+	+
止位钉停留	+	−	+	+
快退	−	+	−	+/−
原位停止	−	−	−	−

5.1.3　YT4543 型动力滑台液压系统的特点

（1）系统采用了限压式变量叶片泵—调速阀—背压阀式的调速回路，能保证稳定的低速运动（进给速度最小可达 6.6mm/min）、较好的速度刚性和较大的调速范围（$R=100$）。

（2）系统采用了限压式变量泵和差动连接式液压缸来实现快进，能源利用比较合理。

（3）采用了电液换向阀的换向回路，换向平稳、无冲击。滑台停止运动时，电液换向阀使液压泵卸荷，减少能量损耗。

（4）系统采用了行程阀和液控顺序阀实现快进与工进的换接，不仅使电路简单，而且使动作可靠、速度换接平稳、换接位置精度较高。

（5）采用两个调速阀串联的两种工进速度换接回路，使速度换接平稳性比较好。

┃任务实施

实训 12　YT4543 型动力滑台液压系统的安装与调试

1. 实训场地及设备

（1）实训场地：液压实训室、机床实训基地。

（2）实训设备：液压组合实训台、模拟仿真软件、组合机床工作台或实验室模拟设备。

2. 实施步骤

本次实训主要明确工作任务、制订计划、做出决策、实施、控制盒评价反馈等 6 个步骤组织实施。

（1）教师通过图片、多媒体课件或实训现场讲授机床工作台和动力滑台液压系统工作过程及操作安全规程，通过仿真软件演示模拟仿真工作过程操作。

（2）学生分组完成机床工作台和动力滑台液压系统分析、液压回路的绘制以及液压系统组装、调试与运行。

（3）通过仿真软件检查液压系统的完整性，通过安装调试掌握数控机床液压系统控制与维护以及安全操作技能。

3. YT4543型动力滑台液压系统的安装与调试

YT4543型组合机床动力滑台液压系统基本回路主要有差动回路、调速回路、卸荷回路、继电器控制回路、顺序控制回路等。在教师的指导下可以进行如下液压基本回路的实训，重点实训内容为差动回路的安装于调试。

（1）差动回路。组装差动回路观察液压缸的快进→工进→快退时速度变化过程。

（2）继电器控制回路。组装一种或两种继电器控制回路，观察继电器控制回路的作用。

（3）可进行 YT4543 型组合机床动力滑台液压系统各种基本回路的组装与运行实训。

4. 动力滑台差动回路的安装于调试

现以钢管平头倒棱机液压进给系统为例，进行差动回路的安装与调试实训。

钢管平头倒棱机用于直径 $\phi165mm$ 的钢管平头倒棱，液压进给系统可完成快进→工进→快退的工作循环。

图 5-3 所示为钢管平头倒棱机液压进给系统原理图。系统采用高、低压双泵 2、3 供油，差动快进的串联调速阀 8 回油调速回路。高压泵 2 的工作压力由溢流阀 4 调定，停止时低压泵 3 通过卸荷阀 6 卸荷。液压缸 12 的运动方向通过二位四通电磁换向阀 7 控制，二位三通电磁换向阀 11 用于实现液压缸的差动连接。为了提高油液的清洁度、防止调速

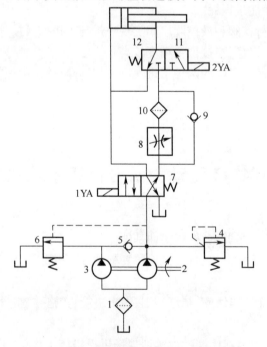

图 5-3 平头倒棱机液压进给系统原理图
1—过滤器；2—高压泵；3—低压泵；4—溢流阀；5、9—单向阀；6—卸荷阀；
7—二位四通电磁换向阀；8—调速阀；10—精过滤器；11—二位三通电磁换向阀。

阀在小开度下工作时因阀口堵塞造成液压缸 12 爬行,在调速阀之前设置一个精过滤器 10。电磁铁动作顺序如表 5.2 所列。

表 5.2 电磁铁动作顺序表

电磁铁动作	电磁铁元件	
	1YA	2YA
快进(差动)	+	−
工进	+	+
快退	−	−
停止	−	−

由以上可知,钢管平头倒棱机液压进给系统的技术特点如下。

(1)用高压小流量、低压大流量双泵供油,快进、快退时双泵同时供油,工进时大泵卸荷、小泵供油,可充分利用能源,避免无功损耗。

(2)通过选择合适的液压泵流量,避免快进、快退时采用单向节流阀,不但可节省液压元件和管路、降低成本,而且可降低能耗,提高效率。

(3)快进时采用差动连接,并使液压缸的大、小腔面积之比为 2,可充分利用回油流量对无杆腔的补油作用,不但可实现快进、快退速度相等,而且可使液压泵的总流量减小一半,减小泵的流量规格、降低能耗、节约成本、提高效率。

钢管平头倒棱机液压进给系统的技术参数如表 5.3 所列。

表 5.3 钢管平头倒棱机液压进给系统的技术参数

项　目			参数	单位
平头倒棱机		转速	300~900	r/min
		进给量	0.3	mm/r
液压泵	额度压力	高压小泵:YB1-2.5 型定量叶片泵	6.3	MPa
		低压大泵:CB-B32 型齿轮泵	2.5	
	额定流量	高压小泵:YB1-2.5 型定量叶片泵	2.5	L/min
		低压大泵:CB-B32 型齿轮泵	46	
液压缸		缸筒内径	80	mm
		活塞杆直径	56.5	
		行程	75	
		最高工作速度	270	mm/min
		最低工作速度	90	
调速阀		额度压力	6.3	MPa
		最小工作压力	0.5	
		最大流量	6.3	L/min
		最小稳定流量	0.01	
注:若实训条件允许,可参照实际参数进行安装与调试实训				

5. 动力差动滑台回路继电—接触器电气控制与调试

图 5 - 4 所示为一工进动力滑台液压系统,其中图 5 - 4(a)所示为液压系统图,图 5 - 4(b)所示为工作循环过程。

液压缸动力滑台的自动工作循环为:快进→工进→快退→原位停止,采用继电—接触式电气控制方式。

图 5 - 5 所示为动力滑台一次工作进给电气控制线路图,其工作压力如下。

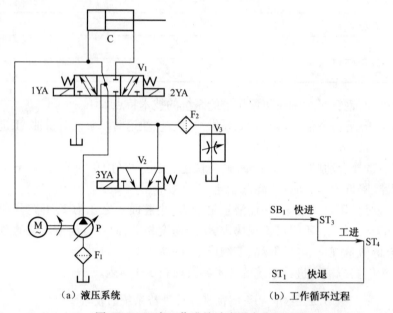

（a）液压系统 （b）工作循环过程

图 5 - 4 一次工作进给动力滑台液压系统

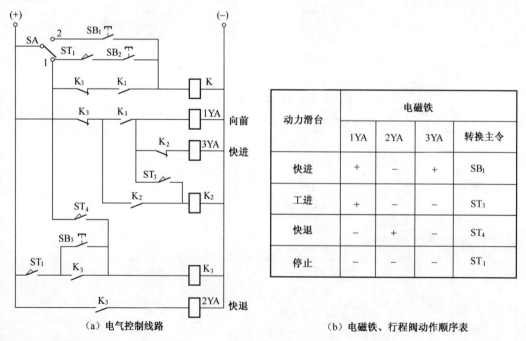

（a）电气控制线路

（b）电磁铁、行程阀动作顺序表

动力滑台	电磁铁			
	1YA	2YA	3YA	转换主令
快进	+	−	+	SB$_1$
工进	+	−	−	ST$_3$
快退	−	+	−	ST$_4$
停止	−	−	−	ST$_1$

图 5 - 5 动力滑台电气控制线路

（1）动力滑台原位停止。当电磁铁 1YA、2YA、3YA 都断电时,三位五通电磁换向阀 V_1 处于中位,动力滑台停止不动,液压泵 P 卸荷。动力在原位时,由挡铁压动限位行程开关 ST_1,其动合触点闭合,动断触点断开。

（2）动力滑台快进控制。把转换开关 S 拨至"1"位,按动按钮 SB_2,中间继电器 K_1 得电动作并自锁,其动合触点闭合使电磁铁 1YA、3YA 通电,电磁阀 V_1 和 V_2 均切换至左位,液压泵的压力油进入液压缸 C 的无杆腔,动力滑台向前运动,同时有杆腔的回油经二位三通电磁换向阀反馈至缸的有杆腔,动力滑台快速向前运动。

（3）动力滑台工进控制。在动力滑台快进过程中,当挡铁压动开关 ST_3 时,其动合触点闭合,使 K_2 得电动作,K_2 的动断触点断开使电磁铁 3YA 断电,阀 V_2 复位,动力滑台自动转为工作进给状态,K_2 的动合触点接通自锁电路。

（4）动力滑台快退控制。当动力滑台工作进给到终点后,挡铁压动开关 ST_3,其动合触点闭合,使 K_3 得电动作并自锁。K_3 动作的结果是其动断触点打开,使 1YA、3YA 断电,动力滑台停止工进。其动合触点闭合,使 2YA 得电,电磁阀 V_1 切换至右位,动力滑台快速退回。动力头退回原位后,ST_1 被压动其动断触点断开,使 K_3 断电,因此 2YA 也断电,动力滑台停止。

（5）动力头"点动调整"。将转换开关 S 拨至"2"位时,按动按钮 SB_1 也可接通 K_1,使电磁铁 1YA、3YA 通电,动力头可向前快进。但由于 K_1 不能自锁,故防松 SB_1 后动力滑台立即停止,故动力可点动向前调整。

当动力头不在原位（ST_1 原态）、需要快退时,可按动按钮 SB_3,使 K_3 得电动作,3YA 得电,动力滑台快退运动,直到退回原位,ST_1 被压下,K_3 断电,动力滑台停止。

■ 自我测试

5-1-1　简答题

如图 5-3 所示的 YT4543 型动力滑台液压系统是由哪些基本液压回路组成的? 阀 12 在油路中起什么作用?

任务 2　YB32-200 型液压压力机液压系统的安装与调试

■ 任务描述

液压压力机是一种利用液体静压力来加工金属、塑料、橡胶、粉末等制品的机械,主要用来进行下料、成形加工等作业。四柱式压力机的结构布局是最为典型、应用也最广泛的液压压力机。它可以进行锻造、冲压、冷挤、校直、弯曲、翻边、薄板拉伸、粉末冶金、压装等工艺操作。

通过观察与分析 YB32-200 型液压压力机的工作过程,了解液压压力机在机械制造系统中的应用,熟悉四柱式压力机的操作与工作过程,掌握 YB32-200 型液压压力机液压系统的控制、安装与调试基本技能,为液压压力机日常维护打好基础。

■ 任务分析

本任务中将介绍压力继电器控制回路、保压回路。同时以液压打号机液压系统为例进行回路的安装与调试。

（1）通过分析上滑块工作循环控制，掌握锁紧控制回路、卸荷回路和系统的安装与调试。

（2）通过分析四柱式压力机液压系统，掌握调压回路、变量泵容积调速回路和系统的安装与调试。

5.2.1 概述

液压机是对金属材料、塑料、橡胶、粉末冶金制品进行加工的设备。它在许多工业部门得到了广泛的应用。

四柱式液压机用得最多，也最典型。图5-6所示为YB32-200型液压压力机的外型图和工作循环图。这种液压压力机在它的4个主柱之间安置着上、下两个液压缸，其中上缸为主缸，完成压制工作，下缸为顶出缸，完成顶出工件或废料工作。液压压力机对其液压系统的基本要求如下。

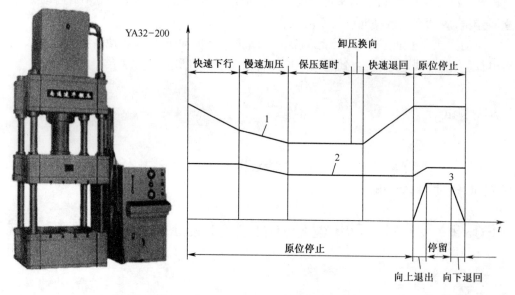

图5-6　YB32-200型液压机外形图和工作循环图
1—主缸工作循环；2—浮动压边工作循环；3—顶出缸工作循环。

（1）为完成一般的压制工艺，要求主缸驱动上滑块实现"快速下行→慢速加压→保压延时→泄压回程→原位停止"的工作循环；要求顶出缸驱动下滑块实现"向上顶出→停留→向下退回→原位停止"的工作循环。

（2）液压系统中的压力要能经常变换和调节，并能产生较大的压制力，以满足要求。

（3）压力机在工作中流量大、功率大，空行程和加压行程的速度差异大。因此要求功率利用要合理，工作平稳性要好以及安全可靠性要高。

5.2.2 YB32-200型液压压力机液压系统的工作原理

如图5-7所示,该系统由一变量泵1供油,控制油路的压力油是经主油路由减压阀4减压后得到的,6为主缸的主换向阀,14为顶出缸的主换向阀。现以一般的定压成型压制工艺为例,说明该液压压力机液压系统的工作原理。

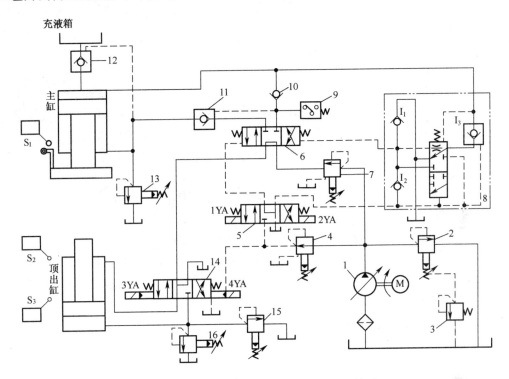

图5-7 YB32-200型液压压力机液压系统图

1—变量泵;2—安全阀;3—远程调压阀;4—减压阀;5—电磁换向阀;6—液动换向阀;7—顺序阀;8—预泄换向阀;
9—压力继电器;10—单向阀;11、12—液控单向阀;13—安全阀;14—电液换向阀;15—背压阀;16—安全阀。

1. 主缸的工作情况

（1）主缸活塞快速下行。按下启动按钮,电磁铁1YA通电,电磁换向阀5左位接入系统,控制油路进入液动换向阀6的左端,阀右端回油,故阀6左位接系统。主油路中的压力油经顺序阀7、换向阀6及单向阀10进入主缸上腔,并将液控单向阀11打开,使下腔回油,上滑块快速下行,缸上腔压力降低,主缸顶部充液箱的油经液控单向阀12向主缸上腔补油。油路如下。

控制油路(使阀6左位接入系统)。

进油路:泵1→减压阀4→阀5左位→换向阀(液控)6左端。

回油路:换向阀(液控)6右端→单向阀12→阀5左位→油箱。

于是换向阀6左位接入系统,其主油路(使上滑块快速下行)油液流动情况如下。

进油路:泵1→阀7→换向阀6左位→阀10→主缸上腔,同时液控单向阀11被打开。

回油路:主缸下腔→阀11→换向阀6左位→换向阀14中位→油箱。

（2）主缸活塞慢速加压。当主缸上滑块接触到被压制的工件时,主缸上腔压力升高,液控单向阀12关闭,且液压泵流量自动减小,滑块下移速度降低,慢速压制工件。这时除充液箱不再向液压缸上腔供油外,其余油路与快速下行油路完全相同。

(3) 主缸保压延时。当主缸上腔油压升高至压力继电器9的开启压力时,压力继电器发信号,使电磁铁1YA断电,阀5换为中位。这时阀6两端油路均通油箱,因而阀6在两端弹簧力作用下换为中位,主缸上、下腔油路均被封闭保压;液压泵则经阀6中位、阀14中位卸荷。同时,压力继电器还向时间继电器发信号,使时间继电器开始延时。保压时间由时间继电器在$0\sim24\text{min}$范围内调节。保压时除了液压泵在较低压力下卸荷外,系统中没有油液流动。液压泵卸荷油路为:泵1→阀7→主缸换向阀6(中位)→顶出缸换向阀14(中位)→油箱(泵卸荷)。

(4) 泄压换向。保压延时结束后,时间继电器发出信号,使电磁铁2YA通电,阀5换为右位。控制油经阀5进入液控单向阀I_3的控制油腔,顶开其卸荷芯(液控单向阀I_3带有卸荷阀芯),使主缸上腔的高压油经I_3卸荷阀芯上的槽口及预泄换向阀8上位(图示位置)的孔道连通,从而使主缸上腔油泄压。其油路如下。

① 控制油路。

进油:泵1→阀4→阀5(右位)→I_3(使I_3卸荷阀芯开启)。

② 主油路。

回油:主缸上腔→I_3(卸荷阀芯槽口)→阀8(上位)→油箱(主缸上腔泄压)。

(5) 快速退回。主缸上腔泄压后,在控制油压作用下,阀8换为下位,控制油经阀8进入阀6右端,阀6左端回油,因此阀6右位接入系统。主油路中,压力油经阀6、阀11进入主缸下腔,同时将液控单向阀12打开,使主缸上腔油返回充液箱,上滑块则快速上升,退回至原位。其油路如下。

① 控制油路(使阀6换为右位)。

进油路:泵1→阀4→阀5(右位)→阀8(下位)→阀6右端。

回油路:阀6左端→阀5(右位)→油箱。

② 主油路(上滑块快速退回)。

进油路:泵1→阀7→阀6(右位)→阀11→主缸下腔和阀12控制口。

回油路:主缸上腔→阀12→充油箱。

(6) 原位停止。当上滑块返回至原始位置,压下行程开关S_1时,使电磁铁2YA断电,阀5和阀6换为中位(阀8复位),主缸上下腔封闭,上滑块停止运动。阀13为上缸安全阀,起平衡上滑块重量作用,可防止与上滑块相连的运动部件在上位时因自重而下滑。

2. 顶出缸的工作情况

(1) 顶出缸向上顶出。当主缸返回原位,压下行程开关S_1时,除使电磁铁2YA断电,主缸原位停止外,还使电磁铁4YA通电,阀14换为右位,压力油经阀14进入顶出缸下腔,其上腔回油,下滑块上移,将压制好的工件从模具中顶出。这时系统的最高工作压力可由背压阀15调整。其油路如下。

主油路(使下滑块上移顶出工件)。

进油路:泵1→阀7→阀6(中位)→阀14(右位)→顶出缸下腔。

回油路:顶出缸上腔→阀14(右位)→油箱。

(2) 停留。当下滑块上移到其活塞碰到缸盖时,便可停留在这个位置上。同时碰到

上位开关 S_2，使时间继电器动作，延时停留。停留时间可由时间继电器调整。这时的油路未变。

（3）下滑块（顶出缸）向下退回。当停留时间结束时，时间继电器发出信号，使电磁铁 4YA 断电、3YA 通电，阀 14 换为左位，压力油进入顶出缸上腔，其下腔回油，下滑块下移。其油路如下。

主油路（使下滑块下移）。

进油路：泵 1→阀 7→阀 6（中位）→阀 14（左位）→缸上腔。

回油路：缸下腔→阀 14（左位）→油箱。

（4）原位停止。当下滑块退至原位时，滑块压下下位开关 S_3，使电磁铁 3YA 断电，阀 14 换为中位，运动停止。缸上腔和泵油均为阀 14 中位通油箱。

系统中阀 15、16 为顶出缸溢流阀，由阀可以调节顶出压力。

3. 顶出缸活塞浮动压边

薄板拉伸压边时，顶出缸既要保持一定压力，又能随着主缸上滑块一起下降。4YA 先通电、再断电，顶出缸下腔的油液被顶出缸换向阀封住。当主缸上滑块下压时，顶出缸活塞被迫随之下行，顶出缸下腔回油经下缸溢流阀流回油箱，从而得到所需的压边力。

5.2.3　YB32-200 型液压压力机液压系统的特点

（1）采用了变量泵—液压缸式容积调速回路。所用液压泵为恒功率斜盘式轴向柱塞泵，它的特点是空载快速时，油压低而供油量大，压制工件时，压力高，泵的流量能自动减小，可实现低速。系统中无溢流损失、效率高、功率利用合理。

系统中设置了远程高压阀，这样可在压制不同材质、不同规格的工件时，对于系统的最高工作压力进行调整，以获得最理想的压制力，使用方便。

（2）两液压缸均采用电液换向阀换向，便于用小规格的、反应灵敏的电磁阀控制高压大流量的液动换向阀，使主油路换向。其控制油路采用了串有减压阀的减压回路，其工作压力比主油路低而平稳，既能减少功率损耗降低泄漏损失，还能使主油路换向平稳。

（3）采用两主换向阀中位串联的互锁回路。即当主缸工作时，顶出缸油路被断开，停止运动；当顶出缸工作时，主缸油路断开，停止运动。这样能避免操作不当出现事故，保证了安全生产。当两缸主换向阀均为中位时，液压泵卸荷，其油路上串接一顺序阀，其调整压力约 2.5MPa，可使泵的出口保持低压，以便于开始启动。

（4）液压压力机是大功率立式设备。压制工件时需要很大的力，因而主缸直径大，上滑块快速下行时需要很大的流量，但顶出缸工作时却不需要很大的流量。因此，该系统采用顶置充液箱，在上滑块快速下行时直接从缸的上方向主缸上腔补油。这样既可使系统采用流量较小的泵供油，又可避免在长管道中有高速大流量油流而造成能量的损耗和故障，还减小了下置油箱的尺寸（充液箱与下置油箱有管路连通，上箱油量超过一定量时可溢回下油箱）。此外，两立式液压缸各有一个安全阀，构成平衡回路，能防止上、下滑块在上位停止时因自重而下滑，起支撑作用。

（5）在保压延时阶段时，由多个单向阀、液控单向阀组成主缸保压回路，利用管道和油液本身的弹性变形实现保压,方法简单。由于单向阀密封好、结构尺寸小、工作可靠,因而使用和维护也比较方便。

(6)系统中采用了预泄换向阀,使主缸上腔卸压后才能换向。这样可使换向平稳,无噪声和液压冲击。

■ 任务实施

实训 13 液压压力机液压系统的安装与调试

1. 实训场地及设备

(1)实训场地:液压实训室、机床实训基地。

(2)实训设备:液压组合实训台、模拟仿真软件、组合机床工作台或实验室模拟设备。

2. 实施步骤

本次实训主要明确工作任务、制订计划、做出决策、实施、控制盒评价反馈等 6 个步骤组织实施。

(1)教师通过图片、多媒体课件或实训现场讲授压力机液压系统工作过程及操作安全规程,通过仿真软件演示模拟仿真工作过程操作。

(2)学生分组完成四柱式液压压力机液压系统的分析、液压回路的绘制以及液压系统组装、调试与运行。

(3)通过仿真软件检查液压系统的完整性,通过安装、调试掌握液压压力机液压系统的控制与维护以及安全操作技能。

3. 液压压力机液压系统的安装与调试

YB32-200 型液压压力机液压系统基本回路主要有锁紧回路、调压回路、卸荷回路及继电器回路等。在教师的指导下可以进行如下液压基本回路的实训。

(1)锁紧回路。组装与运行单向或双向锁紧回路,观察锁紧控制回路的液压锁作用。

(2)调压回路。组装运行一级压力控制回路或二级压力控制回路,观察系统压力的变化情况。

(3)卸荷回路。组装与运行溢流阀或继电接触式电气控制实训。

(4)继电器回路可进行 YB32-200 型压力机液压系统各种基本回路的组装、运行与继电接触式电气控制实训。

■ 自我测试

5-2-1 简答题

根据如图 5-7 所示的 YB32-200 型液压机液压系统说明以下问题。

1. 液压机主缸的工作循环是怎样实现的?

2. 为使液压机安全可靠和平稳地工作,系统采取了哪些措施?

3. 液压机液压系统的主要特点是什么?

任务 3　数控车床液压系统

■ 任务描述

数控机床是采用数字控制技术对机床的加工过程进行自动控制的一类机床。现以数控车床为例分析数控机床的液压系统。数控车床是用来加工轴类或盘类的回转体零件，主要用来加工轴类零件的内外圆柱面、圆锥面、螺纹表面、成形回转体表面和盘类零件的钻孔、扩孔、铰孔、镗孔等，还可以完成车端面、切槽、倒角等加工。

通过观察与分析 MJ - 50 型和 CKA6150 型数控车床的工作过程，了解液压技术在数控机床中的应用，熟悉数控车床的操作与工作过程，掌握数控车床液压系统的控制与维护的基本技能。

■ 任务分析

图 5 - 8 所示为 MJ - 50 型数控车床，MJ - 50 型数控车床为两坐标连续控制的卧式车床。主轴由交流伺服电机驱动，其液压系统用来完成 4 个工作程序。工作过程主要包括卡盘夹紧与松开及卡盘夹紧力的高低压转换、回转刀架的转位及刀架的松开与夹紧、刀架刀盘的正转与反转、尾座套筒的伸出与退回等。液压系统中各电磁铁的动作是由数控系统的 PLC 控制实现的。

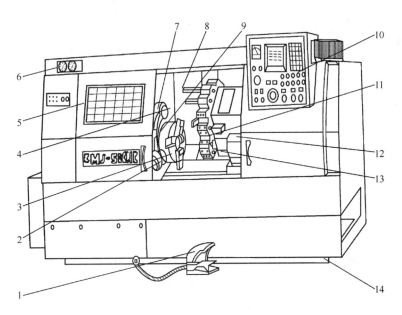

图 5 - 8　MJ - 50 型数控车床的液压系统

1—脚踏开关；2—对刀仪；3—主轴卡盘；4—主轴箱；5—防护门；6—压力表；7、8—防护罩；9—转臂；
10—操作面板；11—回转刀架；12—尾座；13—滑板；14—床身。

5.3.1 概述

装有程序控制系统的车床简称数控车床。在数控车床上进行车削加工时,其自动化程度高,能获得较高的加工质量。目前,在数控车床上,大多采用了液压传动技术,下面介绍 MJ-50 型数控车床的液压系统,图 5-9 所示为该系统的原理图。

机床中由液压系统实现的动作有:卡盘的夹紧与松开、刀架的夹紧与松开、刀架的正转与反转、尾座套筒的伸出与缩回。液压系统中各电磁阀的电磁铁动作由数控系统的 PNC 控制。

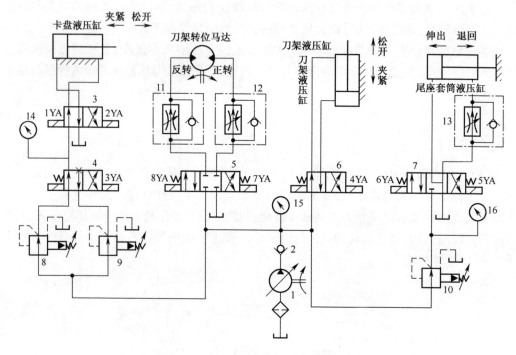

图 5-9 MJ-50 型数控车床的液压系统

1—变量泵;2—单向阀;3、4、5、6、7—换向阀;8、9、10—减压阀;
11、12、13—单向调速阀;14、15、16—压力表。

5.3.2 液压系统的工作原理

机床的液压系统采用单向变量泵供油,系统压力调至 4MPa,压力由压力表 15 显示。泵输出的压力油经过单向阀进入系统,其工作原理分析如下。

1. 卡盘的夹紧与松开

当卡盘处于正卡(或称外卡)且在高压夹紧状态下,夹紧力的大小由减压阀 8 来调整,夹紧力由压力表 14 来显示。当 1YA 通电时,阀 3 左位工作,系统压力油经阀 8、阀 4、阀 3 到液压缸右腔,液压缸左腔的油液经阀 3 直接回油箱。这时,活塞杆左移,卡盘夹紧。反之 2YA 通电时,阀 3 右位工作,系统压力油经阀 8、阀 4、阀 3 到液压缸左腔,液压缸右腔的油液经阀 3 直接回油箱,活塞杆右移,卡盘松开。

当卡盘处于正卡且在低压夹紧状态下,夹紧力的大小由减压阀 9 来调整。这时,3YA

通电,阀 4 右位工作,阀 3 的工作情况与高压夹紧时相同。卡盘反卡(或称内孔)时的工作情况与正卡相似,这里不再赘述。

2. 回转刀架的回转

回转刀架换刀时,首先是刀架松开,然后刀架转位到指定的位置,最后刀架复位夹紧,当 4YA 通电时,阀 6 右位工作,刀架松开。当 8YA 通电时,液压马达带动刀架正转,转速由单向阀 11 控制。若 7YA 通电时,则液压马达带动刀架反转,转速由单向调速阀 12 控制。当 4YA 断电时,阀 6 左位工作,液压缸使刀架夹紧。

3. 尾座套筒的伸缩运动

当 6YA 通电时,阀 7 左位工作,系统压力油经减压阀 10、换向阀 7 到尾座套筒液压缸的左腔,液压缸右腔经单向调速阀 13、阀 7 回油箱,缸筒带动尾座套筒伸出,伸出时的预紧力大小通过压力表 16 显示。反之,当 5YA 通电时,阀 7 右位工作,液压系统压力油经减压阀 10、换向阀 7、单向调速阀 13 到液压缸右腔,液压缸左腔的油液经阀 7 流回油箱。套筒缩回。

5.3.3 液压系统的特点

(1)采用单向变量液压泵向系统供油,能量损失小。

(2)用换向阀控制卡盘,实现高压和低压夹紧的转换,并且分别调节高压夹紧或低压夹紧压力的大小。这样可根据工作情况调节夹紧力,操作方便简单。

(3)用液压马达实现刀架的转位,可实现无级调速,并能控制刀架正、反转。

(4)用换向阀控制尾座套筒液压缸的换向,以实现套筒的伸出或缩回,并能调节尾座套筒伸出工作时的预紧力大小,以适应不同的需要。

(5)压力表 14、15、16 可分别显示系统相应的压力,以便于故障诊断和调试。

▌**任务实施**

实训 14　MJ‐50 型数控车床液压系统的组装与运行

1. 场地及设备

(1)场地:液压实训室、数控机床实训基地。

(2)设备:液压组合实训台、模拟仿真软件、机床工作台或实验室模拟设备。

2. 实施步骤

本次实训主要明确工作任务、制订计划、做出决策、实施、控制盒评价反馈等 6 个步骤组织实施。

(1)教师通过图片、多媒体课件或实训现场讲授数控机床液压卡盘的工作过程及操作安全规程,通过仿真软件演示模拟仿真工作过程操作。

(2)学生分组完成数控车床液压系统的分析、液压回路的绘制以及液压系统组装、调试与运行。

(3)通过仿真软件检查液压系统的完整性,通过安装、调试掌握数控机床液压系统的控制与维护以及安全操作技能。

3. MJ－50 型数控车床液压系统的组装与运行

MJ－50 型数控车床液压系统基本回路主要有减压回路、调速回路等。在教师的指导下可以进行如下液压基本回路的实训。

（1）减压回路。组装一级减压回路或二级减压回路，观察系统压力的变化情况。

（2）节流调速回路。采用节流阀、调速阀和单向调速阀控制液压缸活塞的移动速度。

（3）换向回路。在基本回路实训过程中观察换向回路的功能。

■自我测试

5－3－1　填空、简答题根据如图 5－2 所示回答下列问题

1. YT4543 型动力滑台液压系统是采用（　　）和（　　）组成的（　　）调速回路，采用（　　）实现换向，采用（　　）实现快速运动，采用（　　）实现快进转工进的速度转换，采用调速阀（　　）实现两种工进速度换接。

2. 指出 YT4543 型动力滑台液压系统图中包含哪些基本回路？

3. 指出调速阀 7 和 8 哪个开口较大？

4. 指出液压阀 2、3、4、5、6 的名称，并说明其在系统中的应用。

5－3－2　分析题

1. 图 5－10 所示为某零件加工自动线上的液压系统图。转位机械手的动作顺序为：手臂在上方原始位置→手臂下降→手指夹紧工件→手臂上升→手腕回转 90°→手臂下降→手指松开→手臂上升→手腕反转 90°→停在上方。

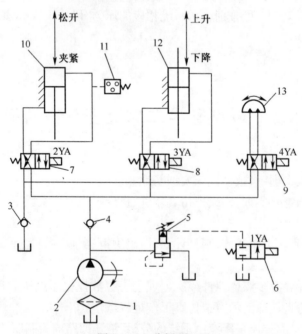

图 5－10　分析题 1 图

（1）分析液压系统、写出进、回油路并填写电磁铁动作顺序表（表 5.4）。

（2）指出单向阀 3、4 的作用。

表 5.4   转位机械手的电磁铁动作顺序表

	原始位置	手臂下降	手指夹紧	手臂上升	手腕回转	手臂下降	手指松开	手臂上升	手腕反转	停在上方
1YA										
2YA										
3YA										
4YA										

2. 如图 5－11 所示,某一液压系统可以完成"快进→一工进→二工进→快退→原位停止"工作循环,分析油路并填写电磁铁动作顺序表(表 5.5)。

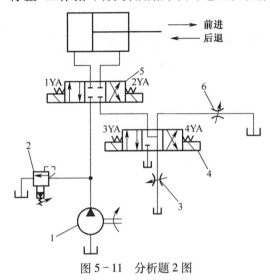

图 5－11   分析题 2 图

表 5.5   电磁铁动作顺序表

	1YA	2YA	3YA	4YA
快进				
一工进				
二工进				
快退				
原位停止				

3. 分析图 5－12 液压系统并回答问题。

(1)填写液压系统电磁铁动作顺序表(表 5.6)。

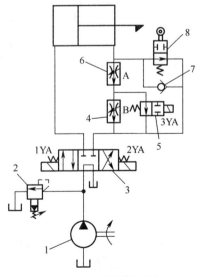

图 5－12   分析题 3 图

表 5.6   电磁铁动作顺序表

	1YA	2YA	3YA	行程阀
快进				
一工进				
二工进				
快退				
原位停止				

(2)写出系统图中包括的基本回路。

(3)指出调速阀 A 和 B 哪个开口较大?

6 项目6 气动传动元件的识别

■学习目标

掌握气动传动系统的工作原理和组成;了解压缩空气的物理性质,压缩空气中的杂质的主要来源、空气的质量等级;了解气压系统的供气系统管道主要构成,供气系统管道的设计原则;了解气动传动系统的主要特点。

■技能目标

(1)学习各种气压元件的组成、工作原理及性能参数。
(2)学习各种气压元件的分类、应用及性能评价方法。

任务1 气压传动基础

■任务描述

液压传动采用的工作介质是液体,气压传动采用的工作介质是空气,两者均属于流体传动,因此在工作原理、系统组成、元件结构及图形符号等方面,有许多相似之处;但由于气体与液体的性质不同,所以气压传动又有自己的特点。所以在学习本项目时,既要借鉴液压传动的基本知识,又要掌握气压传动的基本概念及规律。

■任务分析

(1)了解什么是气压传动,气压传动基本工作原理、特点。
(2)明确气压系统的构成和发展趋势。

6.1.1 气压传动系统的工作原理和组成

1. 气压传动系统的工作原理

气压传动与液压传动、液力传动统称为流体传动,都是利用有压流体(液体或气体)作为工作介质来传递动力或控制信号的传动方式。气压传动技术由风动技术和液压传动技术演变、发展而来,它作为一门独立的技术门类至今还不到50年。由于气压传动的动力传递介质是取之不尽的空气,环境污染小,工程实现容易,所以在自动化领域中充分显示出强大的生命力和广阔的发展前景。气压传动技术在机械、电子、钢铁、运输车辆、橡胶、纺织、轻工、化工、食品、包装、印刷、烟草等各个制造行业,尤其在各种自动化生产装备和生产线中得到非常广泛的应用,成为当今应用最广、发展最快、也最易被接受和重视的技术之一。

气压传动简称气动,它是流体传动及控制学科的一个重要分支。气压传动系统的工作原理是利用空气压缩机将电动机或其他原动机输出的机械能转变为空气的压力能,然后在控制元件的控制和辅助元件的配合下,通过执行元件把空气的压力能转变为机械能,从而完成直线或回转运动并对外做功。

2. 气压传动系统的组成

典型的气压传动系统如图 6-1 所示,它一般由以下 4 个部分组成。

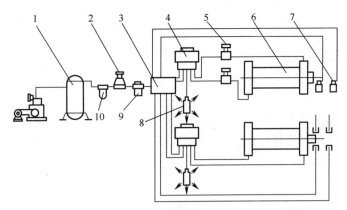

图 6-1 气压传动系统组成

1—气压发生装置;2—压力控制阀;3—逻辑元件;4—方向控制阀;
5—流量控制阀;6—气缸;7—行程开关;8—消声器;9—油雾器;10—过滤器。

1) 气压发生装置

气压发生装置作用是将原动机输出的机械能转变为空气的压力能,其主要设备是空气压缩机,简称为空压机。

2) 控制元件

控制元件是用来控制压缩空气的压力、流量和流动方向的,以保证执行元件具有一定的输出力和速度,并按设计的程序正常工作,如压力控制阀、流量控制阀、方向控制阀和逻辑阀等。

3) 执行元件

执行元件是将空气的压力能转变为机械能的能量转换装置,如气缸和马达。

4) 辅助元件

辅助元件是用于辅助保证气动系统正常工作的一些装置,如各种干燥器、空气过滤器、消声器和油雾器等。

6.1.2 压缩空气性质

1. 空气与湿空气

1) 空气的组成

自然界的空气是由若干种气体混合而成的,其主要成分是氮气(N_2)和氧气(O_2),其他气体占的比例极小。空气里常含有少量水蒸气,对于含有水蒸气的空气称为湿空气,完全不含水蒸气的空气称为干空气,标准状态下(即温度为 $t = 0℃$、压力为 $p_{at} = 0.1013MPa$、重力加速度 $g = 9.8066m/s^2$、相对分子质量 $M = 28.962$)干空气的组成如表6.1所列。

表 6.1　干空气的组成

比值	成　分				
	氮气(N_2)	氧气(O_2)	氩(Ar)	二氧化碳(CO_2)	其他气体
体积分数(%)	78.03	20.93	0.932	0.03	0.078
质量分数(%)	75.50	23.10	1.28	0.045	0.075

2)空气的密度和黏度

(1)密度。所含气体质量称为密度,用 ρ 表示。单位为 kg/m^3。

$$\rho = m/V \tag{6-1}$$

(2)黏度。黏性是由于分子之间的内聚力,在分子间相对运动时产生的内摩擦力,而阻碍其运动的性质。与液体相比,气体的黏性要小得多。空气的黏性主要受温度变化的影响,且随温度的升高而增大。

3)湿空气

空气中的湿空气在一定条件下会凝结成水滴,水滴不仅会腐蚀元件,而且会对系统工作的稳定性带来不良影响。因此,不仅各种气动元器件对空气含水量有明确规定,而且常需要采取一些措施防止水分进入系统。

湿空气中所含水蒸气的程度用温度和含湿量来表示,而湿度的表示方法有绝对湿度和相对湿度之分。

(1)绝对湿度。$1m^3$ 湿空气中所含水蒸气的质量称为绝对湿度。也就是湿空气中水蒸气的密度。空气中水蒸气的含量是有极限的。在一定温度和压力下,空气中所含水蒸气达到最大极限时,这时的湿空气叫饱和湿空气。$1m^3$ 的饱和湿空气中,所含水蒸气的质量称为饱和湿空气的绝对湿度。

(2)相对湿度。在相同温度、相同压力下,绝对湿度与饱和湿空气的绝对湿度之比称为该温度下的相对湿度。一般湿空气的相对湿度值在 0~100% 之间变化。通常情况下,空气的相对湿度在 60%~70% 范围内人体感觉舒适。气动技术中规定各种阀的相对湿度应小于 95%。

(3)含湿量。空气的含湿量指 1kg 质量的干空气中所混合的水蒸气的质量。

(4)露点。保持水蒸气压力不变而降低未饱和湿空气的温度,使之达到饱和状态时的温度叫露点。温度降到露点温度以下,湿空气便有水滴析出。冷冻干燥法去除湿空气中的水分,就是利用这个原理。

(5)析水量。实际上,气压传动中工作介质是空气压缩机输出的压缩空气。未饱和的湿空气被空气压缩机压缩后,使原来在较大体积内含有的水蒸气都要挤压在较小的体积内,单位体积内所含有的水蒸气的量就会增加。压缩空气被冷却后,温度下降,当温度下降到露点时,会有水滴析出。每小时出压缩空气中析出水的质量称为析水量。

4）气体体积的易变特性

由于气体分子间的距离大，分子间的内聚力较小，故分子可以自由运动，因此气体的体积很容易随压力和温度的变化而变化。气体受到压力的作用而使体积缩小的性质称为气体的可压缩性。气体受温度的影响而使体积发生变化的性质称为气体的膨胀性。气体的可压缩性和膨胀性比液体大得多，故在研究气压传动时应予以考虑。

2. 压缩空气的污染

由于压缩空气中的水分、油污和灰尘等杂质不经处理直接进入管路系统时，会对系统造成不良后果，所以气压传动系统中所使用的压缩空气必须经过干燥和净化处理后才能使用。压缩空气中的杂质来源主要有以下几个方面。

（1）由系统外部通过空气压缩机等设备吸入的杂质。即使在停机时，外界的杂质也会从阀的排气口进入系统内部。

（2）系统运行时内部产生的杂质。例如，湿空气被压缩、冷却就会出现冷凝水；压缩机油在高温下会变质，生成油泥；管道内部产生锈屑；相对运动件磨损会产生金属粉末和橡胶细末等。

（3）系统安装和维修时产生的杂质。如安装、维修时未清除掉的铁屑、毛刺、纱头、焊接氧化皮、铸砂、密封材料碎片等。

3. 空气质量等级

随着机电一体化程度的不断提高，气动元件日趋精密。气动元件本身的低功率、小型化、集成化及微电子、食品和制药等行业对作业环境的严格要求和污染控制，都对压缩空气的质量和净化提出了更高的要求。不同的气动设备对空气质量的要求不同。若空气质量低劣，则优良的气动设备也会频繁发生事故，使用寿命缩短。但若对空气质量提出过高的要求，则又会提高压缩空气的成本。

表6.2所列为ISO8573.1标准以对压缩空气中的固体尘埃颗粒、含水率（以压力露点形式要求）和含油率的要求划分的压缩空气的质量等级。我国采用的GB/T 13277—1991《一般用压缩空气质量等级》等效采用ISO8573.1标准。

表6.2　压缩空气质量等级（ISO8573.1）

等级	最大粒子		压力露点（最大值）/℃	最大含油量/(mg/m^3)
	尺寸/μm	浓度/(mg/m^3)		
1	0.1	0.1	−70	0.01
2	1	1	−40	0.1
3	5	5	−20	1.0
4	15	8	+3	5
5	40	10	+7	25
6	—	—	+10	—
7	—	—	不规定	—

6.1.3　供气系统管道

1. 气动系统的供气系统管道的内容

气动系统的供气系统管道包括以下内容。

（1）压缩空气站内气源管道：包括压缩机的排气口至后冷却器、油水分离器、储气罐、干燥器等设备的压缩空气管道。

（2）厂区压缩空气管道：包括从压缩空气站至各用气车间的压缩空气输送管道。

（3）用气车间压缩空气管道：包括从车间入口到气动装置和气动设备的压缩空气输送管道。

压缩空气管道主要分硬管和软管两种。硬管主要用于高温、高压及固定安装的场合，应选用不易生锈的管材（紫铜管或镀锌钢管），避免空气中水分导致管道锈蚀而产生污染。气动软管用于工作压力不高、工作温度低于 50℃ 及设备需要移动的场合。目前，常用的气动软管为尼龙管或 PV 管，其受热后使其耐压能力大幅下降，易出现管道爆裂，同时长期受热辐射后会缩短其使用寿命。

2. 供气管道的设计原则

1）按供气压力和流量要求考虑

若工厂中的各气动设备、气动装置对压缩空气源压力有多种要求，则气源系统管道必须满足最高压力要求。若仅采用同一个管道系统供气，则对要求较低供气压力可通过减压阀减压来实现。

气源供气系统管道的管径大小取决于供气的最大流量和允许压缩空气在管道内流动的最大压力损失。为避免在管道内流动时有较大的压力损失，压缩空气在管道中的流速一般应小于 25m/s。一般对于较大型的空气压缩站，在厂区范围内从管道的起点到终点，压缩空气的压力降不能超过气源初始压力的 8%；在车间范围内，不能超过供气压力的 5%。若超过了，则可采用增大管道直径的办法来解决。

2）从供气的质量要求考虑

如果气动系统中多数气动装置无气源供气质量要求，那么可采用一般供气系统。若气动装置对气源供气质量有不同的要求，且采用同一个气源管道供气，则其中对气源供气质量要求较高的气动装置，可采取就近设置小型干燥过滤装置或空气过滤器来解决。若绝大多数气动装置或所有装置对供气质量都有质量要求，则应采用清洁供气系统，即在空气压缩站内气源部分设置必要的净化和干燥装置，并用同一管道系统给气动装置供气。

3）从供气的可靠性、经济性考虑

科学合理的管道布局是供气系统能否经济可靠运行的决定因素。一般可以将供气网设计为环形馈送形式提高供气的可靠性和保持压力的恒定。

4）应注意防止管道中沉积的水分对设备造成污染

如图 6-2 所示，长管道不应水平布置，而应有 1%~2% 的斜度以方便管道中冷凝水的排出，并应在管道终点设置积水罐，以便定期排放沉积的污水。分支管道及气动设备从主供气管道上接出压缩空气时，必须从主供气管道的上方大角度拐弯后再接出，以防止冷凝水流入分支管道和设备。对于各压缩空气净化装置和管道中排出的污物，也应设置专门的排放装置，进行定期排放。

6.1.4 气压传动的特点

1. 气压传动的优点

（1）工作介质为空气，来源经济方便，用过之后直接排入大气，处理简单、不污染

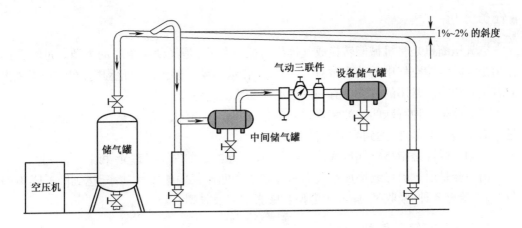

图 6-2 供气系统管道布局示意图

环境。

（2）由于空气流动损失小，压缩空气可集中供气，作远距离输送。

（3）与液压传动相比，气压传动具有动作迅速、反应快、维护简单、管路不易堵塞的特点，且不存在介质变质、补充和更换等问题。

（4）对工作环境的适应性好，可安全可靠地应用于易燃易爆场所。

（5）气动装置结构简单、重量轻、安装维护方便，压力等级低，使用安全。

（6）空气具有可压缩性，气动系统能够实现过载自动保护。

2. 气压传动的缺点

（1）由于空气有可压缩性，所以气缸的动作速度受负载变化影响较大。

（2）工作压力较低（一般为 0.4~0.8MPa），因而气动系统输出动力较小。

（3）气动系统有较大的排气噪声。

（4）工作介质空气没有自润滑性，需另加装置进行给油润滑。

任务 2　气源装置及气动辅助元件

■ **任务描述**

气源装置是气压传动系统中的重要组成部分，给系统提供足够清洁、干燥且具有一定压力和流量的压缩空气。

空气压缩机排出的压缩空气温度高达 1700℃，且含有汽化的润滑油、水蒸气和灰尘等给气动系统造成不利影响的污染物。所以由空气压缩机排出的压缩空气需经降温、除油、除水、除尘和干燥，使其达到一定的使用要求。

气动辅助元件是使压缩空气净化、润滑、消声以及元件间的连接等所需要的一些装置，主要包括空气过滤器、油雾器、气动三联件、消声器等。

空气压缩机是将机械能转换成气体压力能的装置,是气动系统的动力源。过滤器的作用是滤除压缩空气中的杂质微粒,达到气压传动系统所要求的净化程度,在气动系统中起着重要作用。常用的过滤器有一次过滤器和二次过滤器。

油雾器是一种特殊的注油装置,其作用是使润滑油雾化后注入空气流中,随着空气流进入需要润滑的部件,达到润滑的目的。

气动三联件是指将空气过滤器、减压阀和油雾器3种气源处理元件组装在一起。

消声器是通过阻尼或增加排气面积等方法降低排气的速度和功率,达到降低噪声的目的,一般有3种:吸收型、膨胀干涉型和膨胀干涉吸收型。

6.2.1 空气压缩机

压缩空气站是气压系统动力源装置,一般规定,当空气压缩机的排量为 $6 \sim 12 \text{m}^3/\text{min}$ 时,就应独立设置压缩空气站;当排气量低于 $6\text{m}^3/\text{min}$ 时,可将空气压缩机或气泵直接安装在主机旁。空气压缩站(简称空压站)是气压传动系统中的核心部件,它是为气动设备提供压缩空气的动力源。空压站的主要组成有空气压缩机、后冷却器和储气罐。图 6-3 所示为空压站的组成示意图。

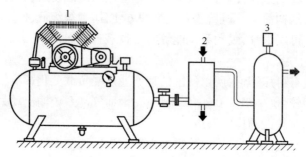

图 6-3 空压站的组成示意图
1—空气压缩机;2—后冷却器;3—储气罐。

空气压缩机是气动系统的动力源,其作用是把电动机输出的机械能转换成气体的压力能并输出到气动系统。

1. 空气压缩机的分类

空气压缩机的种类很多,按工作原理可分为容积式和动力式两大类。在气压传动中,一般采用容积式空气压缩机。

空气压缩机按输出压力分为低压压缩机($0.2\text{MPa} < p \leqslant 1\text{MPa}$)、中压压缩机($1\text{MPa} < p \leqslant 10\text{MPa}$)、高压压缩机($10\text{MPa} < p \leqslant 100\text{MPa}$)和超高压压缩机($p > 100\text{MPa}$)。

空气压缩机按输出流量分为微型($q < 1\text{m}^3/\text{min}$)、小型($1\text{m}^3/\text{min} \leqslant q \leqslant 10\text{m}^3/\text{min}$)、中型($10\text{m}^3/\text{min} < q \leqslant 100\text{m}^3/\text{min}$)和大型($q > 100\text{m}^3/\text{min}$)。

空气压缩机按润滑方式分为有油润滑(采用润滑油润滑,结构中有专门的供油系统)和无油润滑(不采用润滑油润滑,零件采用自润滑材料制成,如采用无油润滑的活塞式空气压缩机中的组件)。

2. 空气压缩机的工作原理

在容积式空气压缩机中,最采用的是活塞式空气压缩机,单级单作用活塞式空气压缩机的工作原理如图6-4所示。

(1)吸气过程:曲柄6回转带动气缸活塞2作直线往复运动,当活塞2向右运动时,气缸腔1容积增大形成局部真空,在大气压作用下,吸气阀7打开,大气进入气缸1。

(2)排气过程:当活塞向左运动时,气缸1内容积缩小,气体被压缩,压力升高,排气阀8打开,压缩空气排出。单级单缸的空气压缩机就这样循环往复运动,不断产生压缩空气,而大多数空气压缩机是由多缸多活塞组合而成。

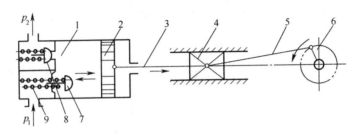

图6-4　单级单作用活塞式空气压缩机的工作原理图

1—气缸腔;2—活塞;3—活塞杆;4—滑块;5—连杆;6—曲柄;7—吸气阀;8—排气阀;9—弹簧。

3. 空气压缩机的选用

选用空气压缩机的依据是气动系统所需的工作压力和流量。气动系统常用的工作压力为0.5~0.8MPa,可直接选用额定压力为0.7~1MPa的低压空气压缩机,特殊场合也可选用中、高压或超高压的空气压缩机。

在确定空气压缩机的排气量时,应该满足各气动设备所需的最大耗气量之和。

6.2.2　气源净化装置

1. 空气过滤器

空气过滤器的作用是滤除压缩空气的水分、油滴及杂质微粒,以达到气动系统所要求的净化程度。过滤的原理是根据固体物质和空气分子的大小和质量不同,利用惯性、阻隔和吸附的方法将灰尘和杂质与空气分离。

一般空气过滤器基本上是由壳体和滤芯组成的,按滤芯所采用的材料不同又可分为纸质、织物(麻布、绒布、毛毡)、陶瓷、泡沫塑料和金属(金属网、金属屑)等过滤器。空气压缩机中普遍采用纸质过滤器和金属过滤器。这种过滤器通常又称为一次过滤器,其滤灰效率为50%~70%;在空气压缩机的输出端(即气源装置)使用的为二次过滤器(滤灰效率为70%~90%)和高效过滤器(滤灰效率大于90%),过滤器与减压阀、油雾器一起构成气源调节装置(气动三联件),是气动设备必不可少的辅助元件。安装在气动系统的入口处。

图6-5所示为普通空气过滤器(二次过滤器)的结构图,其工作原理是:压缩空气从输入口进入后,被引入旋风叶子1,旋风叶子上有许多成一定角度的缺口,迫使空气沿切

线方向产生强烈旋转。这样夹杂在空气中较大的水滴、油滴和灰尘等便依靠自身的惯性与存水杯 3 的内壁碰撞，并从空气中分离出来沉到杯底，而微粒灰尘和雾状水蒸气则由滤芯 2 滤除。为防止其他旋转将存水杯中积存的污水卷起，在滤芯下部设有挡水板 4。此外，存水杯中的污水应通过排水阀 5 及时排放。在某些人工排水不方便的场合，可采用自动排水式空气过滤器。

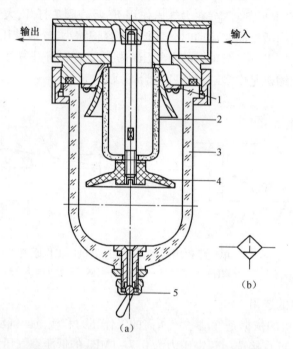

图 6-5　普通空气过滤器（二次过滤器）的结构图
1—旋风叶子；2—滤芯；3—存水杯；4—挡水板；5—排水阀。

空气过滤器主要根据系统所需要的流量、过滤精度和允许压力等参数选取。通常垂直安装在气动设备入口处，进出气孔不得装反。使用中注意定期放水、清洗或更换滤芯。

2. 除油器（油水分离器）

除油器用于分离压缩空气中所含的油分和水分。它的规则原理是：当压缩空气进入除油器后产生流向和速度的急剧变化，再依靠惯性作用，将密度比压缩空气大的油滴和水滴分离出来，图 6-6 所示为除油器的结构示意图。压缩空气进入除油器后，气流转折下降，然后上升，依靠转折时离心力的作用析出油滴和水滴。空气转折上升的速度在压力小于 1.0MPa 时不超过 1m/s。若除油器进出口管径为 d，进出口空气流速为 v，气流损失速度为 1m/s，则除油器的直径 $D = \sqrt{v}d$，其高度 H 一般为其直径 D 的 3.5~4 倍。

3. 空气干燥器

空气干燥器是吸收和排除压缩空气中的水分和部分油分与杂质，使湿空气变成干空气的装置。

目前使用的干燥方法很多，主要有冷冻法、吸附法、机械法和离心法等。在工业上采用的是冷冻法和吸附法。

（1）冷冻式干燥器。冷冻式干燥器是利用制冷设备使空气冷却到一定的露点温度，

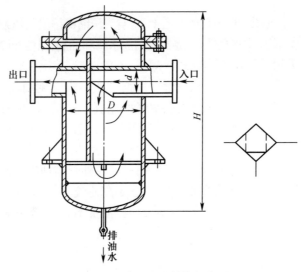

图 6-6 除油器的结构示意图

析出空气中多余的水分。此方法适用于处理低压大流量，并对干燥度要求不高的压缩空气。

（2）吸附式干燥器。吸附式干燥器是利用具有吸附性能的吸附剂（如硅胶、活性氧化铝、分子筛等）吸附压缩空气中水分的一种净化装置。吸附剂吸附了压缩空气中水分后将达到饱和状态而失效。为了能够连续工作，必须排除吸附剂中的水分，使吸附剂恢复到干燥状态，这称为吸附剂的再生。目前吸附剂的再生方法有两种，即加热再生和无热再生。

图 6-7 所示为一种不加热再生式干燥器，它有两个填满干燥剂的相同容器 Ⅰ、Ⅱ。空气从一个容器的下部流到上部，水分被干燥剂吸收而得到干燥，一部分干燥后的空气又从另一个容器的上部流到下部，把吸附在干燥剂中的水分带走并放入大气。它实现了无需外加热源而使吸附剂再生，Ⅰ、Ⅱ两容器定期交换工作（5~10min）而使吸附剂产生吸附和再生，这样可得到连续 3 次的干燥压缩空气。

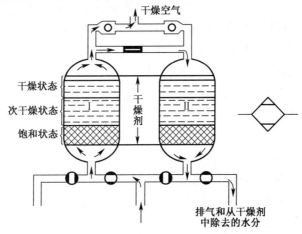

图 6-7 不加热再生式干燥器

4. 后冷却器

后冷却器安装在空气压缩机出口的管道上，将空气压缩机排出的压缩气体温度由140℃～170℃降到40℃～50℃，使其中水蒸气、油雾器凝结成水滴和油滴，以便经除油器析出。

后冷却器一般采用蛇管式或套管式冷却器，蛇管式冷却器主要由一只蛇状空心盘管和一只盛装此盘管的圆筒组成。蛇状盘管可用铜管或钢管弯制而成，蛇管的表面积也就是冷却器散热面积。空气压缩机排出的热空气由蛇管上部进入，如图6-8所示，通过管外壁与管外的冷却水进行热交换，冷却后，由蛇管下部输出。这种冷却器结构简单，使用和维护方便，因而被广泛用于流量较小的场合。

套管式冷却器的结构如图6-9所示，压缩空气在外管与内管之间流动，内、外管之间有支承架来支承。这种冷却器流通截面小，易达到高速流动，有利于散热冷却。管间清理也较方便，但其结构笨重，消耗金属量大，主要用在流量不太大，散热面积较小的场合。

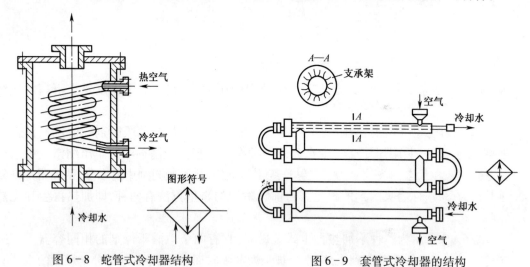

图6-8　蛇管式冷却器结构　　　　　　图6-9　套管式冷却器的结构

5. 储气罐

储气罐的作用是消除压力波动，保证输出气流的连续性；储存一定数量的压缩空气，调节用气量或以备发生故障和临时需要应急使用；进一步分离压缩空气中的水分和油分。储气罐一般采用圆筒状焊接结构，有立式和卧式两种，一般以立式居多。立式储气罐的高度为其直径 D 的2～3倍，同时应使进气管在下，出气管在上，并尽可能加大两管之间的距离，以利于进一步分离空气中的油水。同时，每个储气罐应将有以下附件。

（1）溢流阀。调整极限压力，通常比正常工作压力高10%。

（2）清理、检查用的孔口。

（3）指示储气罐罐内空气压力的压力计。

（4）储气罐的底部应有排放油水的接管。

在选择储气罐的容积 V_C 时，一般都是以空气压缩机每分钟的排气量 q 为依据选择的。即当 $q < 6.0 \mathrm{m^3/min}$ 时，取 $V_C = 1.2 \mathrm{m^3}$；当 $q = 6.0 \sim 30 \mathrm{m^3/min}$ 时，取 $V_C = 1.2 \sim 4.5 \mathrm{m^3}$；当 $q > 30 \mathrm{m^3/min}$ 时，取 $V_C = 4.5 \mathrm{m^3}$。

后冷却器、除油器和储气罐都属于压力容器，制造完毕后，应进行水压试验。目前，在气压传动中,后冷却器、除油器和储气罐三者一体的结构形式已被采用,这使压缩空气站的辅助设备大为简化。

6.2.3 其他辅助元件

1. 油雾器

油雾器是一种特殊的注油装置,它以压缩空气为动力,将润滑油喷射成雾状并混合于压缩空气中,随着压缩空气进入需要润滑的部位,达到润滑气动元件的目的。

油雾器是气压系统中一种特殊的注油装置。其作用是将润滑油喷射成雾状并混合于压缩空气中,使该压缩空气具有润滑气动元件的能力。目前,气动控制阀、气缸和气动马达主要是靠这种带有雾状的压缩空气来实现润滑的,其优点是方便、干净以及润滑质量高。

油雾器的工作原理如图6-10所示。当压力为 p_1 的压缩空气从左向右流经文氏管后压力将为 p_2,p_1 和 p_2 的压差 Δp 大于把油吸到排出口处所需的压力 ρgh(ρ 为油液密度)时,油被吸到油雾器的上部,在排出口被主通道中的气流引射出来,形成油雾,并随着压缩空气输送到需润滑的部位。

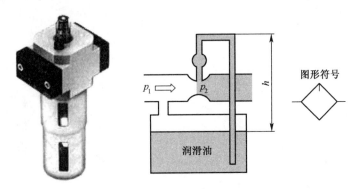

图6-10 油雾器的工作原理图、外形图及图形符号

油雾器在安装时应注意进、出口不能接错。垂直安装,不能倒置或倾斜;保持正常油面,不应过高或过低。油雾器在使用时应注意,许多气动装置应用与食品、药品、电子等行业,这些行业是不允许油雾润滑的,它会对人体健康造成危害,或影响到测量仪的测量精度,因此目前不给油润滑(无油润滑)技术正在逐渐普及。

空气过滤器、油雾器和对系统压力进行调整的减压阀一起被称为气动三联件,是气动系统中不可缺少的辅助装置。其外形图和图形符号如图6-11所示。

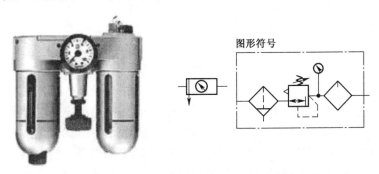

图6-11 气动三联件外形图及图形符号

2. 消声器

气压传动装置的噪声一般都比较大,尤其当压缩气体直接从气缸或阀中排向大气时,较高的压力差使气体急剧膨胀,产生涡流,引起气体的振动,发出强烈的噪声(一般可达100~120dB),对人体的健康造成危害,并使作业环境恶化。为消除或减弱这种噪声,应在气动装置的排气口安装消声器。消声器是指能阻止声音传播而允许气流通过的防治空气动力性噪声的主要设备。采用的消声器有以下3种类型。

(1)吸收型消声器。吸收型消声器是利用吸收材料(玻璃纤维、毛毡、泡沫塑料、烧结材料等)来降低噪声。如图6-12所示,当气流通过消声罩时,气流受阻,可使噪声降低20dB左右。吸收型消声器主要应用于消除中高频噪声。

(2)膨胀干涉型消声器。膨胀干涉型消声器相当于一段比排气孔口径大的管件。当气流通过时,在其内部扩散、膨胀、反射、相互干涉而消声,主要应用于消除中、低频噪声。

(3)膨胀干涉吸收型消声器。此类消声器是上述两类消声器的组合,其结构如图6-13所示。这种消声器消声效果最好,低频可消声20dB,高频可消声45dB左右。

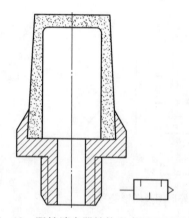

图6-12 阻性消声器结构示意图及图形符号

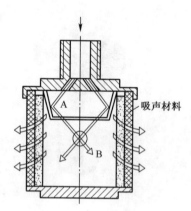

图6-13 膨胀干涉吸收型消声器结构示意图

3. 转换器

转换器是将电、液、气信号进行相互转换的辅助元件,用来控制气动系统正常工作。

(1)气—电转换器。图6-14所示是低压气—电转换器的结构。它是将气信号转换成电信号的元件。硬芯2与焊片1是两个常断电触点。当有一定压力的气动信号由气动信号输入口5进入后,膜片3向上弯曲,带动硬芯与限位螺钉11接触,即与焊片导通,发出电信号。气信号消失后,膜片带动硬芯复位,触点断开,电信号消失。

在选择气—电转换器时要注意信号工作压力大小、电源种类、额定电压和额定电流大小,安装时不应倾斜和倒置,以免发生误动作,控制失灵。

(2)电—气转换器。电—气转换器的作用正好与气—电转换器的作用相反,它是将电信号转换成气信号的装置,如图6-15所示为电—气转换器的原理。当无电信号时,在弹簧1的作用下橡胶挡板4上抬,喷嘴5打开,气源输入气体经喷嘴排空,输出口无输出。当线圈2通有电信号时,产生磁场吸下衔铁3,橡胶挡板挡住喷嘴,输出口有气信号输出。实际上各种电磁换向阀都可作为电—气转换器。

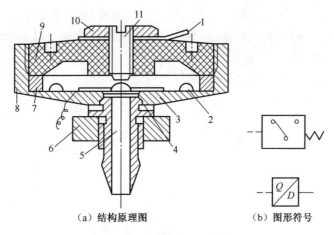

（a）结构原理图　　　　　　（b）图形符号

图 6-14　低压气—电转换器

1—焊片；2—硬芯；3—膜片；4—密封圈；5—气动信号输入口；6、10—螺母；

7—压圈；8—外壳；9—盖；11—限位螺钉。

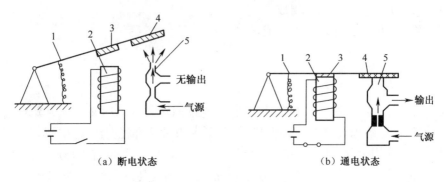

（a）断电状态　　　　　　（b）通电状态

图 6-15　低压电—气转换器的原理

1—弹簧；2—线圈；3—衔铁；4—橡胶挡板；5—喷嘴。

（3）气—液转换器。图 6-16 所示为气—液转换器。它是把气压信号直接转换成液

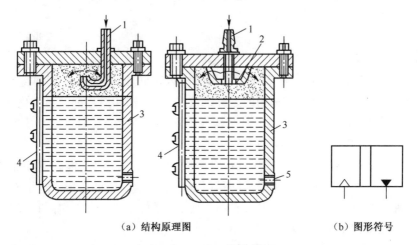

（a）结构原理图　　　　　　（b）图形符号

图 6-16　气—液转换器

1—空气输入管；2—缓冲装置；3—本体；4—油标；5—油液输出口。

压信号的装置。压缩空气自上部空气输入管1进入转换器内,直接作用在油面上,使油液液面产生与压缩空气相同的压力,压力油从转换器下部油液输出口5引出供液压传动系统使用。

选择气—液转换器时,应考虑液压执行元件的用油量,一般应是液压执行元件用油量的5倍。转换器内装油不能太满,液面与缓冲装置间应保持20~50mm的距离。

任务3 气动执行元件

▌任务描述

气动执行元件是将压缩空气的压力能转换为机械能。执行元件包括气缸和气马达。气缸用以实现直线运动;气马达用于实现连续和不连续的回转运动。

本任务主要目标如下。

(1)气缸的工作原理及其组成。

(2)气马达的工作原理及其组成。

▌任务分析

气马达可分为连续回转式和摆动式两类,连续回转式气马达又可分为容积式和透平式,常用气马达以容积式为主。最常用的气马达是叶片式和径向活塞式气马达。

由于气缸应用十分广泛,根据使用条件不同,其结构、形状也有多种形式,本任务主要介绍气马达和气缸的分类、用途及工作原理,能够识别气马达和气缸,并正确选用气马达和气缸。

气动系统常用的执行元件为气缸和气马达。气缸用于实现直线往复运动,输出力和直线位移。气马达用于实现连续回转运动,输出力矩和角位移。

6.3.1 气缸

1. 活塞式气缸

气缸是气动系统的执行元件之一。除几种特殊气缸外,普通气缸其种类及结构形式与液压缸基本相同。目前,最常选用的是标准气缸,其结构和参数都已系列化、标准化、通用化。QGA系列为无缓冲普通气缸,其结构如图6-17所示。

2. 气—液阻尼缸

气—液阻尼气缸是由气缸和液压缸组合而成,它以压缩空气为能源,利用油液的不可压缩性控制流量,来获得活塞的平稳运动和调节活塞的运动速度。与气缸相比,它传动平稳,停位准确,噪声小。与液压缸相比,它不需要液压源,经济性好。它同时具有气动和液压的优点,因此得到了越来越广泛的应用。

图6-18所示为串联式气—液阻尼缸的工作原理图。液压缸和气缸串联成为一体,两个活塞固定在一个活塞杆上。当气缸右腔进气时,带动液压缸活塞向左运动。此时液

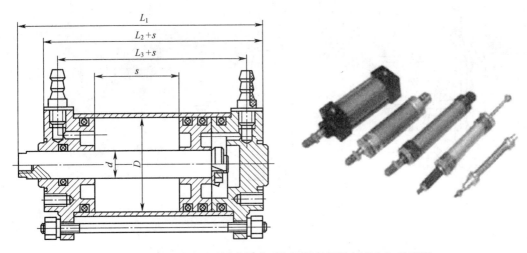

图 6 - 17　QGA 系列无缓冲标准型气缸结构图及标准气缸外形图

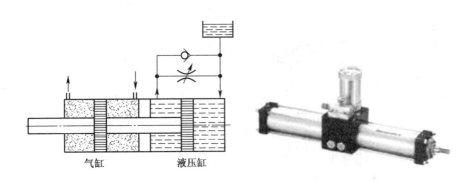

图 6 - 18　串联式气—液阻尼缸工作原理图及外形图

压缸左腔排油,油液只能经节流阀缓慢流回右腔,调节节流阀,就能调节活塞运动速度。当压缩空气进入气缸的右腔时,液压缸右腔排油,单向阀开启,活塞快速退回。

3. 薄膜式气缸

膜片式气缸是一种利用压缩空气通过膜片推动活塞杆作往复直线运动的气缸。它由缸体、膜片、膜盘和活塞杆等零件组成,其功能类似于活塞式气缸,分单作用式和双作用式两种,结构如图 6 - 19 所示。

薄片式气缸的膜片可以做成盘形膜片和平膜片两种形式。膜片材料为夹织物橡胶、钢片或磷青铜片。常用的是夹织物橡胶,橡胶的厚度为 5~6mm,有时也可用 1~3mm 的橡胶。金属式膜片只用于行程较小的薄片式气缸中。

薄膜式气缸和活塞式气缸相比较,具有结构简单、紧凑、制造容易、成本低、维修方便、寿命长、泄漏小、效率高等优点。但是膜片的变形量有限,故其行程短(一般不超过 40~50mm),且气缸活塞杆上的输出力随着行程的加大而减小。

4. 冲击式气缸

冲击式气缸与普通气缸相比,增加了蓄能腔以及带有喷嘴和具有排气小孔的中盖。冲击气缸能产生相当大的冲力,可充当冲床使用。图 6 - 20 所示为普通型冲击气缸的结

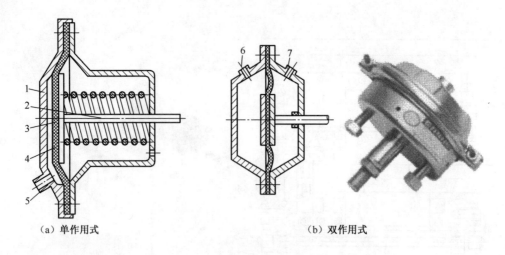

（a）单作用式 　　　　　　　　　　（b）双作用式

图 6‑19　单作用式薄膜气缸结构图及外形图

1—缸体；2—活塞杆；3—膜片；4—膜盘；5—进气口；6、7—进、出气口。

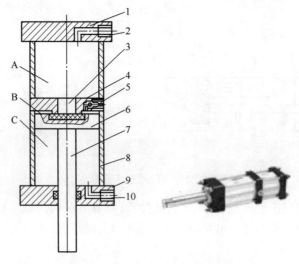

图 6‑20　普通型冲击气缸的结构示意图及外形图

1、9—端盖；2、10—进、出气口；3—喷嘴口；4—中盖；5—低压排气阀；6—活塞；7—活塞杆；8—缸体。

构示意图，其工作原理是：当压缩空气从进气口 2 进入 A 腔时，其压力只能通过喷嘴 3 作用在活塞 6 上，此时作用面积小，还不能克服 C 腔的排气压力所产生的向上推力以及活塞与缸体的摩擦力，喷嘴处于关闭状态，从而使 A 腔内压力升高，当 A 腔内压力升高到能使活塞向下移动时，活塞下移离开喷嘴，喷嘴打开，A 腔中的压缩空气通过喷嘴口突然作用于活塞的全面积上，此时活塞一侧的压力可达活塞杆一侧的压力的几倍乃至几十倍，使活塞上作用着很大的向下推力。活塞在此推力作用下，迅速加速，在很短的时间内以极高的速度向下冲击，从而获得很大的动能。

　　冲击气缸的用途广泛，可用于锻造、冲压、下料、铆接、压配、破碎等多种作业。气缸的运动速度和推力的计算同液压缸，这里不再赘述。

6.3.2 气马达

1. 气马达的分类及特点

气马达也是气动执行元件的一种。它的作用相当于电动机或液压马达,即输出力矩,拖动机构作旋转运动。

1)气马达的分类

气马达按结构形式可分为叶片式气马达、活塞式气马达和齿轮式气马达。最为常用的是叶片式和活塞式两种。叶片式气马达制造简单、结构紧凑,但低速启动转矩小、低速性能不好,适宜性能要求低或中等功率的机械。目前矿山机械及风动工具中应用普遍。活塞式气马达在低速情况下有较大的输出功率,它的低速性能好,适宜载荷较大和要求低速转矩大的机械,如起重机、绞车绞盘、拉管机。

2)气马达的特点

与液压马达相比,气马达具有以下特点。

(1)工作安全。可以在易燃易爆场所工作,同时不受高温和振动的影响。

(2)可以长时间满载工作而温升较小。

(3)可以无级调速。控制进气流量,就能调节马达的转速和功率。额定转速以每分钟几十转到几十万转。

(4)具有较高的启动力矩。可以直接带负载运动。

(5)结构简单、操纵方便、维护容易、成本低。

(6)输出功率相对较小,最大只有20kW左右。

(7)耗气量大、效率低、噪声大。

2. 气马达的工作原理

图6-21所示为叶片式气马达的工作原理图(与液压马达相似),当压缩空气从进气口A进入定子1与转子2之间的密封容腔内后,立即喷向叶片Ⅰ和叶片Ⅱ,作用在叶片的外伸部分,由于两叶片外伸部分长度不同,故得到一个逆时针的转矩,从而带动转子作逆时针的转动,输出旋转的机械能,做完功的气体从排气口C排出,残余气体则经B排出(称为二次排气);若A、B互换,则转子反转。转子转动时产生的离心力和叶片底部的气压力、弹簧力使得叶片紧紧地抵在定子的内壁上,以保证密封,提高容积效率。

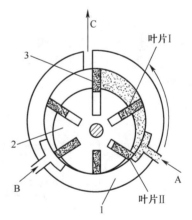

图6-21 叶片式气马达工作原理图

3. 气马达的选用

选择气马达主要从负载出发,在变负载场合,主要考虑速度范围和所需的转矩;在均衡负载场合,则主要考虑工作速度。叶片式气马达比活塞式气马达转速高,当工作速度低于空载最大转速的25%时,最好选用活塞式气马达。摆动式气马达一般可按工作要求自行设计。

气马达使用时应在气源入口处设置油雾器,并定期补油,以保证气马达达到良好润滑。

任务 4　气动控制元件

■任务描述

　　气动系统中,控制元件是控制和调节压缩空气的压力、流量、流动方向和发送信号的重要元件,利用它们可以组成各种气动回路,使气动执行元件按设计要求正常工作。

■任务分析

　　气动系统的控制元件主要是控制阀,它用来控制和调节压缩空气的方向、压力和流量,按其作用和功能可分为方向控制阀、压力控制阀和流量控制阀。气动控制阀在功用和工作原理等方面与液压控制阀相似,仅在结构上有所不同。

　　本任务主要介绍气动控制阀的识别和选用,方向控制阀、压力控制阀、流量控制阀及气动逻辑控制阀的分类及工作原理。

6.4.1　方向控制阀

　　用于通断气路或改变气流方向,从而控制气动执行元件启动、停止和换向的元件称为方向控制阀。方向控制阀按压缩空气在阀内的作用方向,可分为单向型控制阀和换向型控制阀两种,其阀芯结构主要有截止式和滑阀式。

　　1. 单向型控制阀

　　1) 单向型控制阀

　　单向型控制阀包括单向阀、或门型梭阀、与门型梭阀和快速排气阀。其中,单向阀与液压单向阀类似,用来控制气流只能一个方向流动而不能反向流动。结构和符号如图6-22所示。

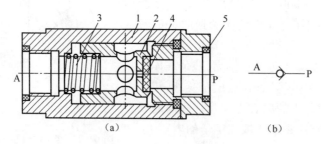

(a)　　　　　　　　　　　(b)

图6-22　单向阀结构图和图形符号

1—阀套;2—阀芯;3—弹簧;4—密封垫;5—密封圈。

　　2) 或门型梭阀

　　或门型梭阀相当于两个单向阀的组合。如图6-23所示,它有两个输入口 P_1、P_2 及一个输出口 A,阀芯在两个方向上起单向阀的作用。当 P_1 口进气时,阀芯将 P_2 口切断,P_1 口与 A 口相通,A 口有输出。当 P_2 口进气时,阀芯将 P_1 口切断,P_2 口与 A 口相通,A 口也有输出。当 P$_1$ 口和 P$_2$ 口都有进气时,使高压侧进气口与 A 口相通。若两侧压力相等,则先加入压力一侧与 A 口相通,后加入一侧关闭。

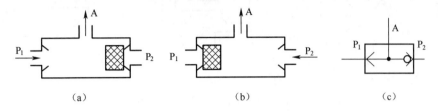

图 6-23　或门型梭阀和图形符号

3) 与门型梭阀(双压阀)

与门型梭阀又称为双压阀,它也相当于两个单向阀的组合。如图 6-24 所示,它有 P$_1$ 和 P$_2$ 两个输入口及一个输出口 A,只有当 P$_1$、P$_2$ 同时有输入时,A 口才有输出,否则 A 口无输出;而当 P$_1$ 和 P$_2$ 压力不等时,则关闭高压侧,低压侧与 A 口相通。

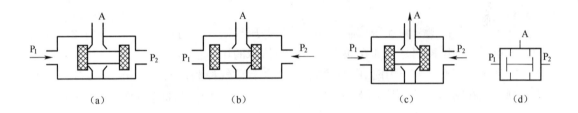

图 6-24　与门型梭阀和图形符号

4) 快速排气阀

快速排气阀的作用是使气动元件或装置快速排气。快速排气阀常装在换向阀和气缸之间,它使气缸不通过换向阀而快速排出气体,从而加快气缸的往复运动速度,缩短工作周期。图 6-25 所示为膜片式快速排气阀。

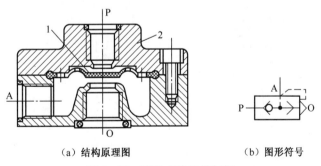

(a) 结构原理图　　　　　(b) 图形符号

图 6-25　膜片式快速排气阀

图 6-26 所示为快速排气阀的工作原理图和图形符号。当 P 口进气时,膜片被压下封住排气口,气流经膜片四周小孔、A 口流出,如图 6-26(a) 所示;当气流反向流动时,A 口气压将膜片顶起封住 P 口,A 口气体经 O 口迅速排出,如图 6-26(b) 所示;图 6-26(b) 和 6-26(c) 所示的是快速排气阀符号。

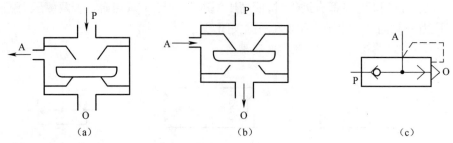

图 6-26 快速排气阀的工作原理图和图形符号

2. 换向型控制阀

换向型控制阀是通过改变压缩空气的流动方向,从而改变执行元件的运动方向。根据控制方式不同,换向阀可分为气压控制、电磁控制、机械控制、手动控制和时间控制。

1) 气压控制换向阀

气压控制换向阀是利用压缩空气的压力推动阀芯运动,使得换向阀换向,从而改变气体流动方向的换向阀,在易燃、易爆、潮湿和粉尘大的工作条件下,使用气压控制安全可靠。

气压换向换向阀分为加压控制、泄压控制、差压控制和延时控制,常用的是加压控制和差压控制。加压控制是指加在阀芯上的控制信号的压力值是渐升的,当控制信号在气压增加到阀的切换动作压力时,阀便换向,这类阀有单气控和双气控之分;差压控制是利用控制气压在阀芯两端面积不等的控制活塞上产生推力差,从而使阀换向的一种控制方式。

(1) 单气控加压式换向阀。图 6-27 所示为二位三通单气控加压式换向阀的工作原理。图 6-27(a)是无气控信号时阀的状态,即常态位,此时阀芯 1 在弹簧 2 的作用下处于上端位置,使阀口 A 与 O 接通。图 6-27(b)是有气控信号 K 而动作的状态,由于气压力的作用,阀芯 1 压缩弹簧 2 下移,使阀口 A 与 O 断开,P 与 A 接通。图 6-27(c)为该阀的图形符号。

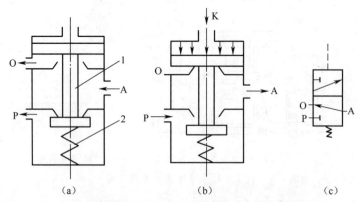

图 6-27 二位三通单气控加压式换向阀的工作原理及符号

(2) 双气控加压式换向阀。换向阀阀芯两边都可作用压缩空气,但一次只作用于一边。即有两个控制口,但每次只能输入一个信号。图 6-28 所示为双气控加压式换向阀的工作原理。当阀芯左端输入压缩空气时阀位于右位 P→B 接通,A→T_1 排气;信号消失后,阀芯仍处于右位,其输出状态不变。直到右端有压缩空气输入时,阀才改变其输出状态,即 P→A 接通,B→T_2 排气。双气控加压式换向阀具有记忆功能,即气控信号消失后,阀仍能保持在有信号时状态,直到有新的信号输入,阀才改变工作状态,图 6-28(c)为该阀的图形符号。

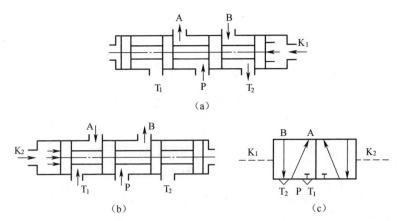

图 6-28　双气控加压式换向阀的工作原理

2）电磁控制换向阀

电磁控制换向阀是利用电磁力的作用来实现阀的切换并控制气流的流动方向。按照电磁控制部分对换向阀的推动方式,电磁控制换向阀可分为直动型和先导型两大类。

（1）直动型电磁换向阀。有电磁铁的衔铁直接推动换向阀阀芯换向的阀称为直动型电磁阀,直动型电磁阀分为单电磁铁和双电磁铁两种,单电磁铁直动型换向阀的工作原理如图 6-29 所示,图 6-29(a)为原始状态,图 6-29(b)为通电时的状态,图 6-29(c)为该阀的图形符号。从图中可知,该阀阀芯的移动靠电磁铁,而复位靠弹簧,因而换向冲击较大,故一般制成小型的阀。若将阀中的复位弹簧改成电磁铁,就成为双电磁铁直动型换向阀,如图 6-30 所示。图 6-30(a)为 1 通电、2 断电时的状态,图 6-30(b)为 2 通电、1 断电时的状态,图 6-30(c)为其图像符号。由此可见,这种阀的两个电磁铁只能交替通电工作,不能同时通电,否则会产生误动作,因而这种阀具有记忆功能。

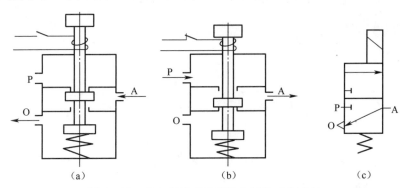

图 6-29　单电磁铁直动型换向阀的工作原理

这种双电磁铁直动型换向阀亦可构成三位阀,即电磁铁 1 通电（2 断电）、电磁铁 1、2 同时断电和电磁铁 2 通电（1 断电）3 个切换位置。在两个电磁铁均断电的中间位置,可

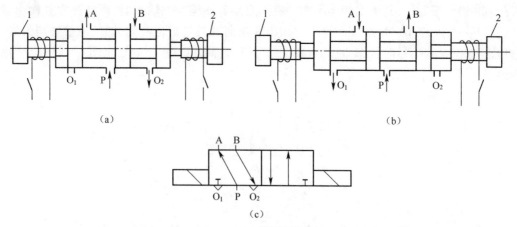

图 6－30　双电磁铁直动型换向阀的工作原理

1、2—电磁铁。

形成 3 种气体流动状态（类似于液压阀的中位机能），即中间封闭（O 型）、中间加压（P 型）和中间泄压（Y 型）。

（2）先导型电磁换向阀。由电磁铁首先控制从主阀气源节流出来的一部分气体，产生先导压力，去推动主阀阀芯换向的阀，简称为先导型电磁阀。

该阀的先导控制部分实际上是一个电磁阀，称为电磁先导阀，由它所控制的用以改变气流方向的阀，称为主阀。由此可见，先导型电磁阀由电磁先导阀和主阀两部分组成。一般电磁先导阀都单独制成通用件，既可用于先导控制，也可用于较小气流量的直接控制。先导型电磁阀也分单电磁铁控制和双电磁铁控制两种，图 6－31 所示双电磁铁控制的先导型电磁换向阀的工作原理，图中控制的主阀为二位阀。同样，主阀也可为三位阀。

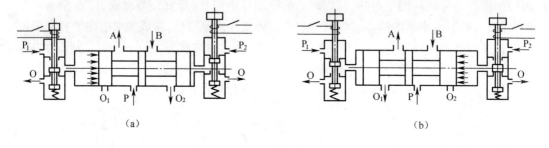

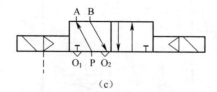

图 6－31　双电磁铁控制的先导型电磁换向阀的工作原理

3）时间控制换向阀

时间控制换向阀是使气流通过气阻（如小孔、缝隙等）节流后到气容（储气空间）中，经一定时间后，气容内建立起一定压力后，再使阀芯换向的阀。在不允许使用时间继电器（电控）的场合（如易燃、易爆和粉尘大等），气动时间控制就显示出其优越性。

（1）延时阀。图6-32所示为二位三通延时换向阀，它是由延时部分和换向部分组成的。当无气控信号时，P与A断开，A腔排气；当有气控信号时，气体从K腔输入经可调节流阀节流后到气容a内，使气容不断充气，直到气容内的气压上升到某一值时，阀芯由左向右移动，使P与A接通，A有输出。当气控信号消失后，气容内气体经单向阀到K腔排空。这种阀的延时时间在0~20s内调整。

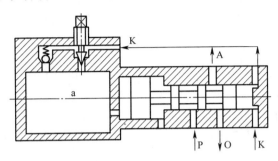

图6-32　二位三通延时换向阀

（2）脉冲阀。图6-33所示为脉冲阀的工作原理，它与延时阀一样也是靠气流流经气阻，并通过气容的延时作用是输入压力的长信号变为短暂的脉冲信号输出。当有其他从P口输入时，阀芯在气压作用下向上移动，A端有输出。同时，气流从阻尼小孔向气容a充气，在充气压力达到动作压力时，阀芯下移，输出消失。这种脉冲阀的工作气压范围为0.15~0.8MPa，脉冲时间小于2s。

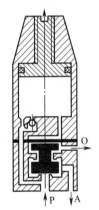

4）机械卡阻和人力控制换向阀

这两类阀是靠机械（凸轮或挡块等）和人力（手动或脚踏等）来控制换向阀换向，其工作原理与液压阀类似，这里不再重复。

6.4.2　流量控制阀

流量控制阀是通过改变阀的通流面积来调节压缩空气的流量，从而控制气缸运动速度、换向阀的切换时间和气动信号的传递速度的气动控制元件。流量控制阀包括节流阀、单向节流阀、排气节流阀等。

图6-33　脉冲阀的
工作原理

1. 节流阀

节流阀的作用是通过改变阀的通流面积来调节流量。

图6-34所示为圆柱斜切型节流阀的结构图。压缩空气由P口进入，经过节流后，由A口流出。旋转阀芯螺杆，就可改变节流口的开度，这样就调节了压缩空气的流量。由于这种节流阀的结构简单、体积小，故应用范围较广。

2. 单向节流阀

单向节流阀是由单向阀和节流阀并联组合而成的组合式控制阀，如图6-35所示。常用来控制气缸的运动速度，又称为速度控制阀。

图6-36所示为单向节流阀的工作原理图，当气流由P至A正向流动时，单向阀在弹簧和气压作用下关闭，气流经节流阀节流后流出，而当由A至P反向流动时，单向阀打开，不节流。

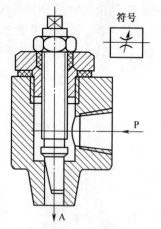

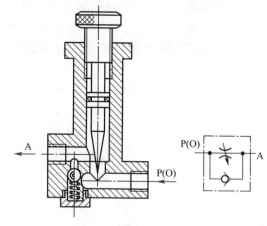

图 6-34　圆柱斜切型节流阀的结构　　　　　　图 6-35　单向节流阀

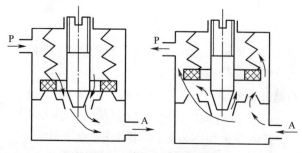

图 6-36　单向节流阀工作原理

3. 排气节流阀

排气节流阀是装在执行元件的排气口处,调节进入大气中气体流量的一种控制阀。它不仅能调节执行元件的运动速度,还常带有消声器件,所以也能起降低排气噪声的作用。

图 6-37 所示为排气节流阀的工作原理。其工作原理和节流阀类似,靠调节节流口 1 处的通流面积来调节排气流量,由消声套 2 来减小排气噪声。

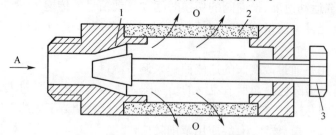

图 6-37　排气节流阀的工作原理
1—节流阀口;2—消声套;3—调节杆。

用流量控制的方法控制气缸内活塞的运动速度,采用气动比采用液压困难。特别是在极低速控制中,要按照预定行程变化来控制速度,只用气动很难实现。在外部负载变化很大时,仅用气动流量阀也不会得到满意的调速效果。为提高其运动平稳性,建议采用气液联动。

6.4.3 压力控制阀

在气压传动系统中,控制压缩空气的压力以控制执行元件的输出推力或转矩和依靠空气压力来控制执行元件动作顺序的阀统称为压力控制阀。它包括减压阀、顺序阀和安全阀。压力控制阀是利用压缩空气作用在阀芯上的力和弹簧力相平衡的原理来进行工作的。

1. 减压阀(调压阀)

减压阀的作用是降低由空气压缩机来的压力,以适于每台气动设备的需要,并使这一部分压力保持稳定。按调节压力方式不同,减压阀按照压力调节的方式可分为直动式和先导式。

图 6-38 所示为 QTY 型直动式减压阀结构图。其工作原理是:当阀处于工作状态时,将手柄 1 旋下,由压缩弹簧 2、3 推动膜片 5 和阀芯 8 下移,进气阀口被打开,压缩空气从左端输入。压缩空气经阀口节流减压后从右端输出,一部分气流经阻尼管 6 进入膜片气室,在膜片 5 的下面产生一个向上的推力,这个推力总是企图把阀口开度关小,使其输出压力下降。当作用在膜片上的推力与退回力互相配合时,减压阀的输出压力便保持稳定。

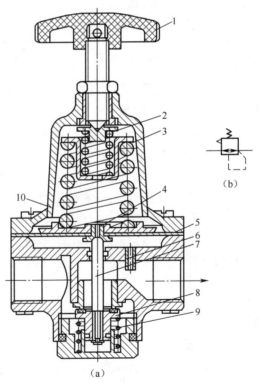

图 6-38 QTY 型直动式减压阀

1—手柄;2、3、9—弹簧;4—溢流口;5—膜片;6—阻尼管;7—阀杆;8—阀芯;10—阀座。

减压阀可自动调整阀口的开度以保证输出压力的稳定。当输入压力发生波动,如输入压力瞬时升高时,此时输出压力也随之升高,作用在膜片 5 上的气体推力也相应增大,破坏了原来的力平衡,使膜片 5 向上移动,有少量气体经溢流孔 4 再经排气孔排出。在膜片上移的同时,因复位弹簧9的作用,使阀芯8也向上移动,进气阀口开度减小,节流作用增大,使输出压力下降,直到新的平衡为止。重新平衡后的输出压力又基本上恢复至原值。这种减压阀在使用过程中,常常从溢流孔排出少量气体,因此称为溢流式减压阀。

当阀不使用时,可旋松手柄1,使弹簧2、3恢复自由状态,阀芯8在复位弹簧9的作用下关闭进气阀口。这样,减压阀便处于截止状态,无气流输出。

安装减压阀时,最好手柄在上,以便于操作。要按气流的方向和阀体上箭头方向,依照分水滤气器→减压阀→油雾器的安装次序进行安装,注意不要装反。调压时应由低向高调,直至规定的调压值为止。阀不用时应把手柄放松,以免膜片经常受压变形。

2. 顺序阀

顺序阀的作用是依靠气路中压力的大小来控制执行机构按顺序动作。顺序阀常与单向阀并联结合成一体,称为单向顺序阀。其工作原理如图6-39所示。

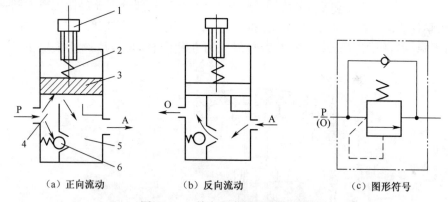

（a）正向流动　　　　　（b）反向流动　　　　　（c）图形符号

图6-39　单向顺序阀的工作原理

1—手柄;2—压缩弹簧;3—活塞;4—腔;5—腔;6—单向阀。

当压缩空气由P口进入腔4后,作用在活塞3上的力小于弹簧2上的力时,阀处于关闭状态。而当作用于活塞上的力大于弹簧力时,活塞被顶起,压缩空气经腔4流入腔5由A口流出,然后进入其他控制元件或执行元件,此时单向阀关闭。

当切换气源时(图6-39(b)),腔4压力迅速下降,顺序阀关闭,此时腔5压力高于腔4压力,在气体压力差作用下,打开单向阀,压缩空气由腔5经单向阀6流入腔4向外排气。调节手柄1就可改变单向顺序阀的开启压力。

图6-40所示为单向顺序阀的结构。

3. 溢流阀(安全阀)

溢流阀的作用是当系统压力超过调定值时,便自动排气,使系统的压力下降,以保证系统安全,故也称其为安全阀。按控制方式分,溢流阀有直动型和先导型两种。

1）直动式溢流阀

图6-41所示为直动式溢流阀。将阀P口与系统相连接,O口通大气。当系统中空气压力升高,一旦高于溢流阀调定压力时,气体推开阀芯,经阀口从O口排至大气,使系统压力稳定在调定压力,保证系统安全。当系统压力低于调定压力时,在弹簧的作用下阀口关闭。开启压力的大小与调整弹簧的预压缩量有关。

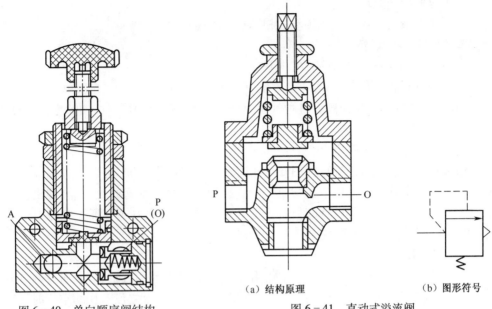

图 6-40　单向顺序阀结构

（a）结构原理　　　（b）图形符号

图 6-41　直动式溢流阀

2）先导式溢流阀

图 6-42 所示为先导式溢流阀。溢流阀的先导阀为减压阀,由它减压后的空气从上部 K 口进入阀内,以代替直动式的弹簧控制溢流阀。先导式溢流阀适用于管道径较大及远距离控制的场合。

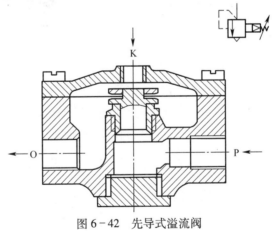

图 6-42　先导式溢流阀

■ 任务实施

实训 15　气动元件的认识

1. 实训要求

（1）熟悉气动系统常见的气缸、气动控制元件。

（2）理解液压元件和气动元件的区别。

（3）分析液压传动和气压传动的相同点和不同点。

2. 实训场地和设备

（1）实训场地：气动实训室、实训基地。

（2）实训设备：双作用气缸（带磁电开关）、单作用气缸、二位五通单电控电磁换向阀、二位五通双控电磁换向阀。各种气压组合实训台、模拟仿真软件、实验室模拟设备等。

3. 原理与步骤

1）双作用气缸（带磁电开关）

带磁电开关的双作用气缸如图 6-43 所示。此双作用气缸，可以通过调节节流阀来调节气缸的运行速度。左边节流阀通气，气缸缩回；右边节流阀通气，气缸伸出。磁电开关用来检测气缸位置，气缸缩回时，右边磁电开关导通，反之左边导通。在磁电开关使用时，两端不可以直接加电源，需要串入负载（靠红色小灯处为正极）。

2）单作用气缸

单作用气缸如图 6-44 所示。单作用气缸，不同于双作用气缸，可以通过调节节流阀来调节气缸的运动速度当节流阀中有气通过时，气缸伸出，反之没有压缩空气时气缸缩回（通过弹簧自动复位）。

图 6-43　带磁电开关的双作用气缸
1—节流阀；2—磁电开关。

图 6-44　单作用气缸
1—消音装置；2—节流阀。

3）二位五通单电控电磁换向阀

二位五通单电磁换向阀如图 6-45 所示。二位五通单电磁换向阀有 3 个接口，P 口为进气口，A、B 口为出气口。当 P 口有气后，A 口出气（即电磁换向阀初位）。当电磁换向阀线圈得电（DC24V 小灯处为正极）后，电磁换向阀换向，B 口出气。当电磁换向阀线圈失电后，通过弹簧恢复到初位。

4）二位五通双电控电磁换向阀

二位五通双电控电磁换向阀如图 6-46 所示。二位五通双电控电磁换向阀比二位五通单电控电磁换向阀多了一个电磁换向线圈。当 P 口有气且电磁换向阀没有得电时，在两侧弹簧的作用下复位，A、B 口均无气出，该阀保持在中位。当电磁换向阀线圈 1Y1 得电（DC24V 小灯处为正极）后，电磁换向阀换向，A 口出气。当电磁换向阀线圈 1Y2 得电（DC24V 小灯处为正极）后，电磁换向阀换向，B 口出气。在两侧弹簧的作用下阀体中断复位，A、B 口均无气出，该阀又保持在中位状态。

4. 主要事项

（1）气动元件均为精密元件，在实训过程中请勿擅自分解。

（2）电磁换向阀所通电压是低压直流电压，禁止用 220V 交流电连接电磁换向阀。

（3）每一个气动元件都可以与相应的液压元件进行比较，但不可以互换使用。

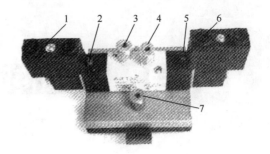

图 6-45 二位五通单电控电磁换向阀
1—A 口;2—B 口;3—电磁换向阀线圈;
4—手动控制键;5—P 口。

图 6-46 二位五通双电控电磁换向阀
1—电磁换向阀线圈 1Y1;2、5—手动控制键;3—A 口;
4—B 口;6—电磁换向阀线圈 1Y2;7—P 口。

（4）为保证实训的顺利进行,请严格按照指导教师的要求操作。

■自我测试

6-4-1 填空题

1. 空气的主要成分是( )和( )。

2. 含有( )的空气称为湿空气。

3. 空气的湿度可以用( )、( )、( )和( )来度量。

4. 气源调节装置包括( )、( )和( )。它们的安装顺序为( )、( )、( )。

5. 后冷却器一般安装在空气压缩机的( )。

6. 油雾器一般安装在( )之后,尽量靠近( )。

7. 气缸用于实现( )和( )。

8. 按照结构特征分,气缸可分为( )气缸、( )气缸、( )气缸和( )气缸。

9. 气动马达用于实现连续的( )和( )组合而成,以( )为能源,用( )来控制和调节气缸的运动速度。

6-4-2 问答题

1. 气压传动系统由哪几部分组成? 各部分的作用是什么?

2. 试述气压传动的特点,并与液压传动进行比较。

3. 气源为什么要净化? 气源装置主要由哪些元件组成?

4. 油雾器的作用是什么? 其工作原理如何?

5. 储气罐的作用是什么? 如何确定它的容积?

6. 气压传动系统中为什么要设置气源调节装置?

7. 简述活塞式空气压缩机的工作原理。

8. 气缸种类有哪些? 各用于什么场合?

9. 简述几种特殊气缸的工作原理及用途。

10. 简述气马达的特点及应用。

7 项目7 气压传动基本回路

学习目标

（1）了解气动系统中的基本回路和常用回路。
（2）了解实际工业系统中气动的应用。
（3）理解气动基本回路的构造和性能。
（4）掌握气动基本回路的组成、工作原理和应用。
（5）掌握气动技术的应用及其优缺点。

技能目标

（1）学习典型气动基本回路的组成、工作原理及应用特点。
（2）学习方向控制回路、压力控制回路、流量控制回路及基本逻辑控制回路的安装与调试、常见故障及排除方法。

任务1　方向、压力、速度控制回路的安装与调试

任务描述

气动系统由气源、气路、控制元件、执行元件和辅助元件等组成，并能完成规定的动作。任何复杂的气动系统，都是由一些具有特定功能的气动基本回路、逻辑回路等组成的。在气动系统中，方向、压力、速度控制回路的功能与液压基本回路基本相似，气动系统中的工作介质采用压缩空气。

本任务通过气动基本回路功能的实现，掌握气动系统基本回路的用途、工作原理以及安装与调试的基本技能。

任务分析

基本回路是指对压缩空气的压力、流量、方向等进行控制的回路。

本任务将介绍基本功能回路如方向控制回路、压力控制回路、速度控制回路和气动系统供给回路、排出回路及单作用气缸回路、双作用气缸回路、气马达回路和真空回路等。同时以机床工件夹紧气动系统、数控车床用真空卡盘气动系统、变压器铁心切断机气动系统等应用回路为例，进行基本回路的功能实现以及安装与调试。其他控制回路将在以后

的学习项目中加以说明。

7.1.1 换向回路

在气动系统中,执行元件的启动、停止或改变运动方向是利用控制进入执行的压缩空气的通、断或变向来实现的,这些控制回路称为换向回路。

1. 单作用气缸换向回路

图7-1(a)所示为二位三通电磁阀控制的换向回路。电磁铁通电时靠气压使活塞上升,断电时靠弹簧作用(或其他外力作用)使活塞下降。该回路比较简单,但对于气缸驱动的部件有较高要求,以保证气缸活塞可靠退回。图7-1(b)所示为三位四通电磁阀控制的单作用气缸上、下和停止的回路,该阀在两电磁铁均断电时能自动对中,使气缸停留在任意位置,但由于泄漏,其定位精度不高、定位时间不长。

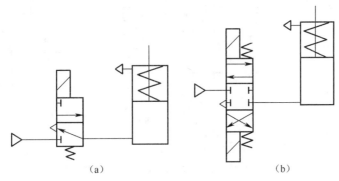

(a)   (b)

图7-1 单作用气缸换向回路

2. 双作用气缸换向回路

图7-2所示为各种双作用气缸换向回路。图7-2(a)是比较简单的换向回路。图7-2(b)所示的回路中,当A有压缩空气时,气缸活塞杆伸出,反之,气缸退回。图7-2(c)为二位五通单气控换向阀控制的换向回路,气控换向阀由二位三通手动换向阀控制切换。图7-2(d)、(e)、(f)的两端控制电磁铁线圈或按钮不能同时操作,否则将出现误动作,其回路相当于双稳的逻辑功能。图7-2(f)中所示的回路还有中停位置,但中停定位精度不高。

7.1.2 压力控制回路

压力控制回路的功用是使系统保持在某一规定的压力范围内。

1. 一次压力控制回路

图7-3所示为一次压力控制回路,常用外控溢流阀1保持供气压力基本恒定或用电接点压力计5来控制空压机的转、停、使储气罐内压力保持在规定的范围内。采用溢流阀结构较简单、工作可靠,但气量浪费大;采用电接点压力计对电动机进行控制要求较高,常用于对小型空压机的控制。一次压力控制回路的主要作用是控制气罐内的压力,使其不超过规定的压力值。

2. 二次压力控制回路

图7-4所示为二次压力控制回路。为保证气动系统使用的其他压力为一稳定值,多

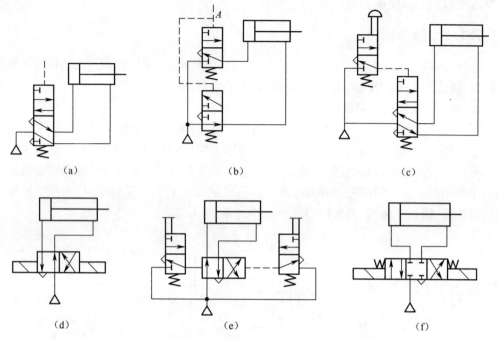

图 7-2　双作用气缸换向回路

采用图中所示的由空气过滤器→减压阀→油雾器(气源调节装置)组成的二次压力控制回路。但要注意,供给逻辑元件的压缩空气不要加入润滑油。

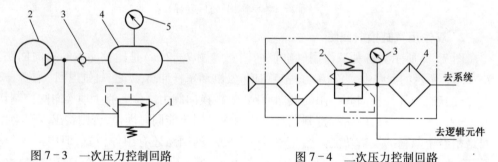

图 7-3　一次压力控制回路

1—溢流阀;2—空压机;3—单向阀;4—储气罐;5—压力机。

图 7-4　二次压力控制回路

1—空气过滤器;2—减压阀;3—压力计;4—油雾器。

3. 高低压转换回路

图 7-5(a)所示为利用换向阀控制高低压力切换的回路。由换向阀控制输出气动装置所需要的压力,该回路适用于负载差别较大的场合。图 7-5(b)所示为同时输出高低压的回路。

7.1.3　速度控制回路

速度控制回路的功用在于调节或改变执行元件的工作速度。

1. 单作用缸速度控制回路

图 7-6 所示为单作用缸速度控制回路,在图 7-6(a)所示为采用单向节流阀调速回路,气缸活塞的升降均通过节流阀调速,两个反向安装的单向节流阀,可分别控制活塞杆

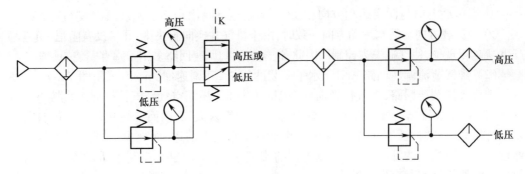

(a) 利用换向阀控制高低压切换回路   (b) 同时输出高低压回路

图 7-5　高低压转换回路

的伸出及缩回速度。在如图 7-6(b)所示的回路中,气缸上升时可调速,下降时则通过快速排气阀排气,使气缸快速返回。

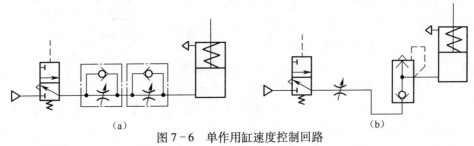

(a)   (b)

图 7-6　单作用缸速度控制回路

2. 双作用缸速度控制回路

双作用气缸有进气节流和排气节流两种调速方式。

(1) 进气节流调速。图 7-7(a)所示为进气节流调速回路,在图示位置,当气控换向阀不换向时,进入气缸 A 腔的气流流经节流阀,B 腔排出的气体直接经换向阀快排。当节流阀开度较小时,由于进入 A 腔的流量较小,压力上升缓慢,当气压达到能克服负载时,活塞前进,此时 A 腔容积增大,结果使压缩空气膨胀,压力下降,使作用在活塞上的力小于负载,因而活塞就停止前进。待压力再次上升时,活塞才再次前进,这种由于负载及供气的原因而使活塞忽走忽停的现象,叫气缸的"爬行"。进气节流的绑扎之处主要表现如下。

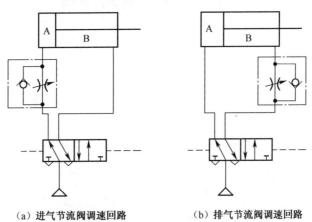

(a) 进气节流阀调速回路   (b) 排气节流阀调速回路

图 7-7　双作用缸速度控制回路

① 当负载方向与活塞运动方向相反时,活塞运动易出现不平衡现象("爬行"现象)。

② 当负载方向与活塞运动方向一致时,由于排气并换向阀快排,几乎没有阻尼,负载易产生"跑空"现象,使气缸失去控制。因此,进气节流阀调速回路多用于垂直安装的气缸。

（2）排气节流调速回路。对于水平安装的气缸,其调速回路一般采用图7-7(b)所示的排气节流调速回路,当气控换向阀在图示位置时,压缩空气经气控换向阀直接进入气缸A腔,而B腔排出的气体经节流阀、气控换向阀排入大气,因而B腔中的气体就具有一定的背压力。此时,活塞在A腔与B腔的压力差作用下前进,而减少了"爬行"发生的可能性。调节节流阀的开度,就可控制不同的排气速度,从而也就控制了活塞的运动速度。排气节流调速回路具有以下特点。

① 气缸速度随负载变化较小,运动较平稳。

② 能承受与活塞运动方向相同的负载。

综上所述,进气和排气节流调速回路适用于负载变化不大的场合。主要原因是当负载突然增大时,由于气体的可压缩性,将迫使缸内的气体压缩,使活塞运动速度减慢;反之,当负载突然减小时,气缸内被压缩的空气,必然膨胀,使活塞运动加快,这称为气缸的"自走"现象。因此在要求气缸具有准确而平稳的速度时,特别是在负载变化较大的场合,就要采用气液相结合的调速方式。

3. 气液转换速度控制回路

气液转换速度控制回路是利用气动控制实现液压传动,具有运动平稳、停止准确、泄漏途径少、制造维修方便、能耗低等特点。

图7-8所示为气液转换速度控制回路,它利用气—液转换器1、2将气压变成液压,利用液压油驱动液压缸3,从而得到平稳易控的活塞运动速度。调节节流阀的开度,就可以改变活塞的运动

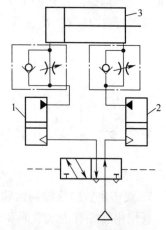

图7-8 气液转换速度控制回路
1、2—气—液转换器;3—液压缸。

速度。这种回路充分发挥了气动供气方便和液压速度容易控制的特点。

任务2 其他常用回路

■任务描述

在气动系统中,延时回路、安全保护回路、顺序动作回路、位置控制回路、气液联动速度控制回路、逻辑回路是其他常用回路。

本任务通过气动其他常用回路功能的实现,掌握气动系统其他回路的用途、工作原理以及安装与调试的基本技能。

■任务分析

其他回路是指对压缩空气的其他功能等进行控制的回路。

本任务将介绍其他常用回路(延时回路、安全保护回路、顺序动作回路、位置控制回路、气液联动速度控制回路、逻辑回路等)。同时以逻辑"与"、"或"功能回路安装并演示等应用回路为例,进行其他常用回路的功能实现以及安装与调试。

1. 延时回路

图7-9(a)是由延时阀进行的时间控制单往复延时输出回路。当按下按钮,两位三通阀切换至左位,气源先经单向节流阀向气容充气后,再进入气缸左腔,使活塞伸出;同时,气容使得两位三通阀切换至左位,使两位五通阀切换至右位,气缸活塞缩回。调节延时阀中的节流阀,可改变活塞杆的延时伸出时间。图7-9(b)为延时接通回路。按下阀8,气缸向外伸出,当气缸在伸出行程中压下阀5后,压缩空气经阀5和节流阀进入气容6,经过用电时间,气容6中压力升高到一定值时,7阀才换向,气缸退回。

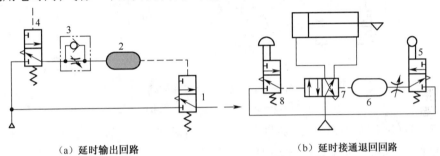

(a)延时输出回路　　　　　　　　(b)延时接通退回回路

图7-9　延时回路

1、4—两位三通阀;2、6—储气罐;3—单向节流阀;5—二位三通行程阀;7—两位四通阀;8—手动换向阀。

2. 安全保护回路

由于气动机构负荷的过载、气压的突然降低以及气动执行元件的快速动作等原因,都可能危及操作人员和设备的安全,因此在气动系统中,常需要有安全回路。

(1)过载保护回路。图7-10所示为气缸过载保护回路。在正常工作情况下,按下手动换向阀2,主控气动换向阀1切换至左位,气缸活塞右行,当活塞杆挡铁碰到行程阀5时,控制气体又使阀1切换至右位,活塞退回。

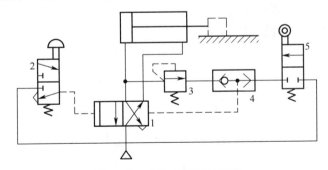

图7-10　气缸过载保护回路

1—主控气动换向阀;2—手动换向阀;3—顺序阀;4—或门型梭阀;5—行程阀。

当气缸活塞右行时,若遇到故障,造成负载过大,气缸左腔压力升高到超过预定值时,顺序阀3打开,控制气体可经或门型梭阀4将主控阀1切换至右位,使活塞杆退回,气缸左腔的气体经阀1排掉,这样就防止了系统过载。

（2）双手同时操作安全回路。如图 7-11(a)所示回路中，只有两只手同时操作手动阀 1、2 切换主阀 3 时，气缸活塞才能下落。实际上给阀 3 的控制信号是阀 1、2 相"与"的信号。在此回路中，如果阀 1 或阀 2 的弹簧折断而不能复位，单独按下一个手动阀，气缸也可下落，所以此回路并不十分安全。

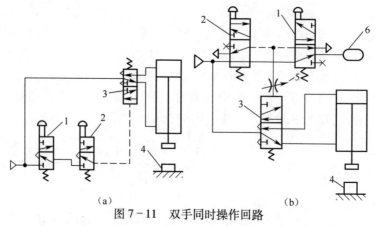

图 7-11　双手同时操作回路

1、2—手动阀；3—主控阀；4—工件；5—气阻；6—气容。

图 7-11(b)所示回路中，需要两手同时按下手动阀时，气容 6 中预先充满的压缩空气才能经阀 1、气阻 5 节流延迟一定时间后切换主阀 3，此时还是才能下落。如果两手不同时按下手动阀，或因其中任一个手动阀弹簧折断不能复位，气容 6 内压缩空气都将通过手动阀 2 的排气口排空，这样由于建立不起控制压力，阀 3 就不能被切换，活塞就不能下落。在双手同时操作的回路中，两个手动阀 1、2 必须安装在单手不能同时操作的距离上。

3. 顺序动作回路

顺序动作是指在气动回路中，各个气缸按一定程序完成各自的动作。如单缸有单往复动作、二次往复动作、连续往复动作等；双缸及多缸有单往复动作及多往复动作，以及各缸按一定顺序先后动作等。

（1）单往复动作回路。图 7-12 所示为常用往复动作回路。按下阀 1、阀 3 换向，活塞右行；当撞块碰压下行程阀 2 时阀 3 复位，活塞中断返回，完成一次往复动作。

（2）连续往复动作回路。图 7-13 所示为连续往复动作回路。按下手动阀 1，控制气

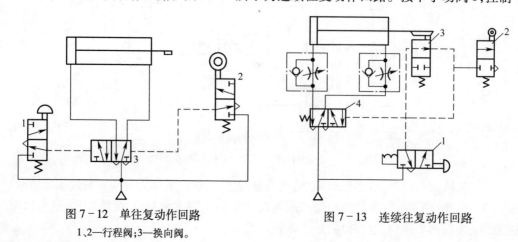

图 7-12　单往复动作回路

1、2—行程阀；3—换向阀。

图 7-13　连续往复动作回路

体经行程阀 3 到达气动阀 4 右端,使阀 4 换向,活塞向右前进。此时由于阀 3 复位而将控制气路断开,阀 4 不能复位。当活塞行至终点压下阀 2 时,阀 4 的控制气体经阀 2 排出,阀 4 复位,活塞返回。当活塞返回终点压下阀 3 时,阀 4 换向,重复上一循环动作。只有断开手动阀 1,才能结束此循环。

▌任务实施

实训 16 气动基本回路的组装及调试

1. 场地及设备

(1)实训场地:气动实训室、实训基地。

(2)实训设备:各种气压组合实训台、模拟仿真软件、实验室模拟设备等。

2. 实施步骤

本工作任务主要由明确工作任务、制订计划、做出决策、实施、控制和评价反馈等 6 个步骤组织实施。

3. 气动元件和管路的安装方法

气动元件在 Festo 的实验板上安装有两种方法,一种是通过弹簧夹快速安装在实验板的 T 型槽中,阀类元件多数是这种安装方法;另一种是通过 T 型螺钉和压紧螺母固定在实验板的 T 型槽中,缸和行程阀是采用这种安装方法。

管路的安装是用快速接头。管子在接入时用手拿着端部轻轻压下即可。管子在拔出时要用手先压下接头上的压紧圈,再拔出。不能强行拔出。

4. 气动基本回路安装并演示

1)二位五通阀的手动换向回路

(1)选择元件,从实训台抽屉中选择缸和二位五通手动换向阀。

(2)在实验板上将元件大致地布置好。

(3)接主气路,将气源与二位五通手动换向阀的进气口连接起来,再将二位五通手动换向阀的一个工作口连气缸的左腔,另一个工作口连气缸的右腔。

(4)调试回路。如果缸不能动,要检查管子是否接好,压缩空气是否送到位。

2)行程阀控制的自动换向回路

(1)选择元件,从实训台抽屉中选择缸、二位五通双气控换向阀、两个行程阀、一个二位三通手动换向阀,注意二位三通手动换向阀要选择压下后气体通过的机能。

(2)在实验板上将元件大致地布置好。

(3)接主气路,将气源与二位五通双气控换向阀的进气口连接起来,再将二位五通双气控换向阀的一个工作口连气缸的左腔,另一个工作口连气缸的右腔。

(4)接控制气路,先将气源与左边行程阀的进气口连起来,再将左边行程阀的出气口与手动换向阀的进气口连起来,然后将手动换向阀的出气口与二位五通双气控换向阀左边的控制口连起来,这就完成了一条控制气路的连接。另一条控制气路:先将气源与右边行程阀的进气口连起来,再将右边行程阀的出气口与二位五通双气控换向阀右边的控制口连起来。

（5）调试回路。如果缸不能动,要检查管子是否接好,压缩空气是否送到位。

5. 技能训练

气动基本回路的组装及调试。由学生分组训练,老师巡回指导。

（1）手动阀直接启动单作用缸(图 7 - 14)。

（2）手动阀直接启动双作用缸(图 7 - 15)。

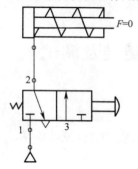

图 7 - 14　手动阀直接启动单作用缸

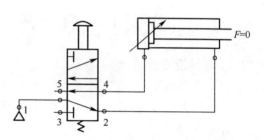

图 7 - 15　手动阀直接启动双作用缸

（3）单作用缸双向调速回路(图 7 - 16)。

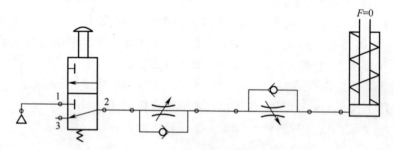

图 7 - 16　单作用缸双向调速回路

（4）双作用缸双向调速回路(图 7 - 17)。

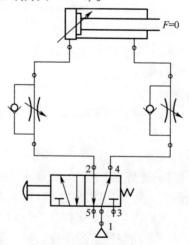

图 7 - 17　双作用缸双向调速回路

(5) 快速返回回路(图 7-18)。

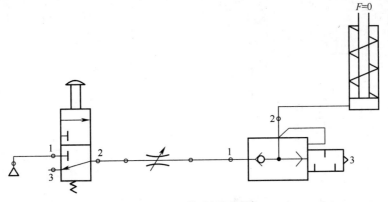

图 7-18　快速返回回路

(6) 速度换接回路(图 7-19)。

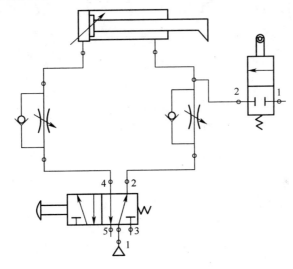

图 7-19　速度换接回路

(7) 双手同时操作回路(图 7-20)。

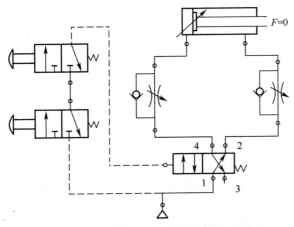

图 7-20　双手同时操作回路

（8）位置控制式单往复运动回路（图7-21）。

（9）连续往复运动回路（图7-22）。

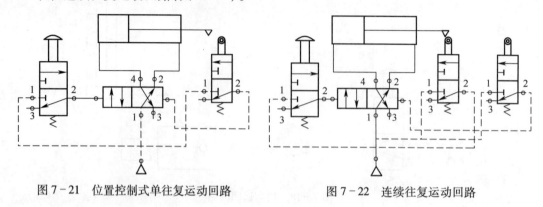

图7-21　位置控制式单往复运动回路　　　图7-22　连续往复运动回路

任务3　气动系统的分析与应用

■任务描述

气动系统的阅读和分析基本类似于液压系统，了解气动系统所驱动的工作机构的动作、正确掌握各元件的工作原理并判断其作用，是正确分析气动系统的基础。

■任务分析

本任务阐述了气动系统在气动机械手气压传动系统、VMC750E加工中心刀库气压传动系统、数控加工中心气动换刀系统、门户开闭装置中的应用；系统原理图中的状态和位置应在初始位置，一般规定工作循环中的最后程序终了时的状态作为气动回路的初始位置；一般气动系统原理图仅是整个气动系统中的核心部分，一个完整的气动系统还应有气源装置、气动三联件及其他辅助元件等；简单了解气动系统的使用与维护。

7.3.1　气动机械手气压传动系统

气动机械手具有结构简单和制造成本低等优点，并可以根据各种自动化设备的工作需要，按照设定的控制程序动作。因此，它在自动生产设备和生产线上被广泛应用。

图7-23所示为简单的可移动式气动机械手的结构示意图。它由A、B、C、D四个气缸组成能实现手指夹持、手臂伸缩、立柱升降和立柱回转四个动作。其中，A缸为抓取工件的松紧缸；B缸为长臂伸缩缸，可实现手臂的伸出与缩回动作；C缸为立柱升降缸；D缸为立柱回转缸，该气缸为齿轮齿条缸，它有两个活塞，分别装在带齿条的活塞杆两端，齿条的往复运动带动立柱上的齿轮旋转，从而实现立柱及手臂的回转。

图7-24为一种通用机械手的气动系统工作原理图。此机械手手指部分为真空吸头，即无A气缸部分，要求其完成的工作循环为：立柱上升→伸臂→立柱顺时针旋转→真空吸头抓取工件→立柱逆时针旋转→缩臂→立柱下降。

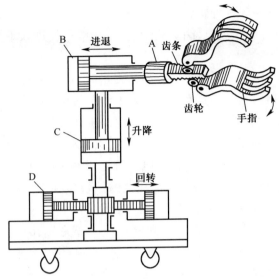

图 7 - 23　简单的可移动式气动机械手的结构示意图

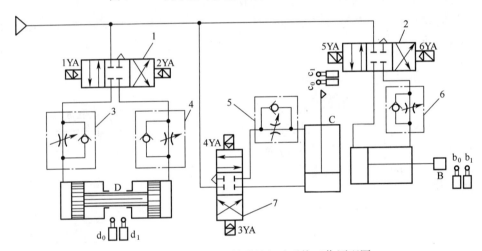

图 7 - 24　一种通用机械手的气动系统工作原理图

1、2、7—双电控换向阀；3、4、5、6—单向节流阀。

　　3 个气缸分别与 3 个三位四通双电控换向阀 1、2、7 和单向节流阀 3、4、5、6 组成换向、调速回路。各气缸的行程位置均由电气行程开关进行控制。表 7.1 为该机械手的电磁铁动作顺序表。

表 7.1　机械手的电磁铁动作顺序表

	1YA	2YA	3YA	4YA	5YA	6YA
立柱上升				+		
手臂伸出	+			−	+	
立柱转位	−	+			−	
立柱复位		−				
手臂缩回						+
立柱下降			+			−

气动机械手的工作循环分析如下。

（1）按下启动按钮，4YA 通电，阀 7 处于上位，压缩空气进入垂直气缸 C 下腔，活塞杆（立柱）上升。

（2）当缸 C 活塞上的挡块碰到电气行程开关 c_1 时，4YA 断电，5YA 通电，阀 2 处于左位，水平气缸 B 活塞杆伸出，带动真空吸头进入工作点并吸取工作。

（3）当缸 B 活塞上的挡块电气开关 b_1 时，5YA 断电，1YA 通电，阀 1 处于左位，回转缸 D（立柱）顺时针方向回转，使真空吸头进入卸料点卸料。

（4）当回转缸 D 活塞杆上的挡块压下电气行程开关 d_1 时，1YA 断电，2YA 通电，阀 1 处于右位，回转缸 D 复位。回转缸复位时，其上的挡块碰到电气行程开关 d_0 时，6YA 通电，2YA 断电，阀 2 处于右位，水平缸 B 活塞杆（手臂）缩回。

（5）水平缸 B 活塞杆退回时，挡块碰到电气行程开关 b_0，6YA 断电，3YA 通电，阀 7 处于下位，垂直缸 C 活塞杆（立柱）下降，到达原位时，碰上电气行程开关 c_0，使 3YA 断电，至此完成一个工作循环。

如再给启动信号。可进行同样的工作循环。

根据需要只要改变电气行程开关的位置，调节单向节流阀的开度，即可改变各气缸的行程和运动速度。

7.3.2 加工中心刀库气压传动系统

VMC70E 型立式加工中心在换刀时刀库的摆动、刀套的翻转、主轴孔内刀具拉杆的向下运动、主轴吹气、油气润滑单元排送润滑油及数控转台的夹紧松开等部分采用了气压传动。

图 7-25 所示为 VMC70E 型立式加工中心在换刀时刀库的摆动的气动回路，在图中，电磁换向阀 OV1 一方面控制着回路气源的通断，同时也控制着两个单端气控二位二通换向阀 1Y1、2Y2 输出口的通断。

当换向阀 OV1 的电磁线圈得电时，一方面接通了的气源；另一方面让换向阀 I V1 和 I V2 由断开变为导通，使气缸与主控换向阀 I V3 之间形成通路。这样，当主控换向阀 I V3 的换向信号到来时，气缸活塞就能完成相应的伸出和缩回动作。而当换向阀 OV1 的电磁线圈失电时，其输出信号被切断，换向阀 I V1 和 I V2 在复位弹簧作用下迅速复位。气缸进气口和排气口均处于封闭状态，使气缸活塞的运动迅速停止。所

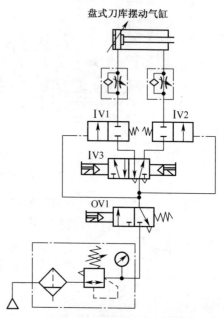

图 7-25　VMC70E 型立式加工中心盘式刀库摆动的气动回路

以气控换向阀 I V1 和 I V2 此处起到了让气缸活塞在任意位置迅速停止的作用，并能防止切断气源后气缸活塞位置改变。回路中气缸活塞速度控制采用了两个单向节流阀进行

排气节流控制。这样主要是为了能有效降低气缸活塞运动速度,防止刀具在翻转过程中因运动速度过快而被甩出。

7.3.3 数控加工中心气动换刀系统

1. 加工中心换刀系统工作过程

如图 7 - 26 所示,加工中心气动换刀系统的工作循环过程如下。

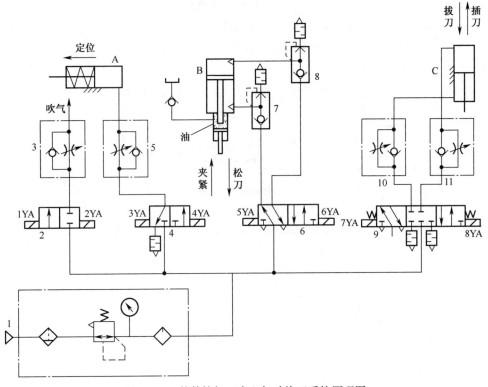

图 7 - 26 某数控加工中心气动换刀系统原理图

(1) 主轴停止转动→定位气缸 A 活塞杆伸出叶主轴定位。

图 7 - 26 所示为某数控加工中心气动换刀系统原理图,该系统在换刀过程实现主轴定位、主轴松刀、拔刀、向主轴锥孔吹气和插刀动作。

(2) 松夹气缸 B→活塞杆伸出→松开刀具。同时,插拔气缸 C→活塞下行→拔去刀具→通过回转刀库换刀。

(3) 主轴插刀锥孔吹气→延时→停止吹气→插拔气缸 C→活塞退回叶完成主轴插刀。

(4) 松夹气缸 B→活塞退回→完成夹紧刀具。

(5) 定位气缸 A→复位退回→完成更换刀具的动作。

2. 加工中心气动换刀系统的控制

1) 气动换刀系统工作原理

气动换刀系统原理图的工作原理如下。

当数控系统发出换刀指令时,主轴停转,同时4YA通电,压缩空气经过气动三联件1、换向阀 4、单向节流阀 5 进入主轴定位缸 A 的右腔,缸 A 的活塞左移,使主轴自动定位。定位后压下无触点开关,使 6YA 通电,压缩空气经换向阀 6、快速排气 8 进入气液增压器 B 的上腔,增压腔的高压油使活塞伸出,实现主轴松刀,同时使 8YA 通时,压缩空气经换向阀 9、单向节流阀 11 进入缸 C 的上腔,缸 C 下腔排气,活塞下移实现拔刀。再由刀库旋转交换刀具,同时 1YA 通电,压缩空气经换向阀 2、单向节流阀 3 向主轴锥孔吹气。稍后 1YA 断电、2YA 通电,停止吹气,8YA 断电、7YA 通电,压缩空气经换向阀 9、单向节流阀 10 进缸 C 的下腔,活塞上移,实现插刀动作 6YA 断电、5YA 通电,压缩空气经过阀 6 进入气液增压器 B 的下腔,使活塞退回,主轴的机械机构使刀具夹紧。4YA 断电、3YA 通电,缸 A 的活塞在弹簧力复位,回复到开始状态,换刀结束。

2)气动换刀系统继电器控制

加工中心气动换刀系统电磁铁和气缸活塞杆的动作顺序如表 7.2 所列。

表 7.2 电磁铁、气缸活塞杆的动作顺序表

动作(循环)	电磁铁元件								气缸
	1YA	2YA	3YA	4YA	5YA	6YA	7YA	8YA	
主轴定位(1)			−	+					定位缸 A 活塞伸出
主轴复位(8)	−	+	+		+	−	+	−	定位缸 A 活塞退回
松开刀具(2)			−	+		+			松夹气缸 B 活塞伸出
夹紧刀具(7)			+	+	+		+		松夹气缸 B 活塞退回
主轴拔刀(3)			−	+		+	−	+	插拔气缸 C 活塞伸出
主轴插刀(6)			+	+		+	+		插拔气缸 C 活塞退回
主轴吹气(4)	+	−		+		+		+	插刀锥孔吹气
停止吹气(5)	−	+		+		+	−	+	插刀锥孔停止吹气

注:"+"表示通电,"−"表示断电,"( )"表示动作循序

3)气动换刀系统技术特点

(1)换向回路全部采用电磁换向阀,有利于数控系统的控制。

(2)各换向阀排气口均安装了消声器,以减小噪声。

(3)刀具松夹气缸采用气液增压结构,运动平稳。

(4)吹气、定位及刀具插拔机构均采用单向节流阀调节流量或速度,结构简单、操纵方便。

7.3.4 气液电力滑台气动系统的控制

1. 差动回路

差动回路是指气缸的两个运动方向采用不同的压力供气,从而利用差压进行工作的回路。当双作用气缸仅在活塞的一个移动方向上有负载时,采用该回路可减少空气的消耗量,但是在气缸速度比较低时容易产生爬行现象。

图 7-27 所示为采用二位三通阀和减压阀组成的差动回路。气缸有杆腔由减压阀设定为较低的供气压力。电磁阀通电时高压空气流入气缸无杆腔,活塞杆伸出。电磁阀断电时,气缸无杆腔的高压空气经排气口排出,活塞在较低的供气压力作用下缩回。在气缸

伸出的过程中,如果气缸有杆腔的配管容积小,有杆腔的压力上升使气缸两腔压力达到平衡状态,气缸将停止运动。为防止此现象的产生,可以设置储气罐。

图7-27(b)所示为采用减压阀带单向阀的差动回路,电磁阀断电后,气缸以较低供气压力缩回。

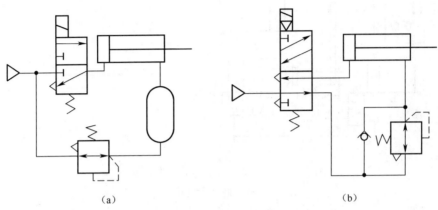

图7-27 差动回路

2. 气液联动回路

气液联动回路是以气压为动力,利用气液转换器把气压传动变为液压传动,或采用气液阻尼缸来获得更为平稳和更为有效的控制运动速度的气压传动,或使用气液增压器来使传动力增大等。气液联动回路装置简单,经济可靠。

1)气液转换速度控制回路

图7-28所示为气液转换速度控制回路。手动阀4切换后,压缩空气到气液动作缸3的上腔,液压油经节流阀1到气缸A的活塞杆腔,通过定滑轮使重物W慢速抬起,返回时,靠重物W的作用使气缸A的油经单向阀流回气液动作缸3,快速返回。当重物W超载时,安全阀2可以打开放气,起保护作用。

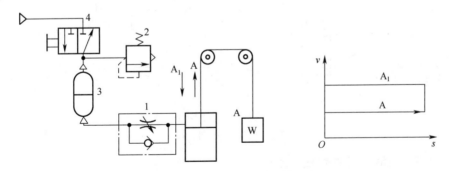

图7-28 气液转换速度控制回路

1—节流阀;2—安全阀;3—气液动作阀;4—手动阀。

2)气液阻尼缸的速度控制回路

图7-29所示为气液阻尼缸的速度控制回路。图中气缸A与气液阻尼缸B分离,控制信号使换向阀2切换,气缸A活塞杆伸出,在L距离上快速进给,当活塞杆碰到挡块后,气液阻尼缸B的阻尼作用开始,油液经节流阀的节流切换为慢速进给。当挡块压下

换向阀1后,换向阀2切换,气缸A的活塞杆快速退回。由于气缸和气液阻尼缸分离,制造和安装比较方便。

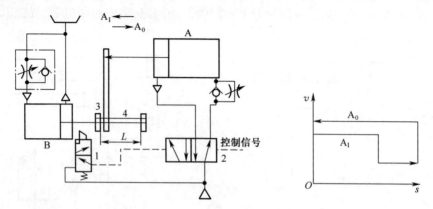

图 7-29 气液阻尼缸的速度控制回路图

1、2—换向阀;3、4—挡块。

3) 气液缸同步地址回路

图 7-30 所示为气液缸串联同步控制回路。控制回路中,气缸1的下腔与气缸2的上腔相连,而且气缸1下腔的有效面积与气缸2的上腔的有效面积相等,其内部充满液压油,这样就可以实现两气液缸的同步动作。为了排掉混入油液中的空气,在回路3处安装排气阀。

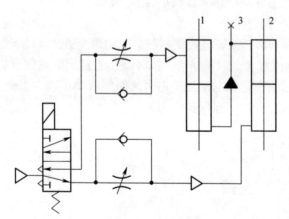

图 7-30 气液缸串联同步控制回路

1、2—气液缸;3—排气阀。

3. 气液电力滑台气动系统控制

图 7-31 所示为气液动力滑台气压传动系统图。图中带定位机构的手动阀1、行程阀2和手动阀3组合成一个组合阀块。阀4、5和6为一组合阀,补油箱10是为了补偿系统中的漏油而设置的,一般可用油杯来代替。

(1) 工作循环:快进→工进→快退→停止。图中将手动阀4和3都置于右位,在压缩空气作用下,气缸开始下行,液压缸下腔的油液经行程阀6和单向阀7进入到液压缸的上腔,实现快进;当快进到气缸上的挡铁B压下行程阀6后,油液只能经节流阀5进行回油,调节节流阀的开度,可以调节回油量的大小,从而控制气液阻尼缸的运动速度,实现工进;当气缸工进到行程阀2的位置时,挡铁C压下行程阀2,使阀2处于左位,阀2输出气信号使阀3换向置于左位,这时,气缸开始上行,液压缸上腔油液经阀8的左位和阀4的右位进入液压缸的下腔,实现快退;当快退到挡铁A压下阀8时,使油液的回油通道被切断,气缸就停止运动,改变挡铁A的位置,就可以改变气缸停止的位置。

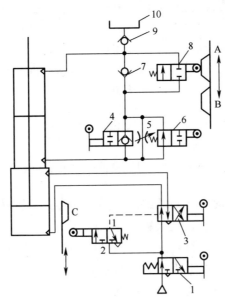

图7-31　气液动力滑台的回路原理图

1、3、4—手动阀;2、6、8—行程阀;5—节流阀;7、9—单向阀;10—油杯。

（2）工作循环:快进→工进→慢退→快退→停止。图中将手动阀4置于左位后,其动作循环中的"快进→工进"过程的工作原理与上述相同。当工进至挡铁C压下行程阀2,气缸开始上行时,液压缸上腔油液经阀8的左位和阀5进入液压缸的下腔,实现慢退;当慢退到挡铁B离开阀6时,阀6在复位弹簧作用下复位(置于左位),液压缸上腔油液经阀8的左位和阀6的左位进入液压缸的下腔,实现快退;当快退到挡铁A压下阀8时,使油液的回油通道被切断,气缸就停止运动。

7.3.5　气动夹紧装置

图7-32所示为机床夹具的气动夹紧系统,这在组合机床、机械加工自动线中很常见。其动作循环是:垂直缸活塞杆首先下降将工作压紧,两侧的气缸塞杆再同时前进,对工作进行两侧夹紧,然后进行钻削加工,加工完后各夹紧缸退回,将工件松开。

具体工作过程如下。

当用脚踏下阀1压缩空气进入缸A的上腔,使夹紧头下降夹紧工件,当压下行程阀2时,压缩空气经单向节流阀6进入二位三通气控换向阀4(调节节流阀开口可以控制阀4的延时接通时间。因此,压缩空气通过主阀3进入两侧气缸B和C的无杆腔,使活塞杆前进而左右夹紧工件。然后钻头开始钻孔,同时流过主阀3的一部分压缩空气经过单向节流阀5进入主阀3右端,经过一段时间(时间由节流阀5拄制)后主阀3右位接通,两侧

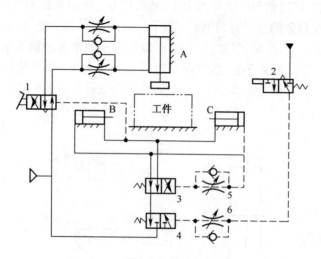

图 7 - 32　机床夹具的气动夹紧系统

气缸后退到原来位置。同时,一部分压缩空气作为信号进入脚踏阀 1 的右端,使阀 1 右位接通,压缩空气进入缸 A 的下腔,使夹紧头退回原位。

夹紧头上升的同时使机动行程阀 2 复位,气控换向阀 4 也复位(此时主阀 3 右位接通)。由于气缸 B、C 的无杆腔通过阀 3、阀 4 排气,主阀 3 自动复位到左位,完成一个工作循环。该回路只有再踏下脚踏阀 1 才能开始下一个工作循环。

■ 任务实施

实训 17　气动换刀系统的控制与实施

1. 实训要求

(1)根据数控加工中心气动换刀系统的实训,熟悉气动回路工作过程。

(2)熟悉气动回路的工作特点。

(3)熟悉气动回路与液压回路的系统点和不同点。

2. 场地及设备

(1)场地:气动实训室、顺序基地。

(2)设备:气压组合实训台、模拟仿真软件、数控加工中心、气动换刀系统或实验室模拟设备。

3. 原理与步骤

FV—1000 数控 CNC 加工中心的气动换刀系统原理图,如图 7 - 26 所示。工作原理和步骤同前面所述。

4. 注意事项

(1)该实训中所使用的 FV—1000 数控 CNC 加工中心仅仅是用于观察和查找气动回

路的勿开启和操纵加工系统。

（2）分析气动回路可以根据需要拆除加工中心后板观察。

（3）勿拆除 FV—1000 数控 CNC 加工中心的气动元件。

（4）为保证实训的顺利进行,要严格按照指导教师的要求操作。

■自我测试

7-3-1 填空题

1. 换向回路是控制执行元件的(   )、(   )或(   )。

2. 二次压力回路的主要作用是(   )。

3. 速度控制回路的作用是(   )。

4. 高低压转换回路适用于(   )场合。

5. 气液转换速度控制回路适用于(   )场合。

7-3-2 问答题

1. 采用缓冲回路的目的是什么？

2. 采用延时回路的压力是什么？延时时间由什么元件调节？

参 考 文 献

[1] 张群生. 液压与气压传动[M].北京:机械工业出版社,2009.

[2] 肖春芳. 液压与气动系统安装与调试[M].北京:化学工业出版社,2011.

[3] 凤鹏飞,满维龙,等.液压与气压传动技术[M].北京:电子工业出版社,2012.

[4] 白柳,于军. 液压与气压传动[M]. 北京:机械工业出版社,2011.

[5] 左建民. 液压与气压传动[M]. 北京:机械工业出版社,2011.

[6] 许福玲,等. 液压与气压传动[M]. 北京:机械工业出版社,2011.

[7] 李新德. 液压与气动技术[M]. 北京:清华大学出版社,2009.

[8] 张勤. 液压与气压传动[M]. 北京: 高等教育出版社,2009.

[9] 宋建武. 液压与气动元件操作训练[M]. 北京:化学工业出版社,2007.